"十三五"国家重点图书出版规划项目
改革发展项目库2017年入库项目

"金土地"新农村书系 · 经济作物编

茶油
加工与综合利用技术

吴雪辉 / 编著

SPM 南方出版传媒
广东科技出版社 | 全国优秀出版社
·广 州·

图书在版编目（CIP）数据

茶油加工与综合利用技术 / 吴雪辉编著．—广州：广东科技出版社，2018.11（2020.12重印）
（“金土地”新农村书系·经济作物编）
ISBN 978-7-5359-7020-6

Ⅰ．①茶…　Ⅱ．①吴…　Ⅲ．①茶油—油料加工②茶油—综合利用　Ⅳ．①TS225.1

中国版本图书馆CIP数据核字（2018）第231961号

茶油加工与综合利用技术
Chayou Jiagong yu Zonghe Liyong Jishu

出 版 人：朱文清
责任编辑：区燕宜
封面设计：柳国雄
责任校对：梁小帆　冯思婧
责任印制：彭海波
出版发行：广东科技出版社
（广州市环市东路水荫路11号　邮政编码：510075）
http：//www.gdstp.com.cn
E-mail：gdkjcbszhb@nfcb.com.cn
经　　销：广东新华发行集团股份有限公司
排　　版：创溢文化
印　　刷：广东鹏腾宇文化创新有限公司
（珠海市高新区唐家湾镇科技九路88号10栋　邮政编码：519085）
规　　格：889mm×1 194mm　1/32　印张8.75　字数200千
版　　次：2018年11月第1版
2020年12月第2次印刷
定　　价：39.80元

前言

Qianyan

油茶（*Camellia oleifera* Abel）是我国种植历史长达 2 300 多年的木本食用油料树种，与油橄榄、油棕、椰子并称为世界四大木本油料树种。从油茶籽中提取的茶油，又称油茶籽油、山茶油、茶籽油、野山茶油等，自古就有“油中珍品”之称，是历代进贡朝廷的御膳专用油和油茶种植地区居民的传统食用油，其保健和药理功能在我国历代古籍中有众多记载。

茶油生产虽然历史悠久，但长期以来都是作坊式生产，工艺技术落后。20 世纪 60 年代开始，我国针对油茶籽资源利用率低，加工过程中茶油营养活性成分损失大，精炼过度，产生反式脂肪酸、苯并（a）芘等不安全性成分，降低茶油的品质和保健功效，副产物综合开发利用低等问题逐渐开展相关研究。2008 年以来，国务院要求大力发展油茶等特种油料生产，我国油茶产业进入了前所未有的大发展时期，研究创新出很多焕然一新的茶油生产与综合利用技术，有力地促进了我国油茶产业的发展。

本人多年来一直从事食用植物油的研究、开发和教学工作。在结合自己 15 年来茶油精深加工与综合开发利用的研究成果，并收集和参考了国内外较新的文献资料基础上，编写了本书，力求反映国内外茶油加工方面的最新研究成果及研究动态。

全书共分8章，第一章介绍我国油茶产业的形成与发展，第二章介绍茶油的食物成分及化学物理活性，第三章介绍茶油生产原料处理，第四章介绍茶油提取工艺技术及发展，第五章介绍茶油精炼，第六章介绍茶油质量标准与品质安全控制，第七章介绍茶油精炼副产物的开发利用，第八章介绍油茶饼粕、油茶壳深加工与综合利用。

由于茶油加工及综合利用的研究繁多，且发展迅速，限于作者的专业水平，书中错误、不确切之处和遗漏在所难免，恳请读者批评、指正。

吴雪辉

2017年12月于华南农业大学

目 录

Mulu

第一章　我国油茶产业的形成与发展

油茶（*Camellia oleifera* Abel），隶属于山茶科（Theaceae）山茶属（*Camellia*），又称山茶。明朝李时珍在《本草纲目》中记载："其叶类茗，又可作饮，故得茶名。""山茶产南方。树生，高者丈许，枝干交加。叶颇似茶叶，而厚硬有棱，中阔头尖，面绿背淡。深冬开花，白瓣黄蕊。"油茶果实含油脂、蛋白质、糖类、山茶苷及茶多酚等化学成分。从油茶果实油茶籽（camellin seed）中提取的脂肪油称为茶油，又称油茶籽油、山茶油、茶籽油、野山茶油等，国家质量监督检验检疫总局 2003 年 5 月 14 日发布的国家标准采用的名称为"油茶籽油"（oil-tea camellia seed oil）。

油茶是原产我国的特有木本食用油料树种，有 2 300 多年的栽培和利用历史，与油橄榄、油棕、椰子并称为世界四大木本油料植物。目前，主要在我国长江流域及以南地区种植，分布在湖南、江西、广西、广东、福建、安徽、云南等 18 个省（区）。我国油茶籽加工的茶油产量占世界总产量的 90% 以上。

油茶，花、果同期，有"抱子怀胎"之称，从开花至结果，历经秋、冬、春、夏、秋五季十三四个月，其生长过程积累了大量的营养成分，含有许多植物不能在短时间内形成的原生植物化学物质。油茶籽及从油茶籽中提取的茶油，其保健和药理功能在我国历代古籍中有众多记载。李时珍的《本草纲目》有"茶籽，苦寒香毒，主治咳嗽，去疾垢……"等记载;《本草纲目拾遗》说，茶油可润肠、清胃，解毒杀菌;《农政全书》中有"茶油可疗痔疮、退湿热"的记录;《农息居饮食谱》中有"茶油润燥、清热、息风和利头目"。《随息居饮食谱》对茶油更是赞誉有加："茶油烹调肴馔，日用皆宜，蒸熟食之，泽发生光，诸油唯此最为轻清，故诸病不忌。"民间把茶油称为"益寿油""长寿油""月子油""贡油"等。因此，茶油自古就有"油中珍品"之称，是我国历代君王宫廷御膳的专用油。

《中华人民共和国药典》（1995 年版）将茶油列为药用油脂。医治外伤、烫伤，消炎生肌，抗紫外线，防治头癣、体癣、湿疹、皮肤瘙痒，预防皮肤癌变等皮肤疾病。《中国医药大辞典》记载，茶油不仅营养丰富，还具有重要的药用价值，能增强血管弹性和韧性，延缓动脉粥样硬化，增加肠胃吸收功能，促进内分泌腺体激素分泌，防治神经功能下降，提高人体免疫力等功效。

茶油在我国虽然有悠久的生产历史，但长期以来都是在油茶种植区由农民自设的小作坊压榨后直接消费。中华人民共和国成立后，油茶主产省（区）先后将油茶种植列入发展规划。如广东省的 26 个山区县 1976 年被列为油茶生产重点县，1983 年 9 个县被列为重点油茶生产基地县，促进了油茶种植的发展。同时建设一些机械压榨工厂生产茶油，但受规模小、工艺技术落后、产品质量不高等诸多因素影响，茶油只是地域性的小品种油，油茶及茶油并未形成产业。因此，对茶油的生产工艺技术、茶油的生理功能和保健功能成分的研究甚少。

1970 年国外流行病学学者对地中海沿岸 7 个国家 15 个地区进行的冠心病流行病学调查中发现，地中海东部的克里特岛上男性居民摄入能量的 40% 来源于脂肪，而他们的冠心病发病率并不高。进一步的分析发现，他们膳食中含有大量的橄榄油，橄榄油富含单不饱和脂肪酸。对地中海沿岸 7 个国家进行持续 15 年的流行病学跟踪调查，发现了膳食中单不饱和脂肪酸对于人体健康的重要作用。在开始的 11 579 名调查对象中，死亡 2 288 名，死亡率与膳食中的饱和脂肪酸呈正相关，与单不饱和脂肪酸呈负相关，而与多不饱和脂肪酸、蛋白质、碳水化合物等无关。在所有调查对象中，以橄榄油为脂质主要来源者，冠心病和其他原因的死亡率较低。随着研究的不断深入，越来越多的证据表明地中海地区人群的膳食虽然脂肪摄入量高，但冠心病死亡率低，与大量食用富含单不饱和脂肪

酸（55%~83%）的橄榄油有关。我国橄榄油产量甚少，但研究发现，茶油所含单不饱和脂肪酸相当或高于橄榄油。茶油富含单不饱和脂肪酸，其脂肪酸组成比例与橄榄油相似，且多不饱和脂肪酸中ω–6与ω–3的比例符合世界卫生组织推荐的（6∶1）~（4∶1）。茶油中还含有较多的维生素E、维生素D、维生素K、茶多酚和类胡萝卜素。对食用茶油的功能活性成分的研究在我国迅速开展，并取得了茶油对预防心脑血管疾病、抗肿瘤和抗突变、清除自由基、延缓衰老、增强免疫力等保健功能的系列研究成果。

我国对茶油的功能活性成分的研究和保健功能的研究成果，引起了国外专家学者和国际相关组织高度关注。国际著名营养学家阿尔特米斯·西莫普勒斯博士（Ph. D Artemis P. Simopoulos），是曾连续9年担任美国国家卫生研究院营养合作委员会主席和担任美国白宫科技政策办公室人类营养委员会联合主席5年的美国营养学专家。她所著的《欧米伽膳食》一书，21世纪初风靡美国以及欧洲各国。她的"欧米伽膳食"理论，被称为"震惊世界的科学发现""揭示长寿秘密的终极之门"。《欧米伽膳食》中写道："山茶油、橄榄油及其ω–3脂肪酸，具有降低血压的功效。""山茶油、橄榄油中的单不饱和脂肪酸，能保护心血管系统。多摄入ω–3脂肪酸，能像服用药物一样，有效地防止心脑血管疾病的发生。"阿尔特米斯·西莫普勒斯博士在其著作中将山茶油排在橄榄油的前面，并在许多国际会议上或外交场合中宣传："茶油是世界上最好的食用植物油。"茶油也因此被称为"东方橄榄油"，需求量日益增加，有力地促进了我国油茶栽培种植和茶油生产的发展。

第一节　我国史无前例的油茶产业的发展

1997 年，我国油茶产业开始了由国家主管部门指导、领导发展的新时期，国家林业局开展“油茶先导工程”建设，提出把油茶生产作为 21 世纪我国林业经济发展方式根本转变的重要内容。油茶栽培种植的发展加速，2006 年我国油茶栽培面积已达 5 500 万亩（亩为已废弃单位，1 亩＝ 1/15 公顷），年产茶油 22 万吨，2008 年我国油茶籽年产量已达 97.55 万吨。

改革开放以来，随着人民生活水平的不断提高，我国对食用油脂的需求持续增长，食用油脂需求年增长率多年来保持 5.5% 的增幅。在国内油料种植面积持续缩小导致国产食用油脂供应减少的情况下，缺口只能通过进口油料和油脂来弥补，致使我国进口油料和油脂的数量长期以来持续增加。

我国加入世界贸易组织（WTO）以来，食用植物油市场进一步开放。2006 年我国取消了大豆油、棕榈油、菜籽油进口关税配额和国有贸易管理后，大豆及植物油已成为我国进口量最大、用汇最多的农产品。2007 年中国进口大豆超过 3 000 万吨，进口植物油总量超过 1 000 万吨，两项商品进口总价值达 174 亿美元，占我国农产品进口总额的 43.2%。2010 年，我国大豆进口量达到 5 480 万吨，油菜籽进口量达 160 万吨，我国这两种作物进口量合计约占全球油籽贸易量的 50%；2010 年我国进口食用植物油 826 万吨，约占全球食用植物油贸易量的 14%；2013 年，我国进口植物油 982.5 万吨，进口油料 6 360 万吨。近年来，国外转基因高出油率大豆的大量进口以及外资控制企业浸出工艺加工的低成本豆油，不仅导致我国大豆油脂产业几乎全军覆没，而且也让大豆油挤占了菜籽油等植物油市场。中国食用植物油自 21 世纪以来对外依存度迅速上升，

2006 年开始对外依存度已超过 60%，对我国食用植物油构成了严重的威胁。

食用植物油是关系国计民生的重要物资，是人类赖以生存的主要食物和营养源，直接关系着人民群众的身体健康、生命安全，以及国民经济发展和社会稳定。党中央、国务院对我国食用植物油的安全高度重视。国务院办公厅 2007 年发布了《关于促进油料生产发展的意见》（国办发〔2007〕59 号），之后又发布了《国务院关于促进食用植物油产业健康保障供给安全的意见》（国发〔2008〕36 号）。这两个文件及《中共中央国务院关于 2009 年促进农业稳定发展农民持续增收的若干意见》都明确提出："尽快制定实施全国木本油料产业发展规划，重点支持适宜地区发展油茶等木本油料产业。" 2009 年 11 月，经国务院批准，国家发展和改革委员会、财政部、国家林业局联合印发了《全国油茶产业发展规划（2009—2020 年）》，提出到 2020 年，力争我国油茶种植总规模达 7 000 万亩，全国茶油产量达到 250 万吨。2014 年 12 月，国务院办公厅印发《关于加快木本油料产业发展的意见》。

按照中共中央、国务院的指示，湖南、江西、广东、广西、福建、安徽等油茶主要种植省（区），迅速将油茶列为重点发展产业，制定省（区）油茶产业发展规划，油茶产业迎来难得的发展机遇。

油茶主产区湖南省颁发了《湖南省人民政府关于加快油茶产业发展的意见》（湘政发〔2008〕22 号），提出"至 2015 年，全省油茶林总面积达到 2 000 万亩，茶油年产量达到 50 万吨，产品精加工率达到 80% 左右，油茶产业年产值达到 300 亿元"。

湖南省继 2008 年在全国率先出台《关于发展油茶产业的意见》之后，2015 年 3 月，湖南省政府办公厅下发了《湖南省人民政府办公厅关于进一步推动油茶产业发展的意见》，明确提出了经济新常态下湖南省油茶产业发展的原则、目标、任务和政策措施，描绘出了湖南省油茶产业发展蓝图：到 2020 年，实现湖南省油茶种植总面积达到 2 200 万亩，茶油产量达到 50 万吨以上，油茶产业产值达到 400 亿元以上。

江西省发展和改革委员会、省财政厅、省林业厅 2011 年 7 月联合发布了《江西省油茶产业发展规划（2006—2020 年）》，提出“到 2020 年，新造高产油茶 1 000 万亩，江西省油茶林总面积达到 2 120 万亩；通过更新改造和新造的油茶林年亩产茶油 40kg 以上，抚育改造的年亩产茶油 25kg 以上。实现油茶产业年综合产值 350 亿元，把油茶产业培育成江西林业的特色支柱产业，使江西省真正成为全国油茶产业强省”。

广东省提出“要把茶油产业打造成为农民增收致富的增长极、林业生产建设的新亮点、山区综合开发的新突破，要像抓粮食生产一样抓油茶产业的发展”，并制定了 2020 年广东省油茶规模达到 523 万亩的发展规划。

《广西壮族自治区油茶产业发展规划（2010—2020 年）》提出“到 2020 年，在现有油茶林面积 550 万亩的基础上，新造油茶林基地 650 万亩，使全区油茶种植面积达到 1 200 万亩；同时，对现有油茶低产林进行更新改造 350 万亩、抚育改造 150 万亩、嫁接换冠改造 35 万亩，保存现有高产油茶林 15 万亩。任务完成后，新造油茶高产示范林年亩产茶油达 40kg 以上，通过更新改造、嫁接换冠和新造油茶基地林年亩产茶油达 30kg 以上，抚育改造的油茶林年亩产茶油达 25kg 以上，全区油茶籽年产量达 145 万吨以上，年产茶油 36 万吨以上。实现油茶产业年产值 200 亿元以上、年创税 20 亿元以上、年创利润 45 亿元以上，从业人员达 36 万人以上”。

《福建省油茶产业发展规划（2009—2020 年）》提出“至 2020 年，通过改造和新造油茶林基地，使福建省油茶林基地规模达到 520 万亩，并在福建省范围内建立 33 个重点油茶产业发展县（市、

区）。力争福建省油茶林进入盛产期后年亩产茶油达 30kg 以上，年产茶油总产量达 16 万吨以上”。

《安徽省油茶产业发展规划（2009—2020 年）》提出“至 2020 年，安徽省油茶林总面积达到 300 万亩，其中盛果期亩均年产油量达 50kg 以上的油茶面积达 200 万亩，初步实现资源培育基地化、经营管理集约化；培植一批油茶精深加工企业，年产茶油 12 万吨，产品精加工率达到 80% 左右，油茶产业年产值达到 100 亿元以上”。

茶油加工业在油茶种植业迅速发展的推动下，也进入了迅速发展时期。据《全国油茶发展规划（2009—2020 年）》的统计，截至 2009 年初，全国 14 个油茶主产省（区、市）现有油茶加工企业 659 家，油茶籽设计加工能力可达到 424.83 万吨，年可加工茶油 110.79 万吨，加工能力在 500 吨以上的企业有 178 家，具有精炼能力的企业达到 200 多家。2009 年以来各油茶产地兴建茶油加工企业的势头仍然不减，许多新的加工厂陆续上马。至 2011 年 5 月，全国油茶加工企业已经接近 1 000 家，设计加工能力达到 500 万 ~600 万吨。

近年来我国油茶籽油的产量连年增长，2010 年全国列入国家统计的规模以上的工业企业的油茶籽油产量已达 9.8 万吨，但仅占全国食用植物油总产量的 0.3%。2014 年我国油菜籽、大豆、花生、棉籽、葵花籽、芝麻、油茶籽、亚麻籽八大油料的总产量为 5 806 万吨，与 2013 年实际产量 5 845.9 万吨比较，基本持平。八大油料产量分别为：油菜籽 1 460 万吨、大豆 1 180 万吨、花生 1 680 万吨、棉籽 1 109 万吨、葵花籽 235 万吨、芝麻 63 万吨、油茶籽 190 万吨、亚麻籽 40 万吨（表 1–1）。2014 年我国利用国产油料的榨油量（除大豆、花生、芝麻和葵花籽 4 种油料部分直接食用外）为 1 164.7 万吨（表 1–2）。

表 1-1　中国油料产量（千吨）

年份	棉籽	大豆	油菜籽	花生	葵花籽	芝麻	亚麻籽	油茶籽
1993	6 730	15 307	6 936	8 421	1 282	563	496	488
1994	7 814	16 000	7 492	9 682	1 367	548	511	631
1995	8 582	13 500	9 777	10 235	1 269	583	364	623
1996	7 565	13 220	9 201	10 138	1 323	575	553	697
1997	8 285	14 728	9 578	9 648	1 176	566	393	857
1998	8 102	15 152	8 301	11 886	1 465	656	523	723
1999	6 892	14 251	10 132	12 639	1 765	743	404	793
2000	7 951	15 411	11 381	14 437	1 954	811	344	823
2001	9 582	15 407	11 331	14 416	1 478	804	243	825
2002	8 309	16 507	10 552	14 818	1 946	895	409	855
2003	8 747	15 394	11 420	13 420	1 743	593	450	780
2004	11 382	17 404	13 182	14 342	1 552	704	426	875
2005	10 286	16 350	13 052	14 342	1 928	625	362	875
2006	13 559	15 082	10 966	12 738	1 440	662	374	920
2007	13 723	12 725	10 573	13 027	1 187	557	268	939
2008	13 486	15 545	12 102	14 286	1 792	586	350	990
2009	11 479	14 981	13 657	14 708	1 956	622	318	1 169
2010	10 730	15 083	13 082	15 644	2 298	587	324	1 092
2011	11 860	14 485	13 426	16 046	2 313	606	359	1 480
2012	12 305	13 050	14 007	16 692	2 323	639	391	1 728
2013	11 338	11 951	14 458	16 972	2 423	624	399	1 777
2014	11 090	11 800	14 600	16 800	2 350	630	400	1 900

注：资料来源国家粮油信息中心。

表 1-2　2014 年国产油料榨油量（千吨）

品种	产量	压榨量	出油量	出油率 /%
油菜籽	14 600	13 500	4 793	35.5
花生	16 800	7 800	2 457	31.5
棉籽	11 090	10 000	1 300	13
大豆	11 800	3 000	495	16.5
葵花籽	2 350	1 200	300	25
油茶籽	1 900	1 800	450	25
亚麻籽	400	300	90	30
芝麻	630	360	162	45
玉米油			700	
米糠油			850	
其他			50	
合计			11 647	

注：资料来源国家粮油信息中心。

国家发展和改革委员会、工业和信息化部制定的《食品工业“十二五”发展规划》中，食用植物油加工业被列为重点发展行业，发展方向和重点为：“稳定传统大豆油生产，着力增加以国产油料为原料的菜籽油、花生油、棉籽油、葵花籽油等油脂生产，大力推进以粮食加工副产物为原料的玉米油、米糠油生产，积极发展油茶籽油、核桃油、橄榄油等木本植物油生产，促进油脂品种多元化，提升食用植物油自给水平。提高油料规模化综合利用水平，开发提取蛋白产品。”在产业布局上，首次对“油茶籽加工”列出了“加强优质高产原料基地建设，在湖南、江西、广西等生产区建设若干个加工油茶籽 6 万吨以上项目”。“十二五”期间，我国的油茶产业得到迅猛发展，并形成规模化的产业体系。

相关国际组织和我国周边国家和地区高度关注我国油茶产业发展取得的成果。联合国粮农组织（FAO）于 2004 年将油茶列为首推的食用油料作物。越南、泰国等东南亚国家和地区已相继发展油茶产业。由我国领引发展的油茶产业已进入史无前例的发展时期。

第二节　我国油茶产业的科技研究成果日新月异

随着国家加大对油茶产业投入的力度，我国对油茶的科学技术研究全方位开展。研究的内容涵盖油茶高产优质良种选育，油茶丰产栽培技术，油茶精深加工及副产品综合开发利用，油茶生产先进技术装备研究，油茶应用技术研究，油茶产业化研究，油茶检测技术各个环节的基础研究。长期从事油茶栽培种植和茶油加工研究的中国林业科学院亚热带林业研究所、华南农业大学、中南林业科技大学、西安油脂科学研究设计院等研究院所和高等院校增加了博士研究生、硕士研究生和本科生的招生人数，充实了油茶产业各领域的专业科技人员。不少研究院所、高等院校在 2007 年后也迅速开展了油茶产业的相关研究，油茶产业的科研团队迅速壮大。

国家和相关省区按照“突出重点与全面发展结合、近期安排与长远部署结合、整体布局与分类实施结合”的原则，将油茶及茶油生产的很多科学技术研究项目列入了国家和省（部）级重大专项、公益项目、成果转化推广项目、标准项目等予以支持，有力地促进了我国油茶产业的科技研究迅速发展。

我国已选育出一大批高产优质抗逆油茶新品种。至今，经初选、复选、决选等选择过程，以及无性系测定等程序，选育出油茶优良无性系 91 个，通过审（认）定的已达 54 个。在此基础上，创制了一批具有高产优质的强抗逆性新品种，并开展了遗传资源收集

保存，为今后开展长期育种打下了良好的基础。我国的油茶规模化快速繁殖技术实现了质量、速度和效益的大幅度提升，满足了油茶种植迅速发展对优质种苗的急切需求。《油茶良种选育技术》国家标准、《油茶遗传资源调查规范》《油茶采穗圃营建技术》《油茶容器育苗技术》《油茶嫁接技术》《油茶无性系苗木》《油茶高接换冠技术规程》等行业标准已先后制订发布。对油茶病虫害的生物防控技术的研究、油茶精准化施肥技术的研究、油茶低产林产量恢复及提升的研究等都取得了显著的成果并已推广应用。

我国对油茶籽油精深加工及副产品的综合开发利用的基础研究、应用技术研究、产业化研究相继开展，相当数量的研究成果已应用于生产，并取得了显著的经济效益和社会效益。

近年来，对茶油生产的全过程开展了系统的研究，包括油茶籽的采后处理、提油前的预处理、茶油提取、茶油精炼及茶油贮藏、运输等。很多现代高新技术，如微波技术、生物酶技术、超声波技术、超/亚临界流体萃取技术、膜分离技术在茶油生产中的应用研究取得了显著的成果。溶剂浸出法提取茶油、超临界二氧化碳萃取法提取茶油、亚临界流体萃取法提取茶油、水酶法提取茶油、水代法提取茶油等研究成果相继应用于生产，改变了长期以来只用压榨法提取茶油的单一格局，传统的茶油生产方式已进入现代化工业生产的轨道。

我国对食用茶油生产加工技术的研究中，不少是通过理论创新、方法创新、原理创新进行研究，技术工艺参数较为完整，对推进食用茶油工业化生产、提高茶油品质、拓展茶油应用途径具有重要意义。其中，一部分研究中的新成果已形成发明专利。专利是创新能力的重要体现，通过专利分析可以看出一个国家、行业、企业及研究单位的技术发展水平，预测技术的发展趋势。2012 年 4 月以 DII 数据库（德温特专利索引数据库）和 SIPO 数据库（中国国家知识产权局专利检索系统）的检索结果为样本，对食用茶油生产加工技术领域进行全面统计分析，采用主题词 TS=（camellia oil or tea seed oil）通过 DII 专利数据库和 SIPO 数据库检索得到 1994—2011 年期间涉及油茶的专利申请 700 多篇。专利申请的国家主要为中国，专利件数超过 98%，其中，大部分为以油茶为原料生产日化用品、药品、保健食品、杀虫剂，以及检验技术和生产设备等的专利；国外专利为以油茶作为辅助剂生产药物、日化等产品的专利。经过筛选，得到与食用茶油加工技术相关发明专利共 45 件，各年度的分布情况如图 1–1 所示。

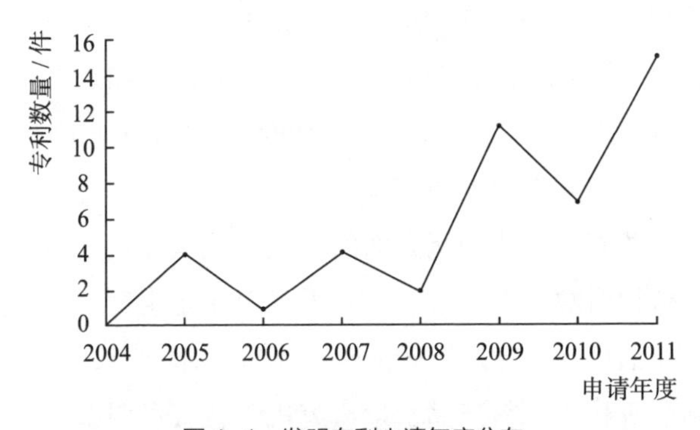

图 1–1 发明专利申请年度分布

由图 1–1 可见，1994—2004 年未检索到与食用茶油生产加工相关的发明专利，2008 年后发明专利申请量迅速增加，主要原因是 2007 年国家林业局下发了《关于发展油茶产业的意见》和 2009 年经国务院批准，国家发展和改革委员会、财政部、国家林业局联合颁布《全国油茶产业发展规划（2009—2020 年）》后，有关省市及相关单位均加大研究投入，取得了显著的研发成果。从检索到的食用茶油生产加工技术申请的发明专利，内容覆盖油茶籽提油前的处理工序、提油技术、精炼工艺、安全生产、新产品开发等食用茶油生产加工技术。但是，未检索到与食用茶油生产加工技术相关的

国外发明专利。通过近年来食用茶油生产加工技术发明专利的申请情况分析，可以看出食用茶油的生产技术已取得了长足发展，我国已成为世界上茶油生产技术最先进的国家。

我国对以茶油为主要原料的茶油产品品种的研究已经取得了显著的成效。研究成果已应用于生产茶油调和油、营养强化食用茶油、可食性粉末茶油（茶油微胶囊）、改性茶油、化妆品茶油等多样化、精深化油茶加工新产品。

对茶油生产的副产品油茶籽壳、油茶果壳、油茶饼粕，以及毛油精炼产生的油脚、皂脚、脂肪馏出物的综合利用研究已全面展开，从茶油生产的副产物中提取植物甾醇、维生素 E、磷脂、茶皂素、类黄酮、油茶蛋白、油茶多肽、油茶多酚、油茶多糖等植物化学物质的应用研究报告越来越多。2000—2010 年，仅在国内刊物发表的关于茶皂素方面的研究论文就达 270 多篇，还有许多饼粕多糖、蛋白、茶壳、茶蒲利用方面的论文。从茶油生产副产物中提取茶皂素、植物甾醇、维生素 E 等技术已应用于生产。应用茶油生产副产物生产活性炭、糖醛、碳酸钾、木糖、木糖醇，以及工业脂肪酸与硬脂酸等化工原料产品，生产有机肥料、食用菌培养基、饲料等研究成果已广泛应用。

我国众多专家学者对茶油原料生产储运过程中可能产生的不安全因素进行了大量的分析研究，提出了防控、去除、降解茶油中苯并（a）芘、反式脂肪酸、塑化剂、黄曲霉毒素等有害物质的技术及措施。茶油中苯并（a）芘的快速检测方法、茶油品质鉴别方法等检测及鉴伪技术也取得了重大的进展，有力地提高了我国茶油质量安全控制水平。

虽然我国在茶油产业的科学技术研究取得了受到国际社会普遍关注和日益重视的成果，但我国油茶产业的科学研究起步较晚，与大豆油、玉米油、橄榄油等植物油脂的基础研究、应用技术研究、产业化研究成果差距甚大。由于我国目前油茶生产的集中度低，很多研究成果只是实验室完成的，未能扩大为中试及生产应用的研究成果。我国油茶产业的科学技术研究，尚待通过“产、学、研、用”更紧密的协同合作深入开展。

第二章　茶油的食物成分及化学物理活性

茶油的生理功能和保健功能是由茶油的食物成分组成及茶油的化学物理性质决定的。茶油的单不饱和脂肪酸和人体必需脂肪酸含量高，并富含维生素 E、植物甾醇、角鲨烯等生理活性物质，因此茶油的生理功能、保健功能比常用的植物油脂及动物脂肪显著。

第一节　茶油的食物成分及化学物理性质

茶油是从油茶籽中提取的食用植物油脂。

油和脂肪这两个词经常被同义地使用，习惯上把室温下以液态形式存在的脂肪叫作油。大多数植物性脂肪在室温（25℃）下呈液态，而被称为油。

一、茶油的食物成分与脂肪酸组成

食用茶油的食物成分（全国代表值）中 99.9% 为脂肪。每 100g 食用茶油的食物成分如表 2–1 所示。

表 2–1　食用茶油的食物成分

能量 /kJ	水分 /g	脂肪 /g	核黄素 /mg	维生素 E			
				总 E/mg	α E/mg	β+γ E/mg	δ E/mg
3 761	0.1	99.90	微量	27.9	1.45	10.3	16.15

钾 /mg	钙 /mg	镁 /mg	铁 /mg	锰 /mg	锌 /mg	铜 /mg	磷 /mg	硒 /μg
2	0.7	5	2	1.17	0.34	0.03	8	2.8

食用茶油中的脂肪与其他植物油及动物脂肪一样主要是由甘油三酯组成的混合物。

甘油三酯是由三个脂肪酸分子和一个甘油分子组成的化合物，各种甘油三酯中的甘油是相同的，但三个脂肪酸分子的化学结构是不同的。根据化学结构，脂肪酸由烃链组成，并在烃链上的一端有一个有机酸基团（COOH）。脂肪酸的主链由碳原子组成，而碳原子之间或通过单键（饱和价键）或是双键（不饱和价键）相连，按碳原子的连接结构，脂肪酸可分为饱和脂肪酸（SFA）、单不饱和脂肪酸（MUFA）和多不饱和脂肪酸（PUFA）。饱和脂肪酸不含双键，单不饱和脂肪酸含一个双键，多不饱和脂肪酸含两个以上双键。

组成甘油三酯的脂肪酸主链中的碳原子数是不同的。学术上，脂肪酸碳原子数量在 6 个以下的称为短链脂肪酸，碳原子数量 6~12 个的称为中链脂肪酸，碳原子数 12 个以上的称为长链脂肪酸。

2009 年出版的《中国食物成分表》中，茶油的脂肪酸组成为饱和脂肪酸 10.0%、单不饱和脂肪酸（油酸）79%、多不饱和脂肪酸（亚油酸、亚麻酸）11%、其他脂肪酸 1%。组成茶油的 90% 以上的脂肪酸中的碳原子数为 18 个，茶油属于长链脂肪酸。

茶油与其他食用油的脂肪酸组成比较如表 2-2。

表 2-2　茶油与其他食用油的脂肪酸组成比较　%

食用油脂名称	饱和脂肪酸	不饱和脂肪酸			其他脂肪酸
		油酸	亚油酸	亚麻酸	
可可油	93	6	1		
椰子油	92	0	6	2	
橄榄油	10	83	7		
菜籽油	13	20	16	9	42*
花生油	19	41	38	0.4	1
茶油	10	79	10	1	1
葵花籽油	14	19	63	5	
豆油	16	22	52	7	3

（续表）

食用油脂名称	饱和脂肪酸	不饱和脂肪酸			其他脂肪酸
		油酸	亚油酸	亚麻酸	
棉籽油	24	25	44	0.4	3
大麻油	15	39	45	0.5	1
芝麻油	15	38	46	0.3	1
玉米油	15	27	56	0.6	1
棕榈油	42	44	12		
米糠油	20	43	33	3	
文冠果油	8	31	48		14
猪油	43	44	9		3
牛油	62	29	2	1	7
羊油	57	33	3	2	3
黄油	56	32	4	1.3	4

注：* 主要为芥酸。

二、影响茶油营养成分的因素

从表 2-1 可看到茶油富含维生素 E，同时茶油中的植物甾醇、角鲨烯、山茶苷和茶多酚等生理活性物质含量也相当多。

食物的营养素含量因品种、土壤、气候、成熟度和加工处理等因素的影响而有较大差异。食用茶油的食物成分、脂肪酸组成、化学物理性质同样因上述因素的影响存在差异。

我国具有丰富的油茶种质资源，新中国成立以来，先后在全国范围内选出油茶优树 1.6 万株（现存 1 000 多株），选出优良农家油茶品种 20 多个。各油茶产区已经选育出油茶高产无性系 2 000 多个。近年来，通过对油茶农家品种（类型）调查、归类分析、区域性对比试验，油茶优良无性系、家系选择测定研究，我国已初步形成了全国统一的选优标准，选育出一批高产优良农家品种、无性系及家系。经国家林业局林木品种审定委员会审（认）定的油茶良种达 54 个。全国 18 个省（区）1 100 多个县种植的油茶主要品种有：普通油茶、小果油茶、越南油茶、广宁红花油茶、攸县油茶、腾冲红花油茶、浙江红花油茶等。

作者选择广东省 15 个产地的 4 个油茶品种的油茶籽浸提得到的茶油进行脂肪酸组成测定，结果见表 2-3。测定结果显示，茶油的脂肪酸组成因油茶品种、产地不同呈现一定的差异。

表 2-3　广东省 15 个不同产地的 4 个油茶品种提取的茶油脂肪酸组成及含量

序号	产地	品种	油酸 /%	棕榈酸 /%	硬脂酸 /%	亚油酸 /%	饱和脂肪酸 /%	不饱和脂肪酸 /%
1	河源市东源县	普通油茶	76.23	9.74	2.28	10.91	12.14	87.86
2	河源市东源县	普通油茶	78.15	9.60	2.65	8.94	12.37	87.63
3	河源市龙川县	普通油茶	75.47	9.85	4.00	9.67	14.01	85.99
4	河源市龙川县	普通油茶	79.30	10.38	2.30	7.30	12.80	87.20
5	增城市白水寨	广宁红花油茶	77.83	8.53	3.78	9.01	14.35	85.65
6	河源市东源县	小果油茶	81.13	8.56	1.35	8.30	9.94	90.06
7	梅州市兴宁市	普通油茶	81.89	8.21	1.96	6.61	10.22	89.78
8	梅州市五华县	普通油茶	80.47	8.06	1.57	9.04	9.72	90.28
9	韶关市仁化县	广宁红花油茶	75.60	10.40	4.08	9.05	14.67	85.33
10	韶关市曲江区	广宁红花油茶	69.82	10.53	3.12	15.76	13.82	86.18
11	高州市	越南油茶	80.70	8.75	3.99	6.56	12.74	87.26

（续表）

序号	产地	品种	油酸 /%	棕榈酸 /%	硬脂酸 /%	亚油酸 /%	饱和脂肪酸 /%	不饱和脂肪酸 /%
12	清远市清新县	普通油茶	75.53	10.36	4.04	8.45	14.52	85.48
13	揭阳市揭东县	越南油茶	73.95	10.99	3.13	11.14	14.25	85.75
14	清远市连南县	普通油茶	77.96	9.36	2,51	9.28	12.00	88.00
15	韶关市仁化县	广宁红花油茶	80.49	7.70	4.93	5.92	12.86	87.14

注：含量在 0.1% 以下的脂肪酸没有列出来。

红花油茶（*Camellia chekiang-oleosa* Hu）是由普通山茶衍变的山茶科山茶属植物，是我国特有的树种，素有“中国油茶王”之美誉。因果实大、含油量高，花色艳丽，树形美观，可作为观赏园林植物，因此被广泛栽培。2008 年以来，广西、浙江、湖南、江西、广东、云南等省区不少市县已立项开发红花油茶，引种栽培种植。

作者对目前主要推广种植的浙江红花、腾冲红花和广宁红花的油茶籽中油脂脂肪酸组成及含量进行了测定，结果如表 2-4 所示。

表 2-4　3 种红花油茶籽中油脂脂肪酸组成及含量　%

脂肪酸名称	浙江红花	腾冲红花	广宁红花
棕榈酸	8.9	13.2	8.7
十七碳酸	＜ 0.1	0.11	＜ 0.1
硬脂酸	3.2	3.1	2.8
油酸	79.1	72.3	75.7
亚油酸	7.0	8.8	10.5
花生一烯酸	0.4	0.4	0.5
α–亚麻酸	0.2	0.6	0.2
单不饱和脂肪酸	79.5	72.7	76.2

（续表）

脂肪酸名称	浙江红花	腾冲红花	广宁红花
多不饱和脂肪酸	7.2	9.4	10.7
不饱和脂肪酸	86.7	82.1	86.9
饱和脂肪酸	12.1	16.41	11.5

注：含量在 0.1% 以下的脂肪酸没有列出来。

可见，不同地域种植的红花油茶其茶油脂肪酸组成也存在一定的差异，随着红花茶油的产量比重占我国茶油比重的增加，食用茶油的食物成分（全国代表值）的相关数据将发生一定的变化。

油茶籽成熟度对茶油脂肪酸组成也有一定的影响，表 2–5 是岑软 2 号在同一种植区域 9—11 月采摘的油茶果中油脂脂肪酸组成的变化情况。

表 2–5　不同成熟度油茶果中油脂脂肪酸组成的变化　%

脂肪酸名称	采收日期			
	9 月 19 日	10 月 16 日	10 月 30 日	11 月 15 日
棕榈酸	10.35	8.17	7.25	6.66
棕榈烯酸	0.25	0.10	0.04	0.06
十七碳酸	0.10	＜ 0.1	＜ 0.1	＜ 0.1
十七碳一烯酸	0.11	＜ 0.1	＜ 0.1	＜ 0.1
硬脂酸	1.81	2.00	2.95	3.57
油酸	69.98	78.27	80.88	82.47
亚油酸	14.03	8.22	6.97	4.50
花生烯酸	0.77	0.53	0.55	0.53
α–亚麻酸	0.68	0.36	0.22	0.16
不饱和脂肪酸	85.82	87.55	88.74	87.78
饱和脂肪酸	12.39	10.33	10.34	10.41

注：含量在 0.1% 以下的脂肪酸没有列出来。

三、茶油的理化性质

各种油脂的理化性质不同，是由于甘油三酯所含的脂肪酸不同，植物油的化学和物理特性最终取决于所含脂肪酸的类型和数量。

植物油中常见脂肪酸的结构、碳链长度、熔点如表 2-6 所示。

表 2-6　植物油中常见脂肪酸的结构、碳链长度、熔点

名称		结构	碳原子数	熔点 /℃
饱和脂肪酸	己酸	$CH_3(CH_2)_4COOH$	6	–8
	辛酸	$CH_3(CH_2)_6COOH$	8	16
	癸酸	$CH_3(CH_2)_8COOH$	10	31
	十二烷酸	$CH_3(CH_2)_{10}COOH$	12	44
	十四烷酸	$CH_3(CH_2)_{12}COOH$	14	54
	棕榈酸	$CH_3(CH_2)_{14}COOH$	16	63
	硬脂酸	$CH_3(CH_2)_{16}COOH$	18	70
	二十烷酸	$CH_3(CH_2)_{18}COOH$	20	76
	二十四烷酸	$CH_3(CH_2)_{22}COOH$	24	86
单不饱和脂肪酸	棕榈油酸	$CH_3(CH_2)_5CH=CH(CH_2)_7COOH$	16	–1
	油酸	$CH_3(CH_2)_7CH=CH(CH_2)_7COOH$	18	13
多不饱和脂肪酸	亚油酸	$CH_3(CH_2)_4CH=CHCH_2CH=CH(CH_2)_7COOH$	18	–5
	亚麻酸	$CH_3CH_2CH=CHCH_2CH=CHCH_2CH=CH(CH_2)_7COOH$	18	–11
	花生烯酸	$CH_3(CH_2)_7CH=CH(CH_2)_9COOH$	20	–50

注：符号“=”表示在邻近二碳原子之间的双键（不饱和的）。

植物油的理化性质是评判植物油优劣的依据。茶油的 4 个理化特性指标证明其属于优质其他食用油。

（1）熔点。脂肪的熔点对营养吸收极为重要，原因是在消化道

中固体形式的脂肪很难利用。表 2–6 表明脂肪酸的化学结构的属性影响熔点的情况，随着脂肪酸碳链长度的增长，其熔点也逐渐上升；碳原子数量相同时，不饱和度增加其熔点下降。组成茶油的脂肪酸的熔点较低，在消化道中容易利用。

（2）碘值。碘值是表示脂肪中不饱和程度的一种指标。不饱和程度愈大，碘值愈高。茶油的不饱和脂肪酸含量较高，约 90%。茶油含有比橄榄油多的亚油酸，亚油酸是人体不能合成但又是人体必需的脂肪酸。

（3）皂化值。皂化值表示油脂中脂肪酸分子量的大小（即脂肪酸碳原子的多少）。皂化值高，表明熔点低，脂肪酸分子量小，碳链短，易消化；皂化值低，表明熔点高，碳链长。茶油的皂化值为 193~196，说明容易消化。

（4）烟点。烟点是测量油脂加热至开始连续发蓝烟时的温度指标。烟点高表明油脂在烹调时挥发量少，有毒有害化合物的产生程度低。茶油的烟点较高，达到 215℃以上。

第二节　茶油的生理功能、保健功能

脂肪是健康人体不可缺的脂类营养素，其生理功能包括：

（1）脂肪是人体的主要供能物质。在人体三大产热营养素（脂肪、蛋白质、碳水化合物）中产能最高，每克脂肪可产生 38 kJ 的能量，是蛋白质或碳水化合物的 2.25 倍。

（2）脂肪是人体内的主要储能物质。成人体内的 300 亿个脂肪细胞贮存大量脂肪，在人体摄入的营养素产能不足时，可以释放出热量及时补充。

（3）脂肪作为脂溶性维生素 A、维生素 D、维生素 E、维生素 K 及脂溶性茶多酚等生理活性物质的载体，可促进人体维生素和生

理活性物质的吸收和利用。

（4）脂肪在人体内脏器官外围能形成缓冲机械力冲击的保护层，防止或缓冲外力冲击造成器官损伤。

（5）脂肪在人体胃内具有延缓排空速度的功能，使人产生饱腹感，不易感到饥饿。

（6）人体皮肤下的脂肪是很好的绝热物质，在严寒季节或寒冷的环境下具有隔热功能，延缓体热散发，维持体温恒定。

膳食中的脂肪的生理功能是为人体提供热量及提供必需脂肪酸。必需脂肪酸（essential fatty acid，EFA）是指人体维持机体正常代谢不可缺少而自身又不能合成或合成速度慢无法满足机体需要，必须通过食物供给的脂肪酸。

茶油中的亚油酸、亚麻酸等多不饱和脂肪酸皆为必需脂肪酸，它们不仅是多种生物膜的重要组成成分，而且是合成前列腺素类（prostaglandins，PG）、血栓素（thromboxane，TX）、白细胞三烯类（leucotriene，LT）等类二十碳化合物的前体，具有特殊的生理作用。

学术界一直认为，饱和脂肪酸促进动脉硬化形成，而不饱和脂肪酸防止动脉硬化形成。饱和脂肪酸主要来自动物脂肪，不饱和脂肪酸主要来自植物油。由于多数植物油含的是多不饱和脂肪酸，因此曾提出膳食中饱和脂肪酸与不饱和脂肪酸之比为 1∶1 对人体健康最好。然而，近年来的研究发现，多不饱和脂肪酸过高对人体不利，如降低免疫功能，加速血栓形成，易产生脂质过氧化而导致衰老或致癌作用。因此，研究者提出膳食中，脂肪酸的最佳比例应为：饱和脂肪酸∶单不饱和脂肪酸∶多不饱和脂肪酸 =1∶1∶1。有的甚至认为，单不饱和脂肪酸可大于 1。

常用油脂中，单不饱和脂肪酸主要是油酸。据全国食物成分表所载，我国常用食用植物油中的油酸含量（油酸占总脂肪的百分比）首推茶油，其含量高达 78.8%；其次为棕榈油（44.4%）、花生油（40.4%）、芝麻油（39.2%）、色拉油（39.2%）、辣椒油（34.7%），属中等；而豆油（22.4%）、菜籽油（20.2%）、棉籽油（25.2%）、玉米油（27.4%）、葵花籽油（19.1%）均属较低者。值得注意的是，猪油虽富含饱和脂肪酸，但其油酸含量可达 44.2%。其他食物中含中等量油酸的有：猪肉 42.9%、牛肉 36.9%、鸡肉 36.5%、鸭肉 44.7%、鸡蛋 41.7%、南瓜子 37.4%、松子仁 37.7%。

一、降低胆固醇含量，防治心血管疾病

中国人民解放军军事医学科学院卫生学环境医学研究所于 20 世纪 80 年代率先进行的降脂食物筛选动物实验中，完成了富含单不饱和脂肪酸的茶油降血脂、抗动脉硬化的动物实验。实验中用高脂饲料喂家兔，经 2.5 个月观察动脉硬化形成与血脂的变化。高脂饲料含 20% 实验油、2% 胆固醇。实验油用茶油、红花油、猪油分别代表单不饱和脂肪酸、多不饱和脂肪酸、饱和脂肪酸丰富的 3 种食用油脂。结果指出，茶油与红花油组的血脂与肝脂较猪油组低很多，分别只有猪油组的 40% 和 60%。实验结束时，将家兔主动脉进行病理检验。结果表明，猪油组动脉粥样斑占主动脉面积的 37.55%，红花油组较低，占 9.4%，茶油组最低，仅占 4.5%，证明茶油预防动脉硬化的效果是最好的。除降血脂作用外，茶油的抗氧化功能也最强，猪油组的血与肝脏中的脂质过氧化物最高，其次是红花油，茶油最低；猪油组的血浆抗氧化酶活性最低，红花油较高，茶油最高。由于茶油具有降血脂和抗氧化两方面功能，因此低密度脂蛋白被氧化修饰，再被单核细胞吞噬，形成泡沫细胞后产生动脉粥样斑的概率较小，这就是茶油预防动脉硬化的作用机制。

此外，家兔实验还发现，茶油组高密度脂蛋白胆固醇的升高好于红花油组。高密度脂蛋白胆固醇能将动脉壁内的胆固醇转运到肝

脏进行代谢，并且有抗低密度脂蛋白氧化及修复内皮细胞损伤的功能，所以是冠心病的保护因子。茶油的抗血凝作用也很突出，在大鼠实验中，茶油组的血栓素（促进血凝）较猪油组与红花油组显著降低，这就有利于防止血栓形成，预防心肌梗死或脑栓塞的发生。

茶油富含单不饱和脂肪酸，具有防治心血管硬化性疾病，调节多种胆固醇、血脂，降低血小板聚集率，降低血栓形成和动脉粥样硬化斑块形成的危险性，调节人体机能等功效。据国外流行病学的调查发现，膳食中的单不饱和脂肪酸与冠心病的死亡率之间呈明显的负相关。油酸是茶油中的主要单不饱和脂肪酸，具有显著的降血脂作用。油酸和亚油酸比较，油酸不降低血清高密度脂蛋白胆固醇（HDL–C）水平，而亚油酸可引起血清 HDL–C 的降低。脂肪酸和胆固醇有着密切的关系，饱和脂肪酸含量高会使总胆固醇升高，不饱和脂肪酸含量高会使总胆固醇降低。单不饱和脂肪酸含量高的油脂，能提高血液中高密度脂蛋白胆固醇的含量，降低血液中低密度脂蛋白胆固醇的含量，起到治疗高血压和常见心血管疾病的作用。

20 世纪 80 年代以来，我国对茶油保健功能的大量研究证明了上述的作用。

纪钢等报道了茶油与猪油、大豆油、花生油、菜籽油等常用的具有不同脂肪酸组成的油脂对血脂代谢的影响结果，通过大量动物试验，发现茶油组的胆固醇（TC）、甘油三酯（TG）、低密度脂蛋白（LDL）都低于对照组，高密度脂蛋白（HDL）则比对照组略高；而猪油组的胆固醇、甘油三酯、低密度脂蛋白都高于对照组，高密度脂蛋白则与对照组接近；大豆油组的胆固醇、甘油三酯、低密度脂蛋白、高密度脂蛋白都低于对照组。而菜籽油和花生油对血脂的作用不同，菜籽油组是胆固醇、低密度脂蛋白明显升高，甘油三酯则会降低；花生油组则是甘油三酯升高，低密度脂蛋白稍有增加，对胆固醇而言前 40 天有所下降，但 60 天后则会升高。可见，在植物油中茶油具有选择性降低血脂，防治动脉粥样硬化，维持体内脂质的正常代谢，有益于机体正常生理生化过程。

邓小莲等（2005）以不同剂量的茶油对大鼠连续灌胃30天，结果显示，茶油能降低大鼠血清总胆固醇和显著降低血清甘油三酯的含量，并对大鼠的体重无明显影响。朱国辉等对茶油对大鼠血脂的影响及对血液流变性的影响进行了研究。结果表明，茶油对血小板聚集率有降低作用，富含油酸的茶油对红细胞变形能力有增强作用，对大鼠机体组织中脂类的氧化有抑制作用。周斌等运用血清酶学、病理组织学和形态定量学方法研究了茶油对梗阻性黄疸大鼠的心脏保护作用及心肌细胞形态和功能的作用。结果显示，茶油能明显改善梗阻性黄疸大鼠营养状况；明显降低血清总胆红素（TB）、直接胆红素（DB）、谷丙转氨酶（ALT）和谷草转氨酶（AST）的水平；增强心肌细胞线粒体内琥珀酸脱氢酶（SDH）的活性；在一定程度上保持心肌细胞线粒体膜、核膜和肌丝结构的完整性。茶油无论在形态上或功能上对梗阻性黄疸大鼠心脏均有保护作用。

邓平建等以120名志愿人员为实验对象随机分为三组，每人每天食用茶油、调和油和市售猪油50g（膳食能量每天摄入为RDA 90%以上，其中脂肪供能约占总能量的30%）。40天实验后，富含饱和脂肪酸的市售猪油组血TG浓度比实验前升高，三项胆固醇指标差异均无显著性；调和油组血TC、HDL-C及低密度蛋白胆固醇（LDL-C）浓度均下降，与其富含多不饱和脂肪酸有关；茶油组血TG、TC、LDL-C浓度均下降，HDL-C略上升，差异无显著性。表明茶油具有降低人体的甘油三酯、胆固醇、低密度脂蛋白的功能。陈梅芳等（1996）研究了茶油对动脉粥样硬化（AS）形成及脂质代谢、血栓素B_2（TX B_2）和脂质过氧化物（LPO）的影响。结果显示，茶油具有明显的延缓AS形成的作用；机理可能是茶油中富含的单不饱和脂肪酸进入组织后，通过降低血脂、肝脂，升高

HDL–C/TC 比值，抑制 TX B_2 释放，增加机体抗氧化酶超氧化物歧氏酶（SOD）和谷胱甘肽过氧化物酶（GSH–Px）的活性，降低血浆、肝脏 LPO 生成等环节而发挥作用，说明茶油具有防治冠心病的功效。

在调节血脂和防治心血管疾病方面，茶油具有选择性降低血脂，防治动脉粥样硬化，维持体内脂质的正常代谢，有益于机体正常生理生化过程。通过膳食用油来改变慢性病患者的脂肪摄入种类，从而改善患者的血脂、血糖和血压水平，是一种简单易行、方便有效的方法。

二、提高免疫功能

冯翔等研究了富含不同种类的不饱和脂肪酸的 3 种不饱和油脂——茶油、玉米油、鱼油对小鼠免疫功能及体内脂质过氧化物作用的影响，结果表明，3 种不饱和油脂对小鼠免疫功能影响明显不同，综合各项免疫指标，以茶油正向免疫调节作用最强，可能是因为茶油中的单不饱和脂肪酸含量最多，而鱼油中的 ω–3 多不饱和脂肪酸含量高，易发生脂质过氧化作用，对免疫功能反而有抑制作用。

三、抗氧化作用

单不饱和脂肪酸抗氧化效果比多不饱和脂肪酸更好。张兵等研究了茶油、豆油对 WISTAR 大鼠组织活性氧及抗氧化酶活性的影响，结果显示：喂养茶油的大鼠组织活性氧水平明显低于喂养豆油的大鼠。

第三节　茶油中的维生素

维生素是存在于食物中的一些小分子有机化合物，是人体所必需的一类有机营养素。缺乏任何一种维生素都能引起相应的维生素缺乏病。

维生素种类很多，它们的化学结构及生理功能各不相同，并不是化学性质和结构相近似的一类化合物，之所以归为一类乃基于其生理功能和营养意义相类似。它们都是以本体的形式或可被机体利用的前体的形式存在于天然食物中，多数维生素都不能在人体内经自身的同化作用合成。维生素与其他营养素不同之处在于它既不供给热能也不构成体组织，只需少量即能满足生理需要。

茶油中含有维生素 E、维生素 D、维生素 K，按照溶解度分类，都属于脂溶性维生素。

一、维生素 E

维生素 E，又称生育酚（tocopherols），是一类具有生物活性的、化学结构相似的酚类化合物的总称。维生素 E 在化学结构上为 6- 羟基苯并二氢吡喃的衍生物，包括生育酚和生育三烯酚两类，是一类脂溶性维生素。生育酚和生育三烯酚的主要结构都为一个苯并氢化吡喃环联结 3 个类异戊二烯结构单元组成的侧链，两者的主要区别表现在生育酚的侧链为饱和的，而生育三烯酚的侧链含 3 个双键。自然界中已知的维生素 E 有 8 种，分别为两类维生素的 4 种，即 α、β、γ、δ 同分异构体。其中，α- 生育酚的中的 D-α- 生育酚具有最高生物活性，通常被作为另外 7 种类型维生素的生物效价的比较标准。100g 常见食用油脂中的维生素 E 含量如表 2-7。

表 2-7　食用油脂中维生素 E 含量

食用油脂名称	维生素 E			
	总 E/mg	α E/mg	β+γ E/mg	δ E/mg
菜籽油	60.89	10.81	38.21	11.87
茶油	27.90	1.45	10.30	16.15
大麻油	8.55	—	8.15	0.40
豆油	93.08	—	57.55	35.53
花生油	42.06	17.45	19.31	5.30
葵花籽油	54.60	38.35	13.41	2.84
棉籽油	86.45	19.31	67.14	—
玉米油	51.94	14.42	35.13	1.39
芝麻油	68.53	1.77	64.65	2.11
棕榈油	15.24	12.62	2.62	—
猪油（未炼）	21.83	0.63	15.00	6.20

维生素 E 对各种动物在不同生长阶段都是很重要的，其中对生殖、肌肉、神经及免疫等系统的最佳功能的发挥是必不可少的。通常所说的维生素 E 即 α- 生育酚，其活性最高，分布最广，最具代表性，所以一直被作为维生素的重点研究对象。维生素 E 的重要功能在于抗氧化作用，它能迅速地与分子氧、自由基起反应，并清除它们，从而保护脂蛋白、各种生物膜系结构，以及脂质组织里的未饱和酯酰基免遭过氧化反应的损害。中国营养学会制定的《中国居民膳食营养素参考摄入量（Chinese DRIs）》中，14 岁以上的人群维生素 E 每日的适宜摄入量（adequate intake，AI）为 14mg α- 生育酚当量。

二、维生素 D

人类摄取食物满足自身生理需要的过程中，维生素 D 是人体必需的营养素。其重要性在于调节人体中钙和磷的代谢作用。维生素D促进钙和磷在肠道的吸收，影响骨骼无机化过程。缺乏维生素D时，会削弱骨基质的无机化，引起婴儿佝偻病和成人软骨病。在维生素中，维生素D有两个独特之处：一是仅天然存在于少数几种日常进食的食物中（主要存在鱼油中，少量存在植物油及动物肝脏、蛋和奶中）；二是人体皮肤置于太阳的紫外线（短波高频率的光）下，可在体内合成，因而又被称为“阳光维生素”。

维生素D是一类抗佝偻病物质的总称，它们都是类固醇化合物。至今已经鉴定出约10种带有维生素D的甾醇化合物，但根据它们在食物中出现的情况，只有维生素D_2（麦角钙化甾醇或麦角钙化醇）、维生素D_3（胆钙化醇）才具有重要的实用性。维生素D_2和维生素D_3已经有商业化产品，但摄取过多的维生素D会中毒。中国营养学会制定的《中国居民膳食营养素参考摄入量（Chinese DRIs）》中，7岁以下的儿童每日的推荐摄入量（recommended nutrient intake，RNI）为10μg，11~18岁的青少年为5μg，50岁以上的10μg，孕妇早期为5μg，中期之后为10μg。

三、维生素K

维生素K是指一组酯类的化合物，它具有多种衍生物。维生素K_1（phylloquinone）存在于植物油和蔬菜等植物叶中；维生素K_2（menaquininone）则存在于微生物中如细菌、酵母菌等。维生素K_1、维生素K_2是人体肝脏中凝血酶原和其他凝血因子合成所必不可少的营养素，具有抗出血的作用，有“抗出血维生素”之称。维生素K_1和维生素K_2（分别又称为α-叶绿醌和β-叶绿醌）是自然界存在的维生素K。另外还有人工合成的维生素K_3（menadione）等。天然存在的维生素K为脂溶性的，人工合成的维生素K为水溶性的。

维生素 K 广泛分布于食品中，并且健康人（新生儿除外）的肠道细菌能够合成维生素 K，因此各个国家和地区的居民膳食营养素参考摄入量皆没有为维生素 K 制定明确的日推荐量。维生素 K 缺乏症状是延长血液凝固时间和出血，但由维生素 K 缺乏产生的出血综合征在成年人中极为少见。美国国家科学研究委员会食品和营养委员会基于不能确保人体肠道合成的维生素 K 在长时间内都很足够，提出的膳食中维生素 K 摄取估计的适当范围见表 2–8。

表 2–8　估计的安全和适当的每日膳食维生素 K 摄取量

组别	年龄 / 岁	维生素 K/μg
婴儿	0~0.5	12
	0.5~1	10~20
儿童和青少年	1~3	15~30
	4~6	20~40
	7~10	30~60
	11 以上	50~100
成年人		70~140

表 2–8 中标明范围的下限是假设 2μg/kg 体重中约一半量是由膳食供给的，上限是假设 2μg/kg 体重的需要全部由膳食供给计算而得。因此，对成年人的摄取量建议为 70~140μg/d。

第四节　茶油中的植物化学物质

植物化学物质（phytochemicals）是植物性食物中除已知必需营养素以外的一类生物活性物质的总称。《中国居民膳食指南》（2007）将植物化学物质定义为食品中已知必需营养素以外的化学成分。对植物化学物质的研究始于 20 世纪 30 年代。当时，纽崔莱公司创始人卡尔·宏邦（Carl Rehnborg）受中医药学理念影响，坚信天然植物的浓缩提取物中蕴含人类所需的营养，他称之为植物营养素。之后，研究发现植物中除了含有丰富的基本营养素之外，还有种类繁多的非营养素类生物活性物质，这些物质给予植物颜色、香味及防止植物患病，学术界将其称为植物化学物质。

现代研究表明，人体内许多生理活动和生物化学过程会产生活性氧（ROS）和活性氮（RNS）自由基，过多的自由基会对生物分子产生氧化性损伤，最终导致慢性疾病的产生，如心血管疾病（CVD）、癌症、糖尿病、衰老和其他退化性疾病。植物化学物质由于具有较强的抗氧化活性并可预防慢性疾病，引起人们的关注和研究。21 世纪以来，国际上关于植物化学物质的生物学作用、构效关系、剂量反应关系、安全性评价等方面取得了大量的研究成果，对植物化学物质的识别、分离、提纯等技术也取得了日新月异的进展。有专家认为，植物化学物质是近年来人类的一大重要发现，其重要意义可与抗生素、维生素的发现相媲美。

植物化学物质主要包括多酚类、类胡萝卜素、生物碱、含氮化合物、含硫化合物等物质。茶油中的植物化学物质主要有植物甾醇、角鲨烯、山茶苷（即茶皂苷，或称茶皂素）、油茶多酚、β- 胡萝卜素等。

一、植物甾醇

自然界植物甾醇存在于植物细胞中，有游离型和酯化型两种，植物甾醇（phytosterol）及酯、植物甾烷醇（phytostanol）及酯。游离型植物甾醇在坚果、豆类中含量较多，主要包括谷甾醇（sitosterol）、豆甾醇（stigomasterol）、菜油甾醇（campsterol），常见的还有燕麦甾醇、菠甾醇类、芸薹甾醇等。谷类食物以酯化型植物甾醇为主，常见的有 β- 谷甾醇阿魏酸酯、豆甾醇阿魏酸酯等。

植物甾醇是一类经过长期研究证明有实际保健功效的生理活性物质。

在大部分植物油中，每千克油中含有 1~5g 植物甾醇。工业上的植物甾醇是油脂加工的副产物，从油脚、皂脚和脱臭馏出物中可分离出植物甾醇。

纯的植物甾醇在常温下为白色结晶粉末，甾醇因其呈固态又称植物固醇，无臭无味，在化学结构上是三萜类化合物，熔点 130~140℃，不溶于水，有的在有机溶剂中也不易完全溶解。植物甾醇理化性质主要表现为疏水性，但因其结构上带有羧基基团，因而又具有一定的亲水性，表明植物甾醇具有乳化性，应用非常广泛。

植物甾醇广泛存在于植物细胞中，其结构与胆固醇极其相似，见图 2-1。

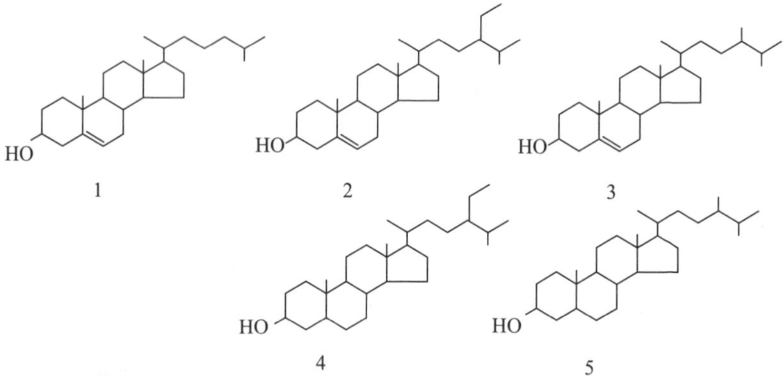

HO 1　HO 2　HO 3
HO 4　HO 5

图 2-1　胆固醇（1）、植物甾醇［β- 谷甾醇（2）、菜油甾醇（3）］和植物甾烷醇［β- 谷甾烷醇（4）、菜油甾醇（5）］的结构

20 世纪 50 年代的研究就指出，多吃植物油、少吃动物油能降胆固醇。原因是植物油中的植物甾醇和动物体内的胆固醇结构相仿，植物甾醇在体内能竞争性地排斥胆固醇的吸收。但当时由于分

析检测手段及功能评价条件不具备，所以对植物甾醇的定性、定量、分离和有效剂量，都无法确认。20 世纪 90 年代以来，大量的研究证明，植物甾醇具有竞争性地阻碍小肠吸收胆固醇、使胆固醇排出体外的作用，因而有降低血中胆固醇和预防心血管疾病的功效，此外植物甾醇尚有改善前列腺肥大症的功效。

植物甾醇的主要生理功能是调节血脂。医学界关于甾醇对血脂的作用开展了二十多项的临床研究。这些针对成年男性和女性的研究表明，甾醇酯可以降低 14% 低密度蛋白胆固醇，对于胆固醇水平过高的儿童也有同样的功效。对人体健康有益的高密度脂蛋白胆固醇和甘油三酯的水平却并没有受到影响。最近的一项研究证实，服用药物的患者在服用添加了甾醇酯的食品后，低密度蛋白胆固醇的水平可以再降低 10%。

植物甾醇降胆固醇功能的作用机理有几种主要的理论。第一，植物甾醇和植物甾烷醇可以将小肠中的胆固醇沉淀下来，使其呈现不溶解状态，因此不能被吸收。第二，胆固醇能溶解于小肠内腔的胆汁酸微胶束（主要由胆汁盐和磷脂组成）是被吸收的必要条件。而植物甾醇的存在可以将胆固醇替换出来，使之不能经胆汁酸胶束的运送到达小肠微绒毛的吸收部位。β- 谷甾醇阻碍胆固醇吸收作用，主要发生在这一种情况。而植物甾醇或甾烷醇本身的吸收率很低，即使有少量吸收也会以胆汁酸的形式重新分泌出来。第三，在小肠微绒毛膜吸收胆固醇时和胆固醇相互竞争，阻碍对胆固醇的吸收。

有研究发现有几种植物甾醇具有抗氧化效应，因此明确植物甾醇在植物衰老中的作用，是研究的重要课题。此外，植物甾醇与其他天然抗氧化剂协同效应也是值得关注和研究的课题。

添加植物甾醇的功能食品自 1995 年起进入市场销售。1995 年芬兰开始生产商品名为 Benecol 的人造奶油，它是含有甾烷醇酯，

能阻碍胆固醇吸收的功能食品。1999 年后各国添加植物甾烷醇酯、植物甾醇酯的食品相继上市（表 2–9）。

表 2–9　各国添加植物甾醇食品上市年份

国家	年份	植物甾烷醇酯	植物甾醇酯
澳大利亚	2000		y
奥地利	2000		y
比利时	2000	y	y
巴西	2000		y
丹麦	2000		y
芬兰	1995	y	y
法国	2000		y
德国	2000		y
日本	1999	y	y
荷兰	2000		y
西班牙	2000		y
瑞士	2000		y
瑞典	2000	y	y
英国	1999	y	y
美国	1999	y	y

植物甾醇酯的安全性已经得到了包括我国在内的世界多个国家和地区的认可。1999 年，美国食品药品监督局（FDA）就已经批准添加植物甾醇及酯的食品可使用“有益健康”标签。2000 年，美国 FDA 发布的健康公告称：“植物甾醇及酯、植物甾烷醇及酯，能通过降低血中胆固醇水平而有助于减少冠心病的危险。每天从膳食中摄入 1.3g 植物甾醇或 3.4g 植物甾烷醇能达到明显降低胆固醇的作用。”

1999 年，日本农林省也批准植物甾醇、植物甾醇酯、植物甾烷醇、植物甾烷醇酯为调节血脂的特定专用保健食品 FOSHU 的功能性添加剂。

2004 年，欧盟委员会批准植物甾醇和植物甾醇酯在几类特定食品中使用，如黄油涂酱、牛奶类产品及优酪乳类产品。2007 年 2 月，英国食品标准局在遵照欧盟新食品法规的同时，给予植物甾醇健康成分的审批。

2010 年，我国允许植物甾醇和植物甾醇酯作为新资源食品在食品中添加。

二、角鲨烯

角鲨烯，又名鲨萜，是一种高度不饱和烃类化合物，最初是从鲨鱼的肝油中发现的，1914 年被命名为 squalene，又称鱼肝油萜，其化学名称为 2，6，10，15，19，23- 六甲基 -2，6，10，14，18，22- 二十四碳六烯，属开链三萜，其分子式应为 $C_{30}H_{50}$，其结构式如图 2-2。角鲨烯是生物体内自然生成的一种活性物质，具有提高体内超氧化物歧化酶活性、增强机体免疫能力、促进血液循环、活化机体细胞抗氧化、抗疲劳、消炎杀菌、细胞修复等功能。

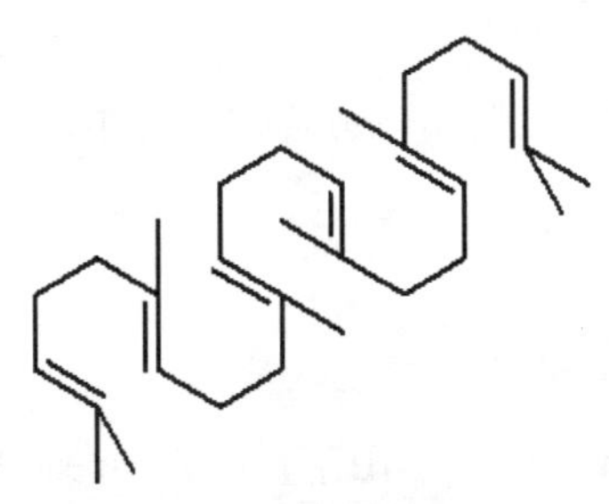

图 2-2　角鲨烯的结构式

角鲨烯在植物中分布很广，但含量不高，多低于植物油中不皂化物的 5%，仅少数含量较多，如茶油、橄榄油和米糠油。茶油中

的角鲨烯含量与提油方法有关，一般来说，浸出法提取的毛茶油中角鲨烯含量比压榨法高。

角鲨烯的主要功能作用如下：

（1）保肝作用，促进肝细胞再生并保护肝细胞，从而改善肝脏功能。

（2）抗疲劳和增强机体的抗病能力，提高人体免疫功能。

（3）保护肾上腺皮质功能，提高后天的应激能力。

（4）抗肿瘤作用，尤其在癌切除外科手术后或采用放化疗时使用，效果显著，其最大的特点是防止癌症向肺部转移。

（5）升高白细胞。

（6）促进血液循环，帮助预防及治疗因血液循环不良而导致的病变，如心脏病、高血压、低血压及卒中等。

（7）活化身体机能细胞，帮助预防及治疗因机能细胞缺氧而导致的病变，如胃溃疡、十二指肠溃疡、肠炎、肝炎、肝硬化、肺炎等。全面增强体质，延缓衰老，提高抗病（包括癌症）的免疫能力。

（8）消炎杀菌，帮助预防及治疗细菌导致的疾病，如感冒、皮肤病、耳鼻喉炎等。

（9）修复细胞，加快伤口愈合，可外用，治疗刀伤、烫伤等。

三、茶皂素

1. 茶皂素的结构及其理化性质

茶皂素（tea saponin）是山茶科（Theaceae）山茶属（*Camellia*）植物皂素的统称，又名茶皂苷、皂角苷、皂苷。大量存在于山茶科植物的根、茎、叶、花、果、籽之中，其中以油茶籽、茶叶籽中的含量最多。通常有茶叶皂素、茶籽皂素之分，理化性质略有差异。茶皂素分子由疏水性的配位基（$C_{30}H_{50}O_6$）、亲水性的糖体及有机酸构成，属五环三萜类化合物。目前从茶皂素中一共分离出 7 种皂苷配基，它们分别是茶皂苷元 A、茶皂苷元 B（玉蕊精醇 C）、茶皂苷元 C（山茶皂苷元 A）、茶皂苷元 D、茶皂苷元 E、山茶皂苷元 B 及山茶皂苷元 D。这 7 种皂苷配基，均为齐墩果烷的衍生物，区别仅在于 A 环上 C–23、C–24 及 E 环上 C–21 所接的基团不同。糖体部分包括葡萄糖醛酸、阿拉伯糖、木糖、半乳糖 4 种，构成的有机酸是当归酸、醋酸，因此茶皂素是一种多单糖的配糖体。其中糖基在受热时易发生焦糖化，与萘酚反应生成紫色物，苷链可被酸、碱或酶水解成糖与皂苷单元。由于带羟基而显弱酸性，其水溶液 pH 为 5.7。纯的茶皂素固体，熔点 223~224℃，无色微细柱状结晶，味苦而辛辣，分子式为 $C_{57}H_{90}O_{26}$ ，相对分子质量 1 200~2 800，水解后皂苷元碳原子数为 C_{30}。茶皂素一般的分子结构如图 2–3 所示，皂苷元结构如图 2–4 所示。

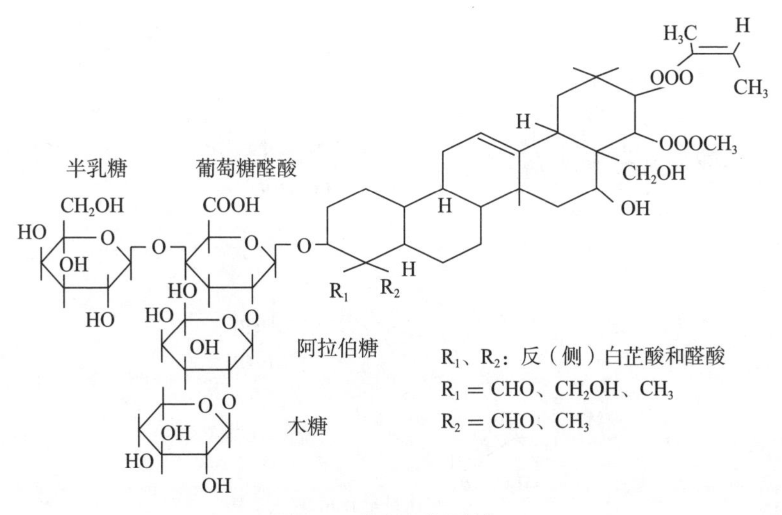

图 2–3　茶皂素分子结构

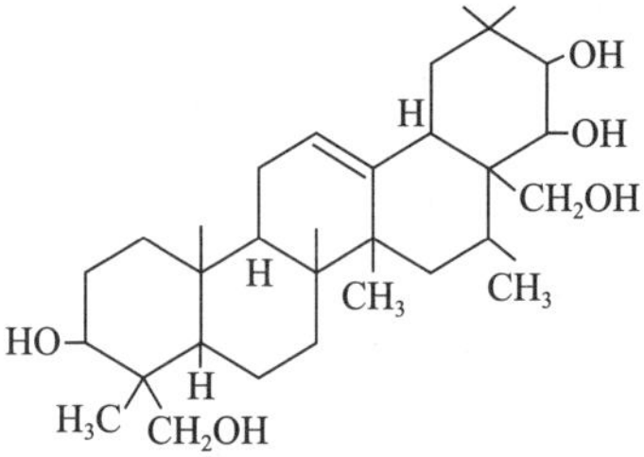

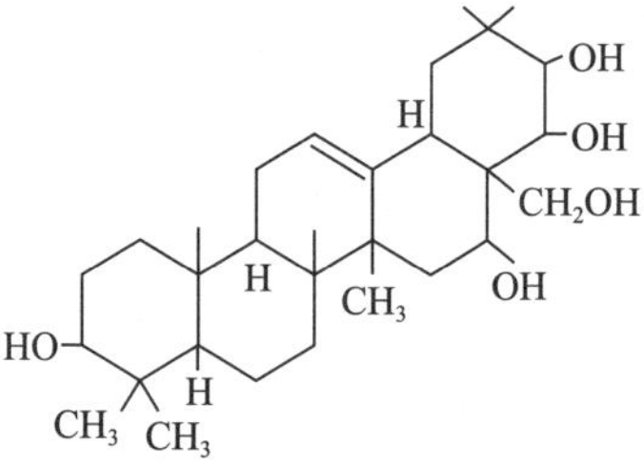

茶皂苷元 B（玉蕊精醇 C）

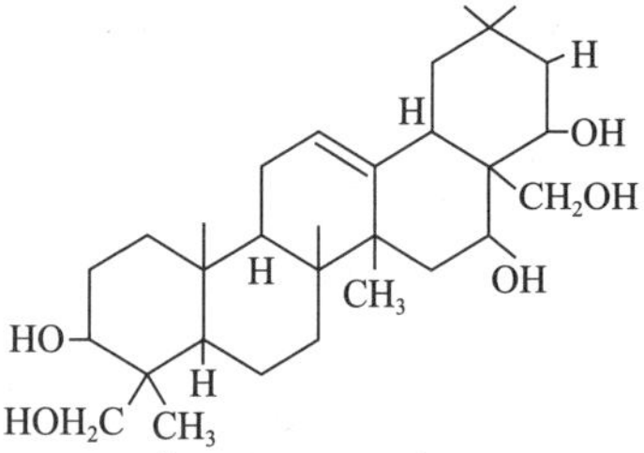

茶皂苷元 C（山茶皂苷元 A）

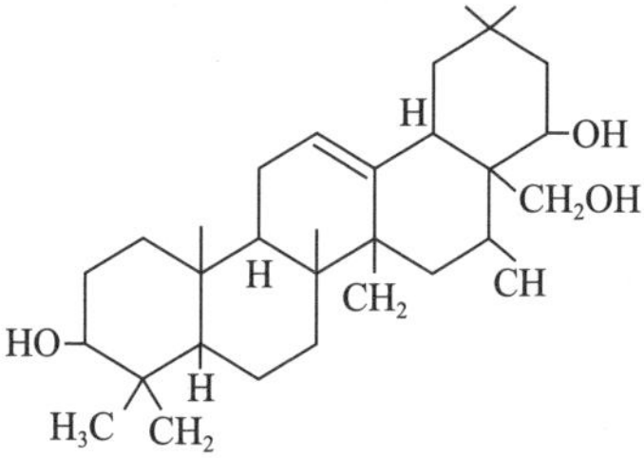

茶皂苷元 D

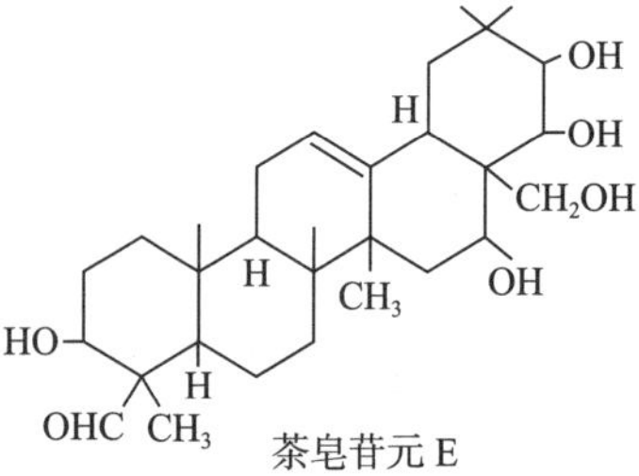

茶皂苷元 E

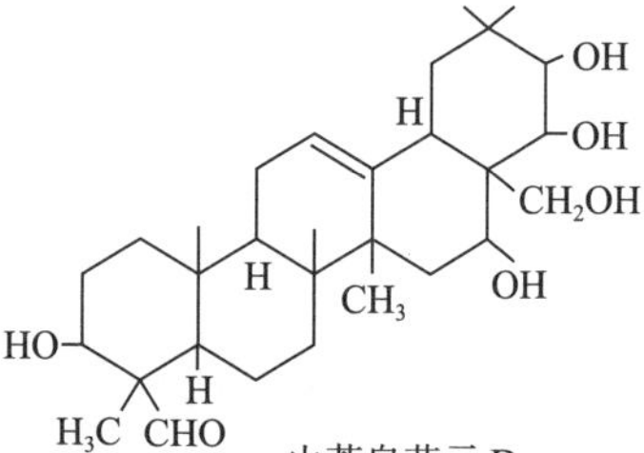

山茶皂苷元 D

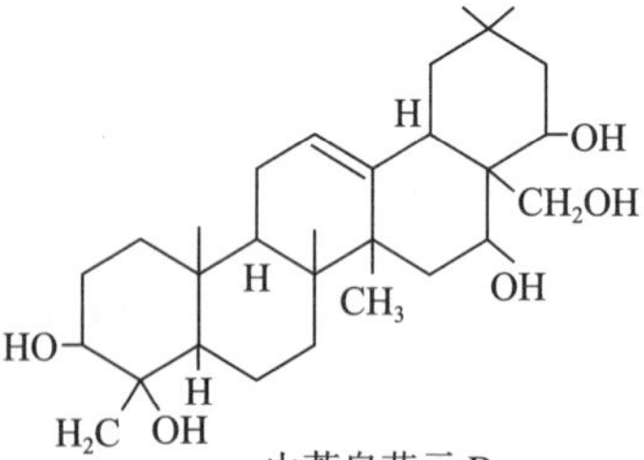

山茶皂苷元 B

图 2-4　皂苷元结构

茶皂素具有皂苷的通性，有苦辛辣味，能起泡，有溶血作用，刺激鼻黏膜引起喷嚏；结晶茶皂素纯品为白色微细柱状晶体，吸湿性强，对甲基红呈酸性，难溶于冷水、无水甲醇、无水乙醇，不溶于乙醚、丙酮、苯、石油醚等有机溶剂，稍溶于温水、二硫化碳和醋酸乙酯，易溶于含水甲醇、含水乙醇、正丁醇、冰醋酸、醋酐和吡啶。茶皂素溶液中加入盐酸时，皂苷就沉淀；茶皂素的水溶液能被醋酸铅、盐基性醋酸铅和氢氧化钡所沉淀，析出云状物；而对氯化钡和氯化铁不能产生沉淀；加入 95% 乙醇与浓硫酸等量混合，最初呈淡黄色，迅速变为紫色。

茶皂素的化学组成、结构的研究始于 1930 年。1931 年日本学者青山新次郎从茶籽中初步分离出茶皂素产品，并给以命名，但是没有得到茶皂素结晶。在此之后，由于受到当时提纯技术的限制，进展不快。直到 1952 年，石馆守三和上田阳才首次从茶籽中分离出茶皂素的结晶。进入 20 世纪 60 年代以后，特别是近 20 年来，随着分离技术和测试手段的不断进步，茶皂素的化学组成和结构研究才取得了一些突破性的进展。现在茶皂素的基本化学组成与结构已经确定。

2. 茶皂素的生理活性

茶皂素具有多种生理活性，溶血性是其中之一。它对动物红细胞有破坏作用，溶血指数为 100 000，溶血作用也是茶皂素毒性所在，其溶血机理可能是茶皂素引起含胆固醇的细胞膜的通透性改变，最初是破坏细胞膜，进而导致细胞质外渗，最终使整个红细胞解体。茶皂素仅对血红细胞（包括有核的鱼血、鸡血和无核的人血等血红细胞）产生溶血，而对白细胞无影响，因此，茶皂素对冷血动物毒性大。发生溶性作用的前提是茶皂素必须与血液接触，在人畜口服时是无毒的。茶皂素生理功效，许多方面与瓜参素 G、海参素 A、海参素 B、海参素 C、七叶素及马粟草素等植物皂素的功能性质相近，它们具有明显抗炎、抗渗透、抗菌作用。茶皂素有抑制

霉菌生长作用，但对革兰阴性菌、革兰阳性菌生长无影响；此外，茶皂素还有灭螺、杀灭蚯蚓及化痰、止咳、镇痛等作用。

四、油茶多酚

植物多酚（plant polyphenol），又名单宁、鞣质，是一类广泛存在于植物体内的具有多元酚结构的次生代谢物质（secondary metabolic compounds）的混合物，主要存在于植物的皮、根、叶、果中，含量可达 20%，次于纤维素、半纤维素和木质素。将其用于鞣制皮革是人类最初对植物中所含多酚类化合物的利用，并将这类化合物称为植物单宁（vegetable tannins）。1981 年，Haslam 根据单宁的分子结构及分子量提出了“植物多酚”这一术语，包括单宁及与单宁有生源关系的化合物。

多酚的名称一般按其植物来源命名，如茶叶中的多酚称为茶多酚（tea polyphenol，TP），油茶中的多酚应称为油茶多酚（Camellia oleifera polyphenol）。学术界也有人认为存在于山茶科植物中的植物多酚黄酮都可称为茶多酚。

茶多酚是 30 多种多酚类物质的总称。目前对茶多酚的化学结构、理化性质、生理活性都已有深入的研究结果。按其化学结构的不同，茶多酚大致分为 4 类：儿茶素类（黄烷醇）、花色素类（花白素和花青素）、花黄素类（黄酮及黄酮醇）、缩酸及缩酚酸类。在茶多酚中各组分中以黄烷醇类为主，黄烷醇类又以儿茶素类物质为主，儿茶素含量占茶多酚总量的 50%~60%。国内外学术界将儿茶素类分为游离儿茶素及儿茶素酯类，主要包括儿茶素（catechin，C）、没食子儿茶素（gallocatechin，GC）、表儿茶素（epicatechin，EC）、表没食子儿茶素（epigallocatechin，EGC）、表没食子儿茶素没食子酸酯（epigallocatechin gallate，EGCG）。茶多酚的化学结构如图 2-5 所示。

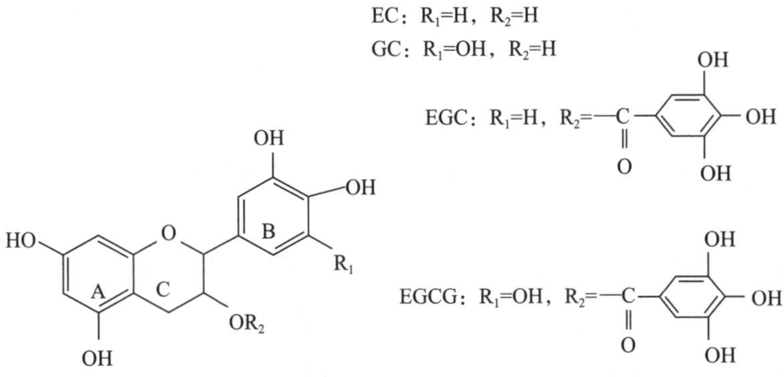

EC：R_1=H，R_2=H
GC：R_1=OH，R_2=H
EGC：R_1=H，R_2=—C(=O)—（3,4,5-三羟基苯基）
EGCG：R_1=OH，R_2=—C(=O)—（3,4,5-三羟基苯基）

图 2-5　茶多酚的化学结构

油茶籽仁中多酚的含量为 2%~5.6%（不同的油茶品种的含量不同），油茶饼粕中多酚的含量在 2% 左右，油茶叶、根等的多酚含量均未见有研究数据。国外研究油茶多酚结构的文献报道始于 1994 年。Takashi Yoshida等从油茶中分离出 1 种新的二聚体鞣花单宁 Camellioerin A 及 13 种已知的单宁类物质，包括 Camellins A 和 Camellins B，并通过光谱法对新物质的结构进行了鉴定。Daisuke Mukai 等从油茶叶中分离出 5 种新的单宁类物质，以驱虫药甲苯咪唑为阳性对照研究了它们对秀丽隐杆线虫的毒性，结果表明其中 3 种物质的 LC_{50} 值小于甲苯咪唑，因此很多油茶多酚类物质可能具有杀虫作用。国内研究油茶多酚结构的文献报道不多，主要集中在抗氧化活性方面。

陈虹霞等从油茶饼粕中提取黄酮苷类化合物，通过中低压色谱快速分离，高效液相色谱制备，分离得到黄酮苷化合物Ⅰ和黄酮苷化合物Ⅱ。经 IR、MS 和 NMR 鉴定，两种化合物分别为山柰酚 3-O-[2-O-β-D- 半乳糖 -6-O-α-L- 鼠李糖]-β-D- 葡萄糖苷（Ⅰ）和山柰酚 3-O-[2-O-β-D- 木糖 -6-O-α-L- 鼠李糖]-β-D- 葡萄糖苷（Ⅱ）。

本书作者研究了油茶果壳、油茶籽壳和油茶叶中多酚的提取

工艺和抗氧化活性。结果表明，油茶果壳多酚类物质提取的最佳工艺条件为：料液比为 1∶40［质量（g）与体积（mL）比，下同］，提取温度 45℃，超声波功率 250W，提取时间 25min，乙醇浓度 60%，得率为 21.023 mg/g。油茶籽壳多酚的提取条件为：乙醇浓度 60%，提取温度 70℃，提取时间 30min，料液比 1∶60，得率为 12.09mg/g。油茶叶多酚的提取条件为：料液比 1∶50，提取温度 70℃，提取时间 75min，乙醇浓度 70%，得率为 33.2mg/g。3 种原料中提取的多酚对羟基自由基（·OH）、超氧阴离子自由基（O_2^-·）、1，1– 二苯基 –2– 三硝基苯肼（DPPH·）自由基都具有一定的清除作用，清除率分别为 30%~35%、77%~82%、89%~93%。

袁英姿等采用甲醇作为溶剂提取油茶籽中的油茶籽多酚，并以茶油为底物，研究了油茶籽多酚对茶油的抗氧化作用。结果表明，油茶籽多酚对茶油有很强的抗氧化作用；单甘酯是油茶籽多酚 – 茶油分散体系的一种优良的乳化剂，有助于提高油茶籽多酚的抗氧化性，随着油茶籽多酚的添加量增大，茶油的抗氧化性也进一步增强；油茶多酚的抗氧化效果不及 BHT（二丁基羟基甲苯），但与抗坏血酸协同使用时，效果要优于 BHT。戴甜甜等对油茶果壳鞣质提取工艺及降血糖功能进行了研究，结果表明，油茶果壳鞣质可明显降低糖尿病小鼠空腹血糖，油茶果壳鞣质是潜在的降糖功能因子。王进英等在对多齿红山茶籽多酚组分的抗氧化活性进行的研究中，采用半制备高效液相色谱法对多齿红山茶籽中的多酚类物质进行分离制备，收集分离色谱图中 10 个主要峰，采用 DPPH 法和 ABTS 法测定其抗氧化活性。结果表明：10 种馏分的 DPPH·自由基清除能力均低于 L– 抗坏血酸；其中一种馏分对 ABTS·$^+$自由基的清除能力强于生育酚，其他 9 种馏分的清除能力低于生育酚。侍银宝等探究油茶果皮多酚粗提物对 DNA 氧化损伤的保护作用。采用单细胞凝胶电泳技术（SCGE）和琼脂糖凝胶电泳技术（AGE），分别研究不同浓度的油茶果皮多酚粗提物对 H_2O_2 诱导人脐静脉内皮细胞（HUVEC）DNA 损伤的保护作用，以及对 APPH 损伤质粒 pGL6DNA 的保护作用。经 SCGE 分析显示：H_2O_2 诱导细胞 DNA 严重损伤，在经 50~1 000mg/L 药物作用后，阴性对照组的细胞拖尾率和彗星尾长与阳性对照组相比均有显著的下降（$P < 0.01$ 或 $P < 0.05$）；而经 1 500mg/L 的药物预处理后，细胞拖尾率和彗星尾长与阳性对照组相比无显著性差异（$P > 0.05$）；经 AGE 分析，油茶果皮多酚粗提物对 APPH 介导的 DNA 链断裂有显著的保护作用。油茶果皮多酚粗提物能有效地清除羟自由基，从而起到保护 DNA 的作用。

上述研究表明，油茶多酚与茶多酚一样具有较强的抗氧化活性，是人体自由基的清除剂。但对油茶多酚结构研究、鉴定的相关报道甚少，尚待深入研究并与茶多酚的结构相比对，才能证明属于山茶科的油茶中的多酚是否可称为茶多酚，并具有相同或相似的功能活性作用。选用合适工艺精炼（或不进行精炼）的茶油中所含的油茶多酚，对人体抗衰老、防治高血脂和心血管疾病，抑制肥胖、防治肿瘤、预防帕金森综合征等作用，还待开展研究确证。

五、酚酸类物质

茶油中的酚酸类物质对茶油的抗氧化性能、风味以及人体的健康有很大的影响。罗凡等通过建立的同时分离、检测茶油中酚类物质的高效液相色谱方法，对某茶油毛油进行测定，共检出羟基酪醇、原儿茶酸、儿茶素、4- 羟基苯甲酸、绿原酸、香草酸、表儿茶素、没食子酸、对香豆酸、阿魏酸 10 种酚酸类物质，含量分别为 1.178μg/g、2.749μg/g、1.714μg/g、1.287μg/g、0.223μg/g、

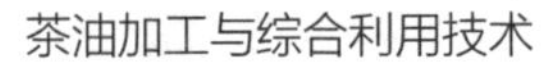

0.363μg/g、0.219μg/g、0.363μg/g、0.097μg/g。因为茶油样品中含有多种成分，因此具体酚酸的种类及含量有待进一步证实。相对于国外对橄榄油中的酚酸类物质的大量研究，我国对茶油中的酚酸类物质有必要进行更深入的研究。

第三章　茶油生产原料处理

第一节　油茶果的采摘时间及采后处理

一、采摘时间

油茶果合适的采摘时间和合理的采摘操作非常重要。过早采摘导致产量低、含油少；采摘太晚，油茶果实会开裂、茶籽掉落、分散于地，难以收集，又易发霉变质，造成浪费。可长期以来，油茶果采摘时间都是凭油茶产区农民群众在实践中积累的经验来定，他们认为油茶果实的成熟期主要由品种决定，一般小叶油茶等霜降种群在 10 月 20 日左右成熟，寒露 1 号等寒露种群在 10 月 10 日左右成熟，立冬种群在立冬节气前后几天成熟。另外，与种植的地理位置也有一定的关系，一般是高山先熟，低山后熟；阳坡先熟，阴坡后熟；老林先熟，幼林后熟；荒芜地先熟，耕作地后熟。成熟果实一般有如下特征：果皮发亮，红皮果红中带黄，青皮果青中带白，果皮茸毛脱尽，果基毛硬而粗，果壳微裂，籽壳变黑发亮，籽仁现油。

20 世纪 60 年代开始，我国通过测定油茶种仁成熟过程中的主要化学成分及油分的变化时每个油茶品种的成熟度和适时采摘时间开展了研究。1964 年尤海量在湖南省怀化天星坪中国林业科学院油茶试验站的试验林内，选择树冠开阔、生长良好、无病虫害、树龄近似（35 年生）、立地一致的霜降红桃品种 3 株作为采样株，每株一组，重复 3 次。自 8 月 6 日开始至 10 月 4 日止，每隔 5 天，在各植株树冠中部相同方向的部位上分别采样，测定种仁的含水量、含油量、还原糖、蔗糖、总糖、淀粉及蛋白质的百分含量，结果如表 3–1 所示。

表 3-1 油茶种仁成熟过程中碳水化合物及油分含量变化 %

测定日期	水分	含油量	还原糖	蔗糖	总糖	淀粉	蛋白质
8月6日	83.63	2.31	10.75	8.93	19.76	21.00	5.92
8月12日	73.71	5.51	17.71	11.22	28.80	17.29	7.38
8月17日	78.24	10.97	15.51	9.46	24.96	17.68	8.24
8月22日	81.63	12.47	7.17	9.25	16.31	13.85	8.31
8月27日	73.15	18.88	4.75	10.78	15.54	15.78	9.59
9月2日	79.57	21.33	4.58	10.39	14.98	14.27	12.07
9月7日	68.42	25.44	2.65	15.04	18.69	18.34	9.09
9月14日	68.15	27.23	3.09	9.15	12.25	11.41	9.84
9月18日	63.09	30.02	3.53	15.38	18.87	12.17	8.71
9月23日	57.42	37.49	3.11	11.44	14.59	13.58	9.25
9月28日	48.17	42.29	1.53	9.10	10.64	13.42	8.60
10月4日	44.35	45.22	2.65	11.01	13.52	12.84	6.82

注：为3株平均数。

自8月上旬开始至10月上旬止，是油茶种仁内油分形成的主要时期。在这段时间，如果不遇到特大的干旱或其他自然灾害，其含油量的增长，基本上是直线上升的，并且比较稳定，含油量从2.31%增加到45.22%。

周国章等采用15年生的普通油茶为原料，研究了油茶种子成熟过程中脂肪含量变化的初步规律，结果如图3-1所示。7月中旬

脂肪已开始形成，到 10 月下旬脂肪积累基本稳定。

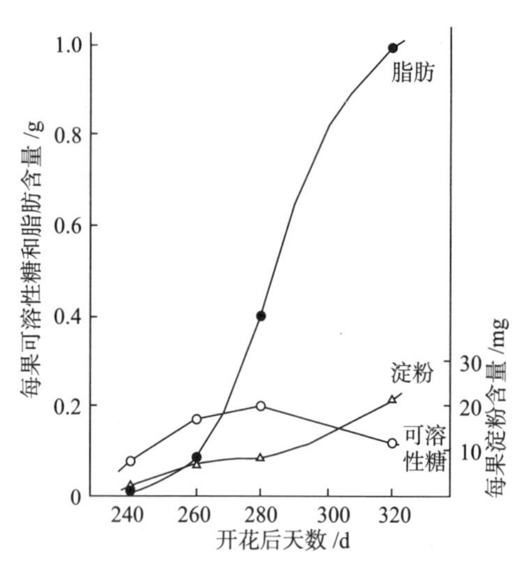

图 3-1　种子成熟过程中可溶性糖、淀粉和脂肪含量的变化

本书作者系统研究了同一种植区域的岑软 2 号和岑软 3 号连续两年从 8 月至 11 月中旬种仁中油脂含量、水分含量、还原糖含量的变化，结果如图 3-2 至图 3-7 所示。杨冰等对怒江红山茶果实成熟后期种仁含油量进行了测定，结果如图 3-8 所示。郑德勇等研究了闽 43、闽 48、闽 60 等 3 个油茶优良无性系品种和优良农家品种小果油茶在 70 天的油茶籽成熟过程中含油量的变化情况，如表 3-2 所示。罗凡等以浙江建德油茶林作为采摘基地，研究了不同的采摘时间油茶籽的含水量、出仁率和含油量，结果见图 3-9。

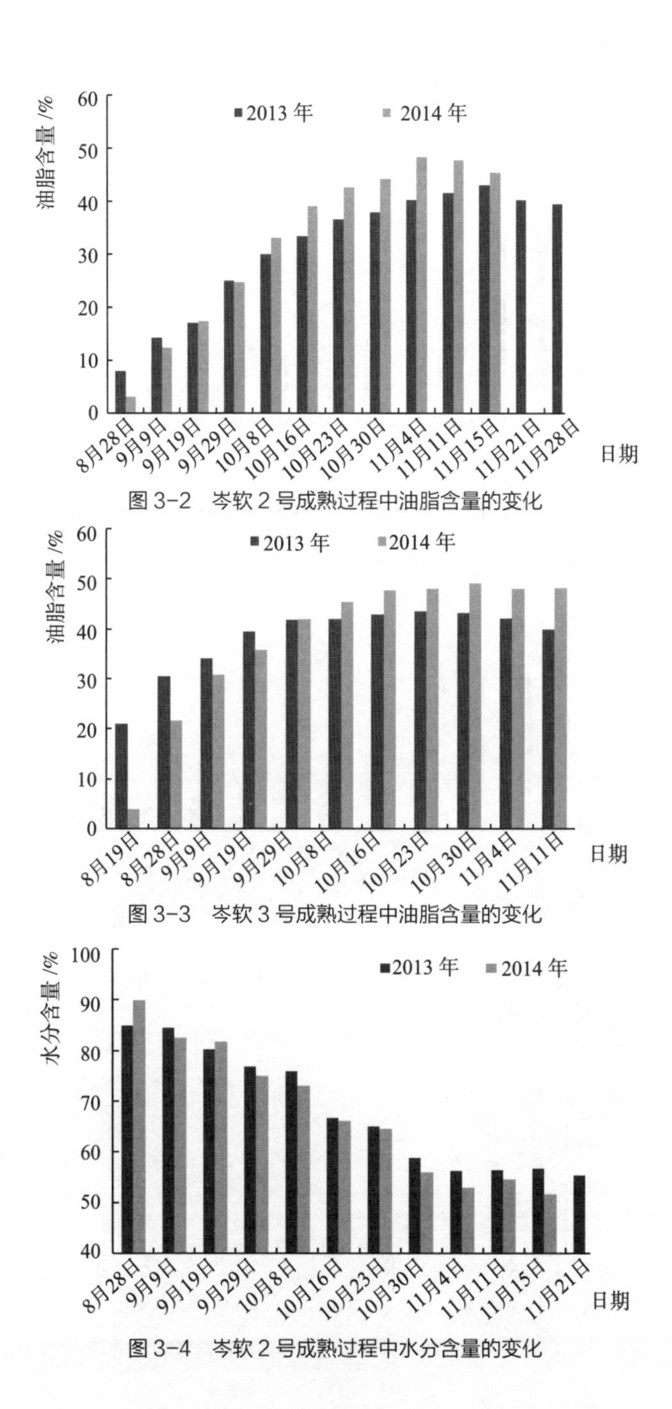

图 3-2　岑软 2 号成熟过程中油脂含量的变化

图 3-3　岑软 3 号成熟过程中油脂含量的变化

图 3-4　岑软 2 号成熟过程中水分含量的变化

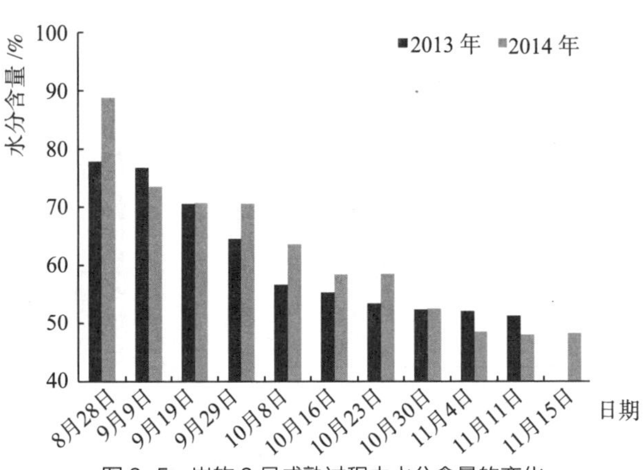

图 3-5　岑软 3 号成熟过程中水分含量的变化

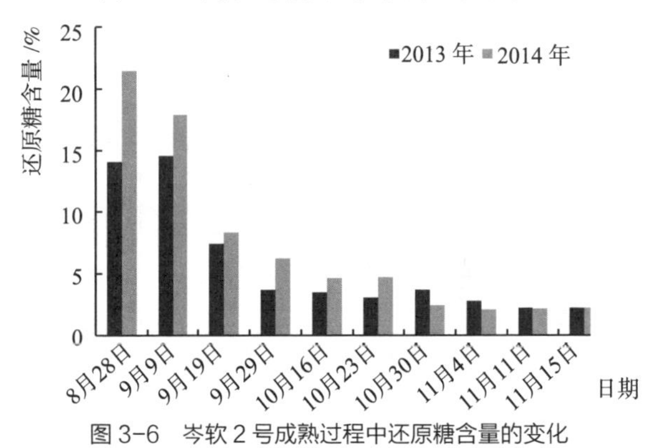

图 3-6　岑软 2 号成熟过程中还原糖含量的变化

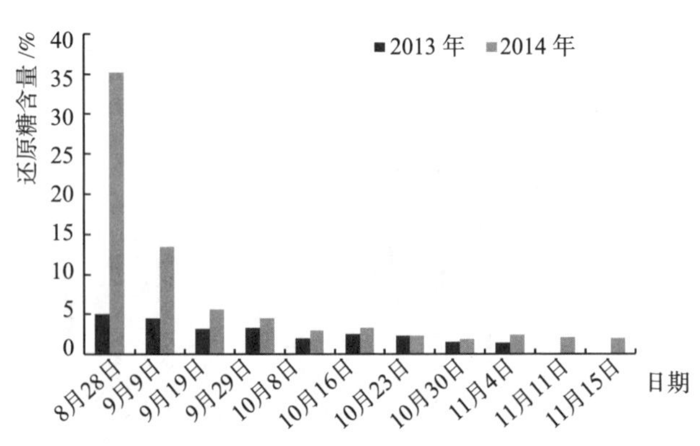

图 3-7　岑软 3 号成熟过程中还原糖含量的变化

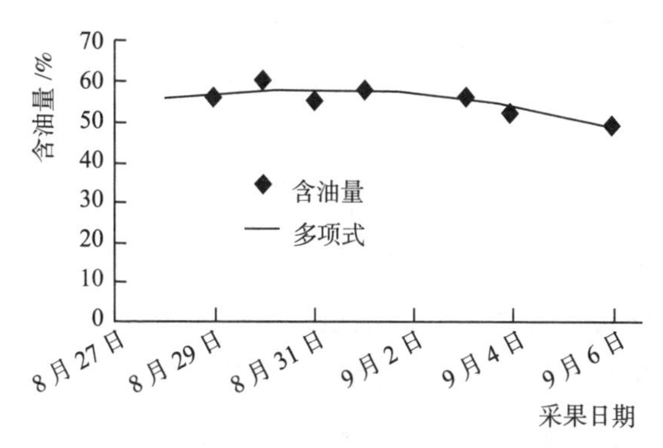

图 3-8　怒江红山茶果实成熟后期含油量的变化

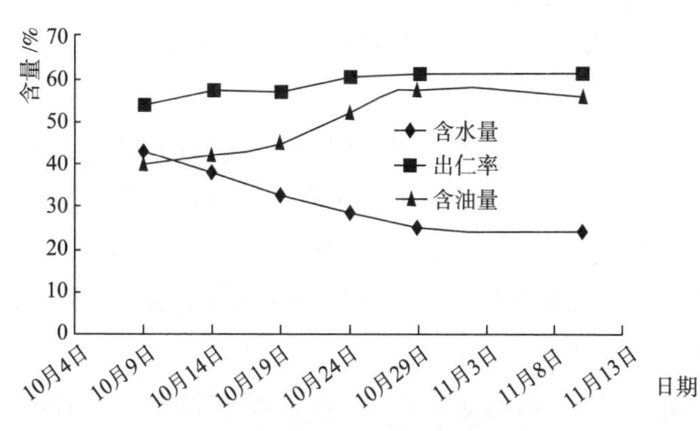

图 3-9　油茶籽理化性质随时间变化趋势

表 3-2　油茶籽仁成熟过程中含油量的变化

%

品种	第 0 周	第 1 周	第 2 周	第 3 周	第 4 周	第 5 周	第 6 周	第 7 周	第 8 周	第 9 周	第 10 周
小果油茶	6.45	14.04	17.95	30.72	32.12	35.61	38.04	42.63	44.72	45.13	45.30
闽 43	6.77	15.11	16.71	29.40	30.16	36.14	38.46	45.86	48.40	48.51	48.63
闽 60	2.93	10.07	12.93	21.49	28.39	30.90	36.53	43.38	47.37	48.32	48.54
闽 48	6.00	15.08	16.74	29.25	34.71	35.75	42.88	44.06	47.53	48.48	48.89
平均值	5.54	13.58	16.08	27.72	31.35	34.6	38.98	43.98	47.01	47.61	47.84
极差	3.84	5.04	5.02	9.23	6.32	5.24	6.35	3.23	3.65	3.38	3.59
变异系数	31.91	17.60	13.55	15.16	8.65	7.16	7.01	3.14	3.38	3.48	3.55

陈永忠等（2006）探索油茶果实油脂形成与转化的内在机理，结果表明果实体积生长主要在6月中旬至7月下旬，果径与果高增长分别占整个果实生长总量的38.1%与30.1%。油茶果实质量的增加主要在6月中旬至7月下旬和9月中旬至10月下旬采收前两个高峰期，其质量增加值超过油茶果实总质量的2/3，分别达到53.6%和22.3%。油茶种仁含油量、鲜籽含油量和鲜果含油量均随果实生长逐渐增加，年周期内存在两个增长高峰期，为8月中旬至9月初与9月下旬至10月下旬采收前。油茶鲜果含油量在9月20日至10月20日的高峰期内，鲜果含油量的增幅最为明显，达鲜果总含油量的68.9%，因此，霜降籽油茶果实不宜提前采收，否则会对产油量造成很大的损失。

小果油茶等霜降品种，在10月15日前后采摘的油茶果其含油量仅约18%，而在10月20日左右采摘的含油量可达21%，若在10月25日以后采收，含油量可达23%~25%；广西大红花油茶，未完全成熟的油茶种仁含油量只有30%~35%，完全成熟的种仁含油量可达40%~60%。

因此，不同品种的油茶果，成熟、采摘时间不同，种仁中的油脂含量也不一样。同一品种，在不同时间采摘，含油量差异较大。提前采摘，球果未成熟，种仁中含油量低，含水量高，油茶籽的出油率较低，造成丰产而不丰收，且茶油的质量也会下降。最好的采摘时间是在种子已经成熟而果实开裂之前。不同品种的油茶果应先熟先采，后熟后采，随熟随采；同一品种的成熟茶果，应在近7天内采完。

油茶素有花果同期的特性，民间俗称“抱子怀胎”，采摘油茶果时，又正是新油茶花含苞待放之期，要求采摘油茶果应轻手细摘，尽量不折断枝丫，注意保持花蕾，以免影响第二年的产量。

二、油茶果的沤堆处理

沤堆主要是为了在自然状态下使油茶果果皮开裂，便于去掉果皮。人们对于是否要进行沤堆有不同的意见。

长期以来，油茶产区的人们认为，采收后的油茶果实和种子，仍在继续生理生化活动（后熟），有一个生理后熟过程。生理后熟过程中，油茶内含物会发生一系列变化，尤其是油脂含量会进一步积累，提高油茶果的含油量。因此，将采后的油茶果放在室内沤堆6~7 天，可促进淀粉和可溶性糖等有机物转化为油脂，让油茶籽起“后熟”作用，增加油分，提高油茶籽含油量和出油率。

本书作者将采收的新鲜油茶果在自然和恒温恒湿两种条件下分别进行沤堆处理，通过定时取样，测定油茶种仁中的脂肪、蛋白质、总糖含量，研究结果如图 3–10 至图 3–12 所示。结果显示，油茶种仁中的脂肪含量在恒温恒湿和自然条件下沤堆，刚开始有所上升，分别于第 5 天和第 7 天达到最大值，比沤堆前增加了 6.9% 和 6.0%，随后逐渐下降。种仁中蛋白质含量在沤堆过程中变化较小，较为稳定。总糖含量在沤堆过程中先逐渐降低，然后趋于稳定。

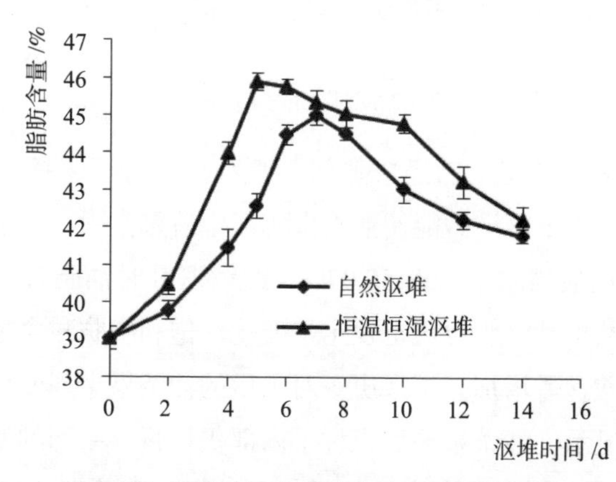

图 3–10　沤堆时间对油茶籽仁中脂肪含量的影响

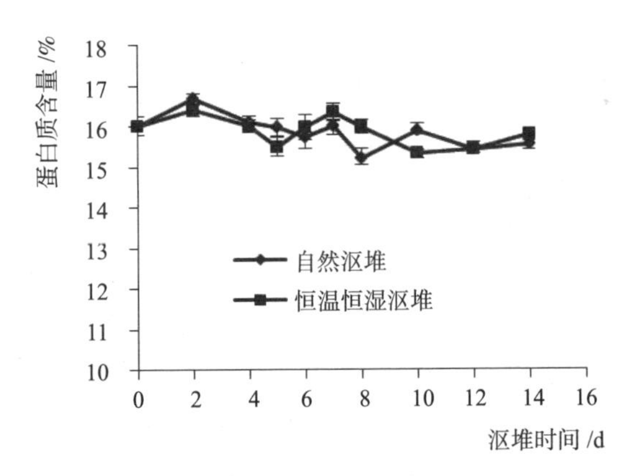

图 3-11　沤堆时间对油茶籽仁中蛋白质含量的影响

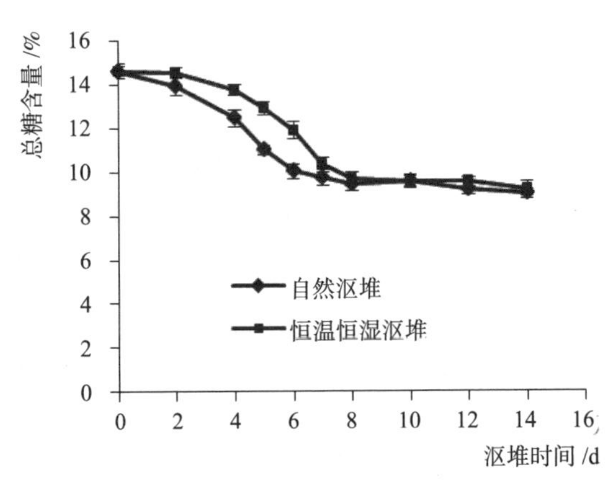

图 3-12　沤堆时间对油茶籽仁中总糖含量的影响

季志平对形态上已经成熟的油茶鲜果进行了采摘后的沤堆处理，结果表明，沤堆后能使油茶果实产生后熟作用，沤堆 5~7 天后油脂积累达最高水平，即 50.07%，继续沤堆时油脂含量下降；沤堆后的油茶果其油脂组成也发生了变化，饱和脂肪酸含量下降，不饱和脂肪酸含量增加。李来庚等对采后的油茶果生理变化进行了研究，结果显示，油茶采摘后，种子内部仍进行一系列的变化，这些变化与种子水分含量有直接关系。在种子处理前期（13 天以前），脂肪含量变化似乎较为复杂。但总的结果是，种子在脱水过程中，脂肪含量升高，并保持在 43% 左右。有研究认为，采收后拌上少量石灰，在土坪上沤堆 3~5 天，完成油脂后熟过程，再摊晒脱籽，晾干或曝晒干燥后用于榨油。

马力等研究了常用的剥壳—摊晒、沤堆—摊晒和直接摊晒 3 种不同处理过程中油茶种子主要成分——水分、脂肪、可溶性糖、淀粉及可溶性蛋白质的变化情况。结果表明：沤堆—摊晒处理有利于提高含油量，处理后沤堆—摊晒处理的含油量高出剥壳—摊晒处理和直接摊晒处理的 2%；3 种处理后的油茶籽水分含量基本维持在 10% 左右，其中，剥壳—摊晒处理水分含量下降的速度最快；3 种处理可溶性糖和淀粉含量均呈下降趋势，可溶性蛋白质质量分数基本维持在 5%~6%。

但也有学者认为沤堆过程对油茶籽的出油率有负面影响，韩金多认为采回的油茶果不能沤堆，也不宜曝晒，应薄薄摊开在通风干燥的地方，任其自然开裂脱粒，未经处理的油茶鲜果采后直接日晒容易导致部分果实不易开裂，变成常说的“死果”，需要人工锤击才能破壳，取出种子。胡春水等利用生产型试验与室内研究相结合的对比分析方法对采后油茶果进行了研究，表明采后油茶果在堆沤过程中油脂含量下降。

三、油茶籽的干燥

新鲜的油茶籽含水量过高，籽壳疲软不易破碎，塑性大，压榨容易泻料，影响出油率。因此，应对含水量过高的油茶籽进行干燥处理，使其水分不超过 8%，以便剥壳和轧坯。油茶籽干燥的程度，对出油率、茶油的品质有直接影响。

我国油茶主产区目前主要实行企业加农户建基地、户户联营上规模的经营方式，油茶生产还未实现产业化，油茶籽的干燥处理主

要是晒干。采摘后的油茶果抓紧晴天摊开翻晒，晒 3~4 天后，油茶果自然开裂，多数果的茶籽能分离，未分离的用人工剥离，然后过筛扬净，断续晒干，一般要晒 10~12 天，才能使淀粉和可溶性糖等有机物充分转化为油脂。晒油茶籽的场地对出油率和茶油质量也有影响。张志祥研究认为土坪翻晒的油茶果和油茶籽的出油率最高，其次是三合混凝土坪翻晒的油茶果和油茶籽，水泥坪翻晒的出油率最低。如遇阴雨天无法及时晒干，应将茶籽铺在干燥通风的楼板上，厚约 20 厘米，每天翻动 1~2 次，防止发热霉烂或发芽，一遇晴天就及时翻晒。晒好的油茶籽应放在通风干燥处收藏，经过 1~2 个月后油茶籽含油量达到最高时复晒 1~2 天，这样出油率高，油质也好。

但目前油茶主要产区在我国南方，阴雨天气较多，采收的油茶果不能及时干燥容易腐烂发霉，影响茶油的品质。本书作者研究了晒干、微波和热风 3 种方法对干燥后油茶籽含油量、油脂酸值、油脂过氧化值和苯并（a）芘含量的影响，结果如图 3–13 至图 3–16 所示。可见，油茶籽宜采用热风干燥，进一步对热风干燥温度进行研究，结果如图 3–17、图 3–18 所示。

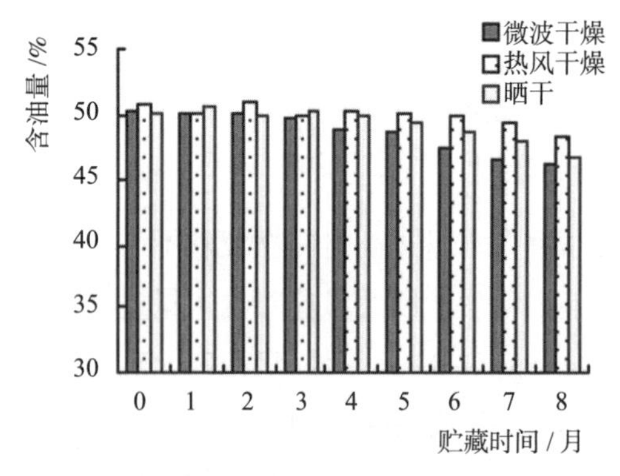

图 3–13　干燥方法对油茶籽中含油量的影响

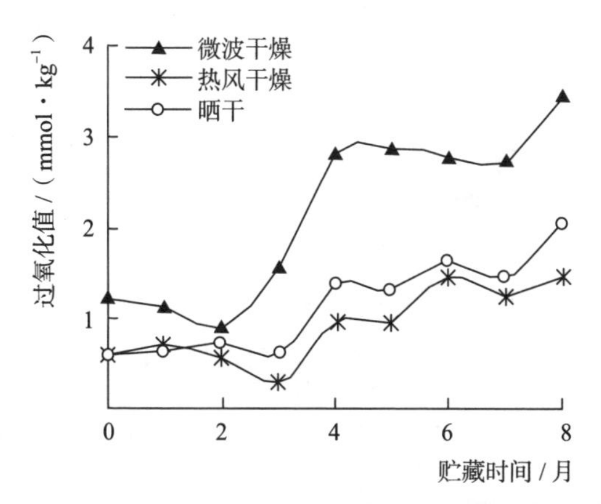

图 3-14　干燥方法对油茶籽贮藏过程中油脂过氧化值的影响

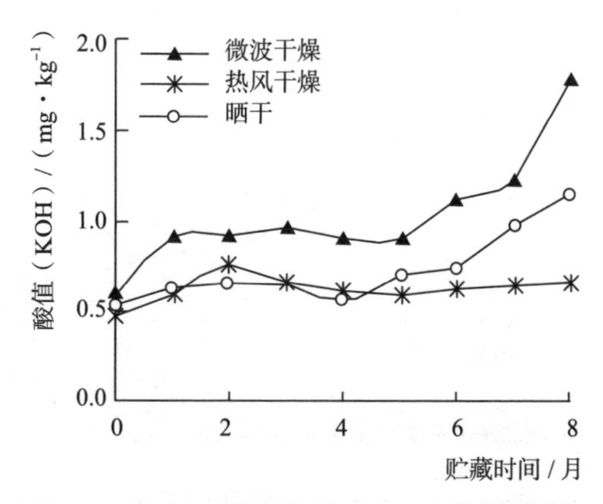

图 3-15　干燥方法对油茶籽贮藏过程中油脂酸值的影响

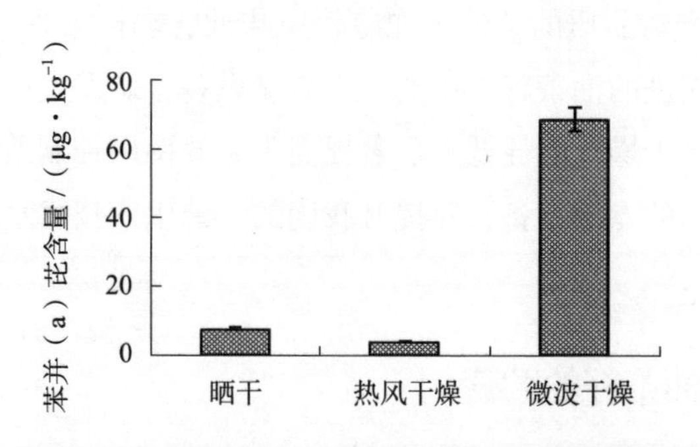

图 3-16　干燥方法对油菜籽中苯并（a）芘含量的影响

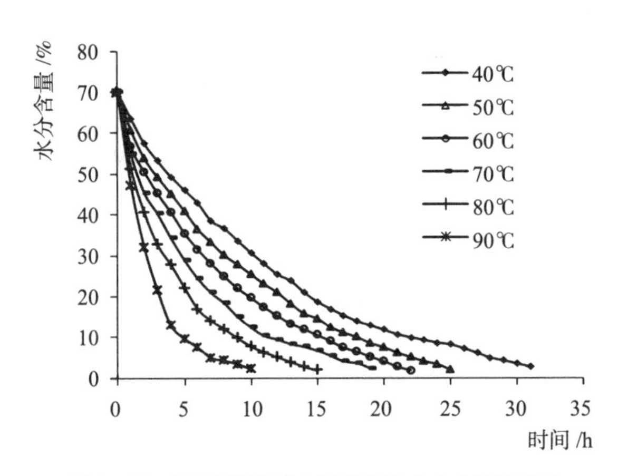

图 3-17　热风干燥温度对油茶籽中水分含量的影响

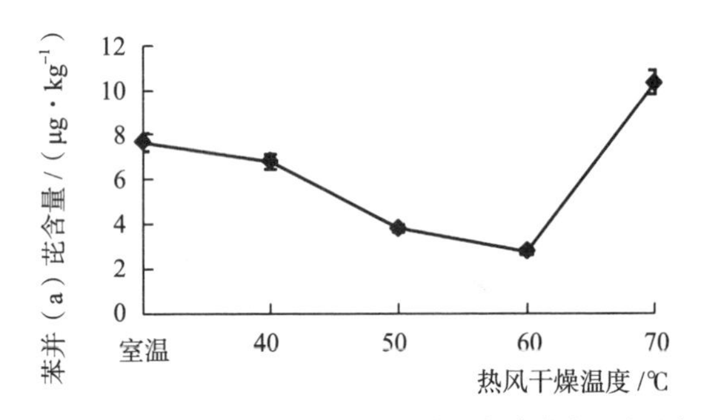

图 3-18　热风干燥温度对油茶籽中苯并（a）芘含量的影响

油茶籽的干燥技术是关系能否提供高质量的、保持较高新鲜度原料以生产高品质的茶油（如冷榨原味油、热榨浓香油）。我国目前尚欠缺先进的油茶籽专用的干燥机械设备，研发生产油茶籽真空干燥、热泵干燥等能耗低、显著提高干燥效率以控制茶油酸值、过氧化值升高的专用设备，对提升我国的茶油生产技术水平具有重大意义。

四、油茶籽的贮藏

随着我国油茶种植面积的迅速扩大，油茶种植技术水平的提高，油茶果的产量逐年增大，茶油生产原料逐渐增多，茶油加工厂的生产周期不断延长，油茶籽的贮藏问题越来越重要。

水分含量与食品的贮藏稳定性之间存在着相关关系。经过长期的理论研究，得出微生物的繁殖与水分活度呈现一定的对应关系。水分活度已经成为被广泛应用于食品领域，作为食品腐败变质和延长货架期的关键指标。

油茶籽水分活度、吸附等温线在油茶的物料特征基础研究，以及保存、加工过程有极重要的价值。为充分了解油茶籽水分含量与水分活度、温度之间的复杂关系，作者运用吸附原理，通过静态调整环境温度法，研究了油茶籽不同温度下的吸附等温线，选择 5 种常用数学模型进行拟合，并在此基础上分析油茶籽的热力学性质。结果表明，修正 Henderson 模型的拟合度最高（R^2= 0.999 9，RMSE = 0.007 1），根据该模型获知油茶籽在 20℃、30℃、40℃下的相对安全水分含量和绝对安全水分含量分别为 9.48% 与 8.00%、8.96% 与 7.57%、8.51% 与 7.19%。热力学性质显示，油茶籽的等量吸附热、吸附结合能均随平衡含水量的增加而不断下降，当平衡含水量一定时，吸附结合能随温度的升高而增大。

由于目前大多数油茶籽加工企业自己的原料基地有限，需要收购大量的油茶籽集中加工。影响茶油品质好坏不仅与原料油茶籽的采摘时间有关，还与加工前的贮藏条件有关，贮藏期间发生的生理和物质变化是一个很复杂的过程，贮藏温度、贮藏时间、油茶籽本身含水量都将影响种仁含油量和油脂的品质。图 3–19 至图 3–21 所示，是干燥至含水量 8.0% 左右的油茶籽在不同温度下贮藏，定期取样检测油茶籽仁的含油量、油脂的酸值、油脂的过氧化值的变化情况。图 3–22 至图 3–24 分别为贮藏在 20℃下不同含水量的油茶籽含油量、油脂的酸值、油脂的过氧化值的变化情况。

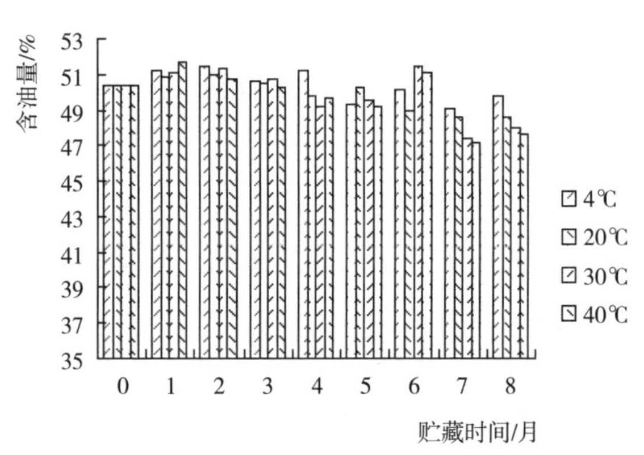

图 3-19　贮藏温度对油茶籽中含油量的影响

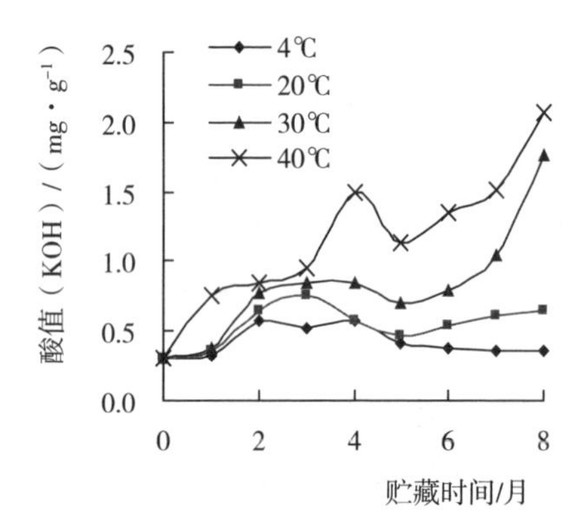

图 3-20　贮藏温度对油茶籽中油脂酸值的影响

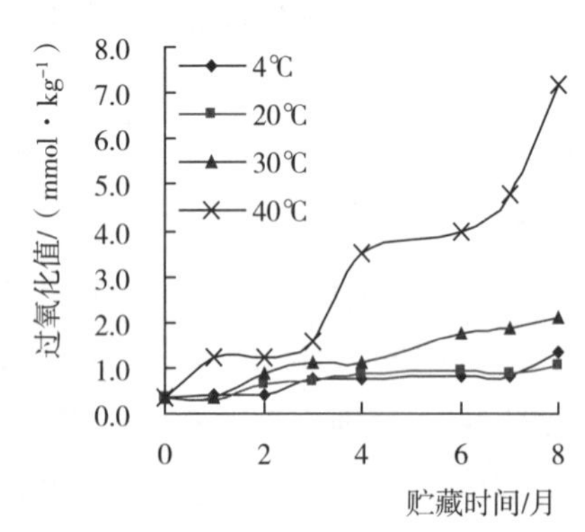

图 3-21　贮藏温度对油茶籽中油脂过氧化值的影响

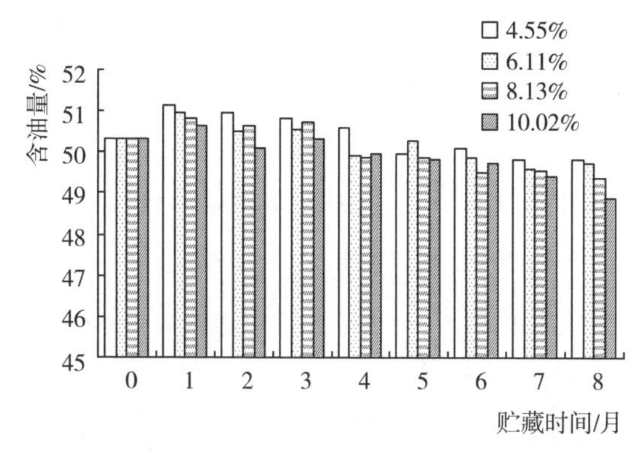

图 3-22　不同含水量对油茶籽贮藏过程中含油量的影响

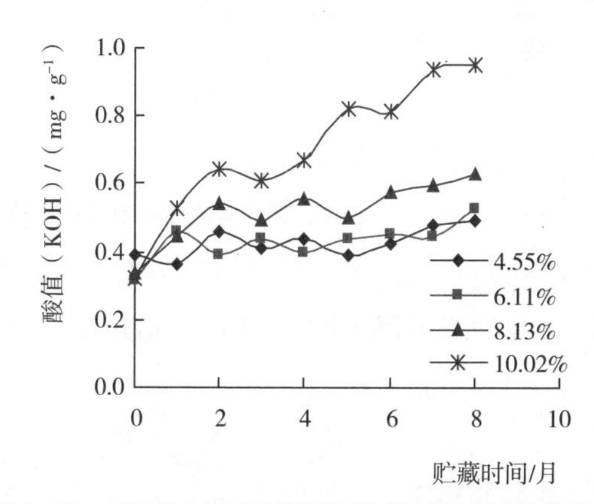

图 3-23　不同含水量对油茶籽贮藏过程中油脂酸值的影响

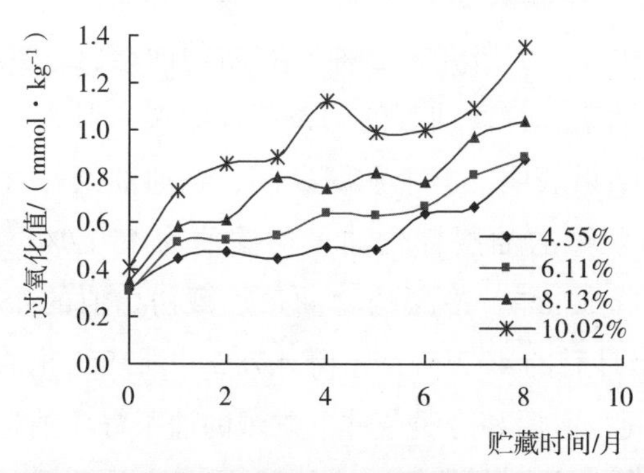

图 3-24　不同含水量对油茶籽贮藏过程中油脂过氧化值的影响

由图 3-19 至 3-21 可知，油茶籽的贮藏温度越高，贮藏过程中含油量降低越多，油茶籽中油脂的酸值和过氧化值越大。而在较低的温度下贮藏，对含油量和油脂的品质影响较小，20℃以下贮藏 8 个月的油茶籽含油量下降不超过 2.5%，油脂的酸值（KOH）、过氧化值增加分别不超过 0.3mg/g、0.95mmol/kg。

从图 3-22 至 3-24 可以看出，油茶籽贮藏过程中，含油量、油脂的酸值、过氧化值都有一定的变化，油茶籽含水量在绝对安全含水量（8.0%）以下，含油量、酸值和过氧化值变化很小，贮藏 8 个月后，含水量为 4.55%、6.11% 的油茶籽含油量仅下降了 1.1% 和 1.2%，酸值（KOH）增加了 0.013mg/g 和 0.026mg/g，过氧化值增加了 0.55mmol/kg 和 0.56mmol/kg；含水量在绝对安全含水量（8.13%）和相对安全含水量（9.5%）之间的油茶籽，贮藏 8 个月后，含油量下降 1.4%，酸值（KOH）和过氧化值分别增加 0.037mg/g 和 0.68mmol/kg；含水量超过相对安全含水量的油茶籽，贮藏 8 个月后，含油率下降 1.8%，酸值（KOH）和过氧化值分别增加 0.078mg/g 和 0.94mmol/kg。可见，油茶籽含水量较低有利于贮藏。

因此，油茶籽如果不能及时加工制油，最好干燥至水分含量 8% 以下，贮藏在低于 20℃的通风、干燥环境中。

丛玲美（2007）研究了 3 种不同品种油茶籽，如浙江红花油茶、薄壳香油茶、普通油茶的油茶籽在室温（避光）和低温条件贮藏效果。结果表明，整个贮藏期间，普通油茶籽含油量波动性较大，室温贮藏的油茶籽含油量初始值为 45.17%，贮藏终值为 40.11%，下降 5.06%；冷藏的含油量贮藏初始值的 45.17%，最低为贮藏 11 个月后的 40.39%，下降 4.78%。浙江红花油茶籽，贮藏 1~6 个月期间，室温和冷藏条件下贮藏的油茶籽含油量随贮藏时间的增加而降低，差别不是很大；贮藏 7~11 个月期间，冷藏条件下贮藏的油茶籽含油量明显高于室温贮藏条件的含油量，两者含油量均随着贮藏时间的增加而有所增加，贮藏 12 个月时，室温贮藏含油量明显高于冷藏条件下的含油量；室温贮藏的浙江红花油茶籽含油量的波动范围为 56.06%~60.24%，相差 4.18%，冷藏贮藏的油茶籽含油量除终值外的波动范围为 56.94%~60.24%，相差 3.3%。薄壳香油茶籽，冷藏条件贮藏的油茶籽含油量一直与室温条件贮藏的油茶籽含油量接近，两者含油量均随贮藏时间的增加而呈现出明显下降趋势，但没有出现像普通油茶籽和红花油茶籽那样明显的波动现象。总的来说，冷藏条件下贮藏的油茶籽含油量较稳定，波动小。

第二节　油茶籽的预处理

油茶籽提油前的预处理工艺为：清理→脱壳→破碎→蒸炒。

一、清理

清理的目的就是清除油茶籽中的杂质，包括杂物、皮壳、泥土、石块、铁器等杂质。常用的方法有筛选、风选、磁选和比重去石等，清理的要求为含杂量不得超过 0.1%，清理下脚料中含油茶籽不得超过 0.5%。

二、脱壳

脱壳的目的是将油茶籽的一层硬质外壳剥开去除，分为剥壳和仁壳分离两个工序。适合油茶籽剥壳的设备主要有齿辊剥壳机（图 3-25）和离心剥壳机（图 3-26）。仁壳分离多用仁壳分离筛，也可用风力分选器。

图 3-25　齿辊剥壳机

图 3-26　离心剥壳机

目前，我国油茶籽加工普遍采用的是带壳加工，茶壳重占茶仁的 1/3，茶壳中油脂的含量仅 0.1%，如带壳榨油将吸去一部分油，降低出油率，还会影响茶油的品质。但茶油加工过程中是否脱壳制油也存在不同的观点。

郭达通过利用 95 型螺旋榨油机对油茶籽的多次试验提出油茶籽不宜带壳整颗压榨观点。主要是因为油茶籽壳组织严密，质粗坚硬，一起压榨会造成机件磨损，会造成“榨季”拖长影响出油；同时带壳整颗压榨油茶籽会造成油分损失。郭书晋等通过浸提法对油茶籽带壳与去壳制油进行了对比，得出带壳浸提的出油率为

30.3%，不带壳的出油率为31.2%；在品质方面，不带壳所得的茶籽油酸值低、颜色浅、沉淀少，滋味、香气都优于带壳所得的油。

夏伏建等则认为油茶籽加工带壳和去壳各有优势。去壳压榨的优点：①油茶籽壳含油量很低，甚至低于浸出粕残油，因此去壳加工有利于减少油分损失，可提高出油率；②壳中色素较多，水分低，加工过程中受热易炭化，因而带壳加工油色深、品质差，而去壳加工则有利于提高油品质量；③壳中营养成分甚少，有害成分较多，加之壳质硬脆，适口性差，色泽深暗，感观差，因此去壳加工有利于提高粕的质量；④可减轻机器磨损，提高设备及其配件的使用寿命，降低加工成本；⑤可提高设备的处理量。缺点：①需增加剥壳和仁壳分离设备，增加设备投资，延长工艺路线；②去壳后茶籽仁黏性大，轧坯时易黏辊；③去壳后生坯在蒸炒时散落性差，易结团，使料坯生熟不均；④无壳茶籽仁料坯塑性大，弹性差，压榨时易导致榨机难进料，榨膛压力难形成，料在榨膛内易打滑抱死，使压榨生产难以正常进行；⑤去壳后压榨饼在浸出时溶剂和混合油渗透性差，易导致粕残油升高；⑥去壳后湿粕在蒸脱机内更易结团，导致蒸脱不彻底，出粕困难。

带壳压榨的优点：①不需要剥壳及仁壳分离设备，工艺路线短，设备投资省；②壳的存在可增大料坯的散落性，减小黏性，增大弹性，减小可塑性，因而可缓解去壳加工所带来的一系列问题。缺点：①出油率较低；②毛油色泽较深，品质较差；③粕的品质和利用价值较低；④机件磨损较大，设备维修费用较高；⑤设备处理量较低。

本书作者对是否去壳提油也进行了试验，结果见表3–3所示。由表中的数据可以看出，去壳提油有利于提高毛茶油的品质。

表 3-3　去壳前后提取的茶油品质

项目	带壳茶油	去壳茶油
色泽（罗维朋比色槽 25.4mm）	黄 35，红 3.8	黄 35，红 3.0
气味、滋味	具有油茶籽油固有的气味和滋味，无异味	具有油茶籽油固有的气味和滋味，无异味
透明度	澄清、色泽深	澄清、透明
水分及挥发物 /%	1.59	1.08
过氧化值 /（mmol·kg^{-1}）	2.69	1.68
酸值（KOH）/（mg·g^{-1}）	0.76	0.52
皂化值（KOH）/（mg·g^{-1}）	181	178
磷脂含量 /（mg·kg^{-1}）	105.23	122.93

综合考虑，建议油茶籽加工采用脱壳压榨工艺，但保留油茶籽仁中含壳率 10%~20% 较好。

三、破碎

破碎是将去壳后的油茶籽破碎成一定粒度的、大小均匀的小颗粒。目的是：①破坏油茶籽细胞的细胞壁，使油脂容易从油茶籽细胞内制取出来；②减小油茶籽粒度，缩短油脂流出路径，有利于油脂流出，提高出油率；③增大油茶籽的表面积，使之在蒸炒工序中容易吸水、吸热，有利于细胞的热破坏和蛋白质变性，以及油脂的提取。为避免脱壳困难与种仁破碎过多，必须控制油茶籽的含水量在 5%~6%。一般可选用齿辊破碎机。若是采用石碾，必须在碾轧过程中过筛若干次，才能轧得细匀，无粗粒，得到较高的出油率。

四、蒸炒

蒸炒是压榨前一道关键性的工序，是把生坯经过润湿、加热、蒸坯、炒坯等处理，变为熟坯的过程。

1. 蒸炒的目的与要求

（1）蒸炒的目的。蒸炒的目的是使油脂凝聚，提高油茶籽的出油率；借助于水分和温度的作用，调整料坯的组织结构，使料坯的可塑性、弹性符合压榨的要求；改善毛油品质，降低精炼的负担。具体表现在以下3个方面：①蒸炒可使油料细胞结构彻底破坏，分散的游离态油脂聚集；蛋白质凝固变性，结合态油脂暴露；磷脂吸水膨胀；油脂黏度和表面张力降低。因此，蒸炒促进了油脂的凝聚，有利于油脂流动，从而提高出油率。②蒸炒可使料坯在微观生态、化学组成及物理状态等方面发生变化，料坯的弹性和塑性得到调整，有利于油料的压榨。③蒸炒可改善油脂的品质。料坯中的磷脂吸水膨胀加速与蛋白质的结合，降低磷脂的表面活性，从而降低磷脂在毛油中的溶解度，减少毛油中磷脂的含量，提高毛油的质量，为后续加工打下良好的基础。

但料坯中部分蛋白质、糖类、磷脂等在蒸炒过程中，会和油脂发生结合或络合反应，产生褐色或黑色物质会使油脂色泽加深。

（2）蒸炒的要求。蒸炒后的熟坯应生熟均匀，内外一致，熟坯水分、温度及结构性能满足制油要求。

2. 蒸炒的方法

（1）润湿蒸炒。生料先经蒸汽或喷水湿润，水分达到要求，然后进行蒸坯、炒坯，使水分、温度及结构性能满足压榨或浸出制油的要求。油茶籽坯首先用大火蒸1.0~1.5h，其有利于减少油分子间引力，使油分子表面张力降低、黏度下降，细胞膜破裂，料坯的可塑性增加，手捏成团，料坯处于最适宜油分流出的状态。蒸炒时的水分和温度，因使用的机械类型不同而不同。用液压机和古法木榨机，其炒料温度一般在110~120℃，蒸炒后的含水量为7%~8%。用螺旋榨机其炒料温度一般在130~140℃，蒸炒后的含水量为

3%~4%。

（2）加热蒸炒。加热蒸炒是指生坯先经过加热或干蒸坯，然后再用蒸汽蒸炒，是采用加热与蒸坯相结合的方法。主要应用于人力螺旋压榨制油、液压式制油、古法压榨制油等小型油脂加工厂。

也有些茶油加工厂没有蒸炒工序，对经过平板烘干机烘干的油茶籽，在压榨前对油茶籽进行调质处理，目的是让物料处于最适宜油分流出的状态。为保证茶油的特有风味和营养成分不被破坏，降低油茶籽壳由于高温条件下变色对茶油色泽的影响，调质的温度控制在65~75℃为宜。一般选用2~3层的调质锅，当物料进入调质锅前，水分多时能起到脱水作用，当水分偏低时适当加水润湿保证进油料进入榨油机的水分含量在5%~6%。

五、应用微波技术进行油茶籽的预处理

采用蒸、炒、烘的方法加热油茶籽，存在油茶籽受热不均匀、加热时间长、能耗高、油料中的热敏性成分被分解的缺陷。研究应用新技术对油茶籽进行预处理也因此而开展。

微波技术是一种现代加工技术，具有高效、省时，以及选择加热的特性。此外，由于微波的输出功率，以及加热时其内部蒸汽向外迁移速率和蒸汽压力梯度均具有可调性，在适宜条件控制下，可以使物料达到膨化的效果，近年来在食品加工领域已经得到广泛应用。

作者采用微波技术对油茶籽进行预处理，图3-27与图3-28分别为油茶籽经微波和常规加热预处理后的提油效果，图3-29至图3-31为微波预处理后提取的茶油过氧化值、酸值和色泽的变化情况。

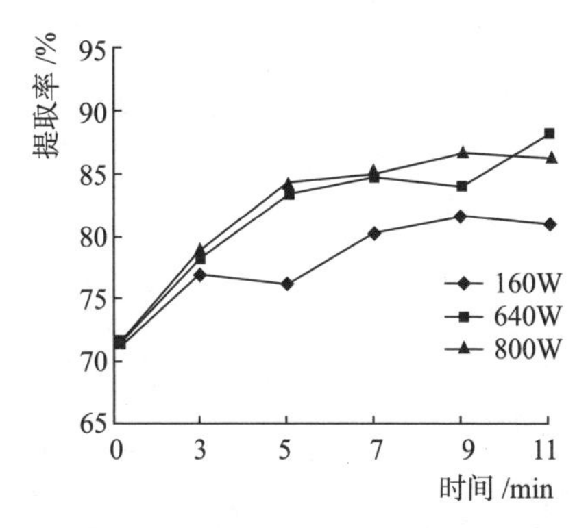

图 3-27　微波预处理对油茶籽提取率的影响

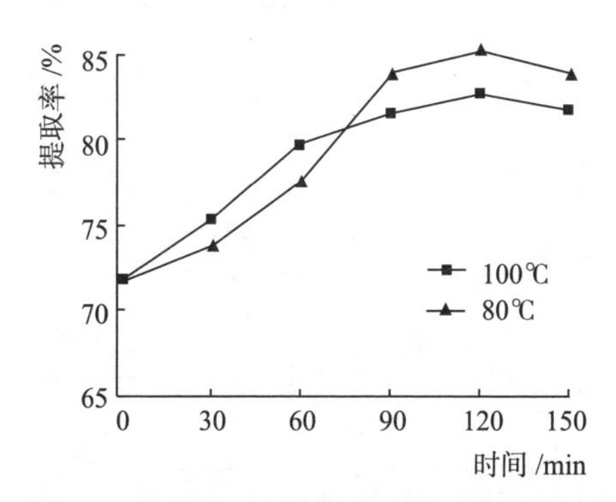

图 3-28　常规加热预处理对油茶籽提取率的影响

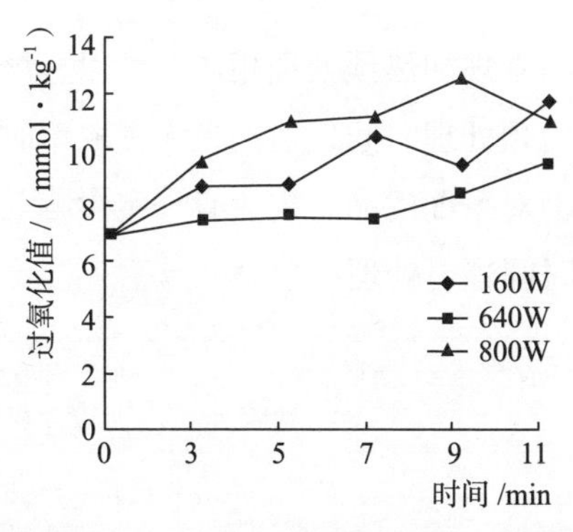

图 3-29　微波预处理对毛茶油过氧化值的影响

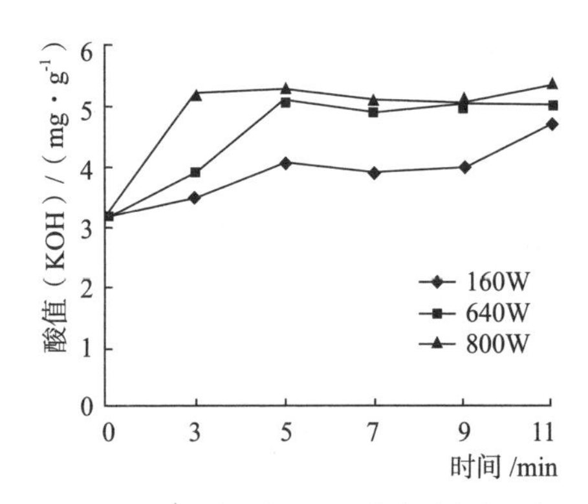

图 3-30　微波预处理对毛茶油酸值的影响

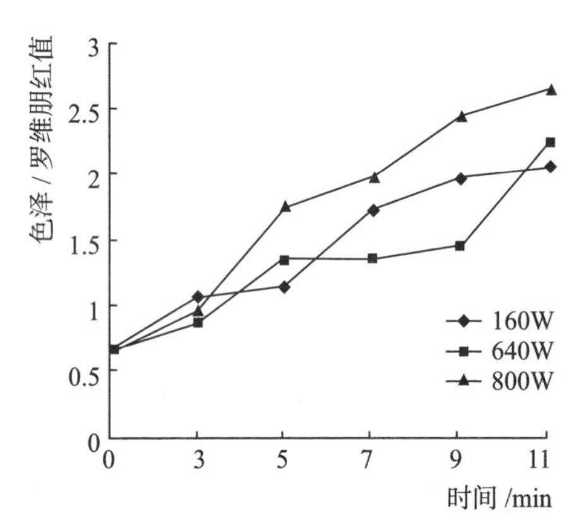

图 3-31　微波预处理对毛茶油色泽的影响

微波预处理与常规加热预处理相比，可以显著提高油茶籽的出油速度，大大缩短预处理时间，达到最大提取率时间仅为常规加热预处理的 1/10。但对茶油的品质也会有一定影响。因此，应控制微波条件，避免长时间辐射处理。

第四章　茶油提取工艺技术及发展

长期以来，我国茶油的提取是传统的土榨取油工艺，榨油的方式有楔式、杠杆式、锤击式，以及人力畜力拉榨等方式。图 4–1 为传统的土榨茶油装置之一的图片。

图 4-1　传统土榨茶油的提油部分装置

1958 年后，我国的机械榨油设备开始发展，福建南平粮油机械厂、四川德阳市粮油食品机械厂、四川绵阳粮食机械厂等企业先后生产制造 200 型、250 型、90 型、95 型等榨油机设备，我国茶油提取的土榨取油工艺逐步被机榨取油工艺取代。

机榨取油工艺在我国属于油料生产的主要手段，应用比较广泛。目前压榨提油设备主要有间歇式生产的液压式榨油机和连续式生产的螺旋榨油机两种。使用压榨法生产茶油的设备，20 世纪 60 年代主要使用 90 型液压榨油机，20 世纪 70 年代普遍使用 95 型螺旋榨油机和 200 型螺旋榨油机。压榨法是传统的制油方法，目前压榨法仍是我国油茶产区最主要的制油方法。其生产过程包括油茶果的采收、去壳、破碎、蒸炒、压榨，得到毛茶油。

溶剂浸出法是 20 世纪 70 年代以后首先在大豆油提取中应用的一项制油技术，之后在其他油脂提取中应用。由于油茶籽的含油率比较高，故一般采用预榨浸出的制油方法。

近年来，我国对油茶提取的新工艺技术研究不断取得新的进展，超临界二氧化碳萃取法、亚临界流体萃取法、水酶法等现代高新技术在茶油生产中逐步推广应用。

第一节　压榨法提取工艺技术

压榨法制油就是借助机械外力把油脂从油茶籽中挤压出来的过程。压榨法工艺简单，配套设备少，适应性强，生产灵活，提取出的茶油质量好，色泽浅，风味纯正；但压榨法提取工艺动力消耗大，零部件易损耗，出油效率低，饼粕的残油量较高。一般可采用溶剂浸出法提取压榨饼粕中残留的茶油，避免资源浪费。

一、压榨法制油的基本原理

压榨过程中，压力、黏度和油饼成型是压榨法制油的三要素。压力和黏度是决定榨料排油的主要动力和可能条件，油饼成型是决定榨料排油的必要条件。

（1）排油动力：压力转化为动力，使油排出。油料受压后，空隙被压缩，空气被排出，密度迅速增加，发生料坯互相挤压变形和位移的运动状态。这样料坯的外表面被封闭，内表面的孔道迅速缩小。孔道小到一定程度时，常压液态油变为高压油。高压油产生了流动能量。在流动中，小油滴聚成大油滴，甚至成独立液相存在料坯的间隙内。当压力大到一定程度时，高压油打开流动油路，摆脱榨料蛋白质分子与油分子、油分子与油分子的摩擦阻力，冲出榨料高压力场之外，与塑性饼分离。

（2）排油深度：压榨取油时，榨料中残留的油量可反映排油深度，残留量愈低，排油深度愈深。排油深度与压力大小、压力递增

量、黏度影响等因素有关。压榨过程中，合理递增压力，才能获得好的排油深度。

（3）油饼成型：油饼的成型是建立排油压力的前提，更是排油的必要条件。在压榨过程中，油饼的形成是在压力作用下，料坯粒子随着油脂的排出而不断挤紧，产生压力而发生塑性变形，形成一种完整的可塑体。如果油料塑性低，受压后不变形或很难变形，油饼不能成型，排油压力建立不起来，坯外表面不能被封闭，内表面孔道不被压缩变小，密度不能增加。这种状况下，油不能由不连续相变为连续相，不能由小油滴聚为大油滴，常压油不能被封闭起来变为高压油，也就产生不了流动的排油动力。

油饼的成型，受到以下因素的影响：①物料含水量；②排渣、排油量；③物料应封闭在容器内，形成塑性变性的空间力场。

二、压榨设备

使用压榨法生产茶油主要的生产设备就是压榨机，虽然随着年代的不同，压榨设备不断得到改良，但是主要的结构和原理基本一样，目前主要有螺旋压榨式和液压压榨式两种。

（一）螺旋榨油机

1. 工作原理

螺旋榨油机是国际上普遍采用的较先进的连续式榨油设备，图4–2为结构示意图。

螺旋榨油机的工作原理，主要是借助于螺旋轴（图4–3）的旋转作用，使预处理好的油茶籽熟料胚在榨膛内受到各种阻力使其容积逐渐缩小，从而产生很大的压力将可流动的油脂压榨出来。榨膛内的这种压力包括压缩力、出饼阻力和摩擦阻力三部分。

（1）压缩力。当油茶籽由进料斗进入榨膛以后，在螺旋轴的旋转运动中逐渐从进料端向出饼端方向推进，在此过程中，由于榨螺

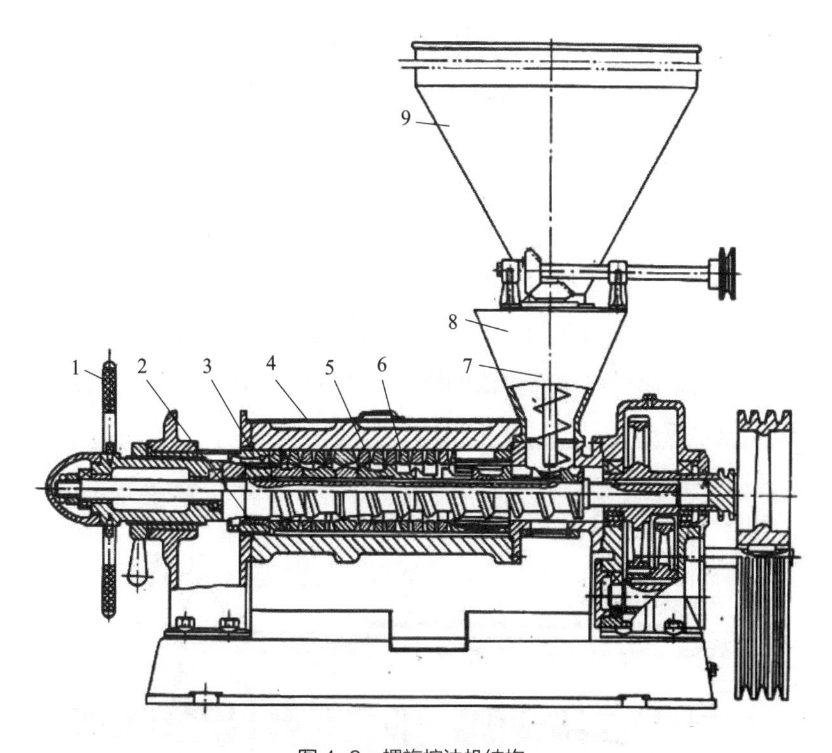

图 4-2　螺旋榨油机结构

1. 调整手柄；2. 下榨笼壳；3. 出饼圈；4. 上榨笼壳；
5. 榨螺；6. 榨螺轴；7. 喷料桨叶；8. 进料斗；9. 装料斗

的根圆直径（即螺底直径）逐渐增大，螺旋加宽、螺距逐渐变小，也就是说榨膛的容积逐渐缩小，因而对料胚产生了很大的压缩力。具体地讲，当料胚进入榨膛以后，首先在第一、第二、第三节榨螺的推进下开始压榨，进到第四节榨螺位置时，因该节榨螺根圆增大，牙高减低，故这段榨膛的容积较前面小，使料胚受到进一步的压缩。随后，料胚被推进到第五节榨螺，此榨螺没有螺纹，是一个前段直径由小到大而后段直径又由大到小的推拔头（即锥体），料胚在此节榨螺的前段三次受到压缩后，就完成了第一次压榨阶段。

接着料胚进入第二次压榨阶段。因其在第一次压榨时榨出了大部分油脂，结构比较紧密，为调整其结构而有利于进一步榨出油脂，需要有一个疏松料胚的过程，这就是第五节榨螺的后段直径又由小到大以增大榨膛容积使料胚能够暂时放松的必要技术设计。然后进入第六、第七节榨螺，使油茶籽进一步受到压缩，直至第八节抵饼圈（出渣梢头），这也是一个直径由小到大的推拔头，料胚至此经最后一次压缩，就完成了第二次压榨阶段，茶油基本上被压榨出来了。一般情况，第一次压榨阶段的压缩比为 5.98，第二次压榨阶段的压缩比为 6.87。

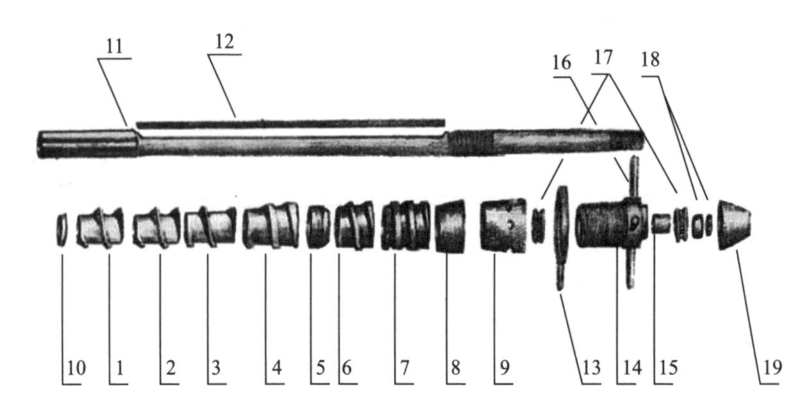

1~7. 榨螺；8. 出渣梢头；9. 锁紧螺母；10. 挡圈；11. 螺旋轴；12. 长键；13. 紧定螺母；14. 调节螺栓；15. 含油套；16. 大手柄；17. 轴承；18. 圆螺母；19. 保护帽

图 4-3　榨螺轴结构

（2）出饼阻力。95 型螺旋榨油机的出饼口由出饼圈和抵饼圈组成，出饼圈固定不动，抵饼圈可以调节，使其与出饼圈之间的间隙增大或变小，用以控制出茶饼的厚薄。出饼厚薄将直接影响料胚在榨膛内所受阻力的大小，因此，出饼厚度很好的控制非常重要，一般掌握在 1.5~2mm，厚了残油率高。

（3）摩擦阻力。即料胚与榨条、榨圈，料胚与榨螺，以及料胚相互之间所产生的摩擦阻力，以料胚与机械之间的摩擦阻力为主要。这种摩擦阻力不仅有利于料胚内油脂的流出，而且还因摩擦作用而产生的热量能促进料胚中蛋白质的变性凝聚、细胞破裂、可塑性增大和油脂黏度的降低。

2. 影响螺旋压榨制油效果的因素

（1）榨料结构性质对出油效果的影响。榨料结构性质主要取决于油料本身的成分和预处理效果。

①榨料结构性质。榨料性质不仅包括凝胶部分，同时还与油脂的存在形式、数量及可分离程度等有关。对榨料性质的影响因素有水分含量、温度及蛋白质变性等。

a. 水分含量：随着水分含量的增加，可塑性也逐渐增加。当水分达到某一点时，压榨出油情况最佳。一旦略微超过此含量，则会产生很剧烈的“挤出”现象，即“突变”现象。另外，如果水分略低，也会使可塑性突然降低，使粒子结合松散，不利于油脂的提取和毛油的品质。图 4–4 至图 4–7 分别为油茶籽含水量对提油率和毛油的磷脂含量、过氧化值和酸值的影响。

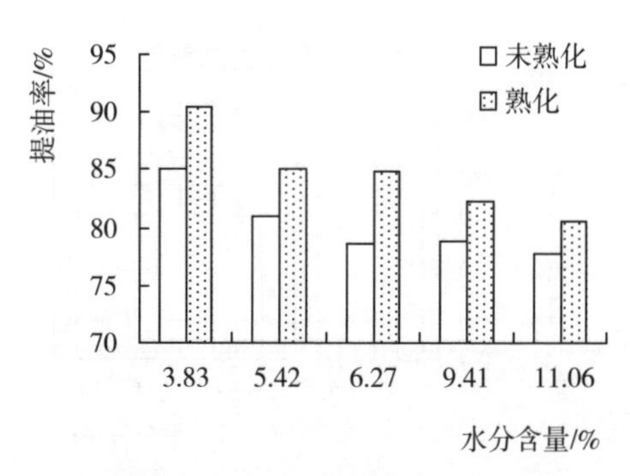

图 4–4　不同含水量的油茶籽的提油效果

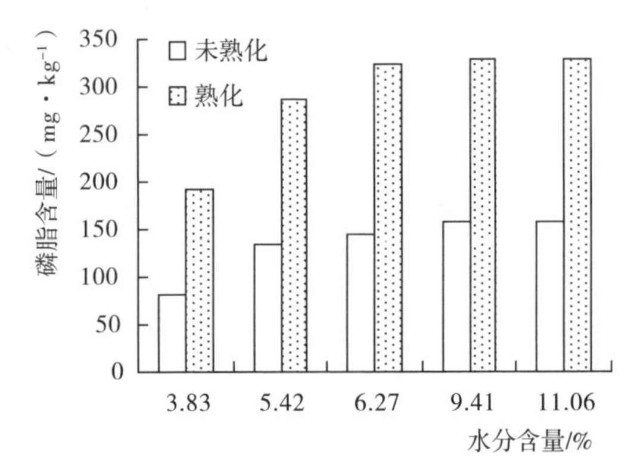

图 4-5　不同含水量的油茶籽提取的毛油中磷脂含量

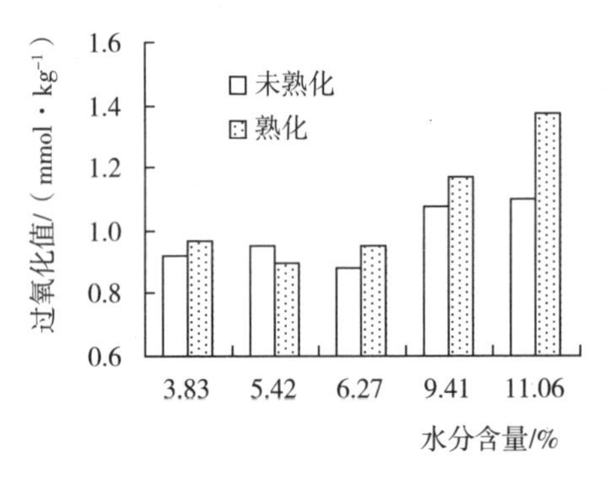

图 4-6　不同含水量的油茶籽提取的毛油中过氧化值

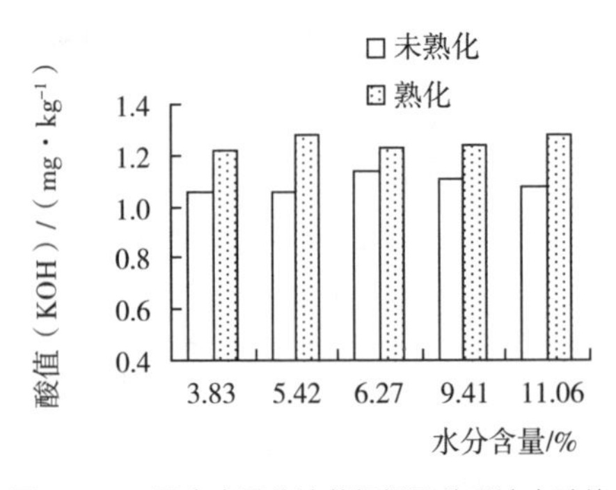

图 4-7　不同含水量的油茶籽提取的毛油中酸值

b. 温度：榨料加热，可塑性提高；榨料冷却，则可塑性降低。压榨时，若温度显著降低，则榨料粒子结合就不好，所得饼块松散不易成型。但是，温度也不宜过高，否则将会因高温而使某些物质分解成气体或产生焦味。

c. 蛋白质变性：是压榨法取油所必需的。但蛋白质过度变性，会使榨料塑性降低，从而提高榨油机的“挤出”压力，这与提高水分和温度的作用相反。榨料中蛋白质变性充分与否，衡量着油料内胶体结构破坏的程度。压榨时，由于加热与高压的联合作用，会使蛋白质继续变性，但是温度、压力不恰当，会使变性过度，同样不利于出油。因此，榨料蛋白质变性，既不能过度而使可塑性太低，也不能因变性不足而影响出油效率和油品质量。

②预处理效果。油茶籽中被破坏细胞的数量愈多愈有利于出油。油茶籽粉碎后的颗粒大小应适当。如果粒子过大，易结皮封闭油路，不利于出油；如粒子过细，压榨中会带走细粒，增大流油阻力，甚至堵塞油路。同时颗粒细会使榨料塑性加大，不利于压力提高，也不利于出油。

入榨的油茶籽要有适当的水分和温度，必要的温度，可降低榨料中油脂黏度与表面张力，以确保油脂在压榨全过程中保持良好的流动性。

油茶籽粒子具有足够的可塑性。榨料的可塑性必须有一定的范围。一方面，它须不低于某一限度，以保证粒子有相当完全的塑性变形；另一方面，塑性又不能过高，否则榨料流动性大，不易建立压力，压榨时会出现“挤出”现象，增加不必要的回料。同时，塑性高，早成型，提前出油，易成坚饼而降低出油率，而且油质也差。

3. 使用螺旋榨油机压榨时的注意事项

①榨机不吃料时，其原因有：料太湿，饼成型过早，后续的料入不了榨膛，就在第一节榨螺出油；料太干，尤其是预处理炒得露

油的料，饼拖底发出吱吱怪声；饼结在榨膛里，后续的料吃不进，榨螺部分磨损过大。处理的办法是出现前两种情况要调节料胚的温度和水分，同时用茶枯饼和细茶壳顶饼，顶到见壳为止，然后再进新料，第三种情况要换装新榨螺。

②油茶饼刚出榨时温度比较高，一般在120℃左右，堆放不能过高，以不超过1m为宜。特别是压榨时若料胚过干，饼不成块或全是粉末，在这种情况下，残油率较高的油茶饼最易发生自燃，或因仓库漏雨，油茶饼吸收水分后上面又加堆厚层也容易自燃。油茶饼自燃都有一定过程，温度逐步升高到250~300℃，慢慢冒黑烟，历时2~3天，有焦臭味，到高峰时大量冒浓烟，如有风助氧，就很快造成火灾。要防止可能出现此类事件，除保持仓库通风凉爽，包装堆放不要过高外，在压榨工艺上要尽量把油榨干，使饼成块状，散热摊凉后再入仓。

（二）液压榨油机

1. 液压榨油机的工作原理

液压机取油就是利用小的动力产生强大的液压进行压榨，它完全是利用液压传递原理进行的，液压榨油机总压力的计算公式：$P_1=P_2(d_1 \div d_2)^2$。在这个公式中，d_1为榨油机油缸塞直径，d_2为动力油缸活塞直径，P_1为榨油机总压力，P_2为动力油缸的施压力。从公式中可以看出，通过小直径的高压泵，用很小的动力P_2，经传递后产生了液压机架上的总高压力P_1（顶榨力）。也就是利用小的动力产生巨大的液压进行榨油。

液压机榨制油系统主要由主体机、传动液压和电器控制3部分组成，见图4-8所示。主机体部分：由底板、立柱、上顶板、料缸总成、螺母、接油盘等零件组成，其中油料在料缸总成内，由料缸总成的作用力向上推进，油从料缸油缝中流下，经接油盘到储油桶。传动液压部分：是本机生产高油率的主要工作动力源，由传动轴、蜗杆、涡轮、高压泵、齿轮泵、溢流阀、油缸总成、手控阀、管道接头等零件组成。电器控制部分：主要由电机、电压表、温控调节表、压力表、电源保险等元件组成。液压榨油机的压力大，一次出油率高，榨油机齿条运动部件少，维修保养方便；但料饼装卸的劳动强度也较大。

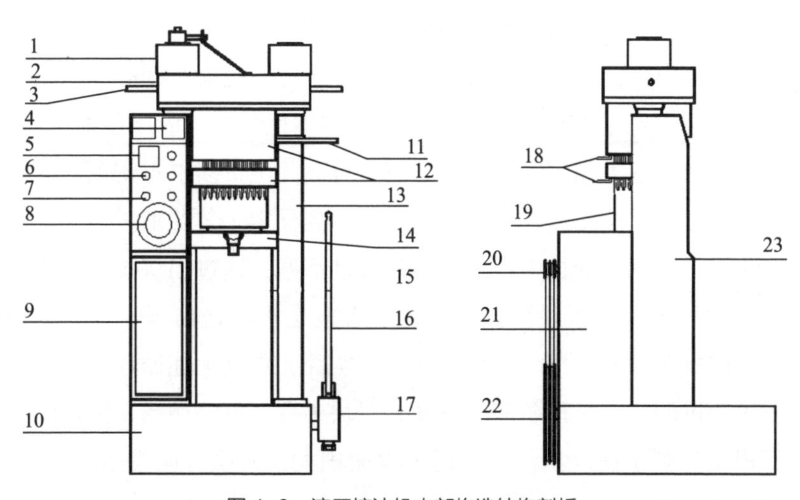

图 4-8　液压榨油机内部构造结构剖析

1. 大螺帽；2. 上盖；3. 手柄；4. 电压表 / 电流表；5. 温控仪；6. 旋钮；7. 按钮；8. 压力表；9. 防护罩门；10. 油箱底座；11. 料缸板支板；12. 料筒加固件；13. 立柱；14. 接油盘；15. 液压缸；16. 手扳杆；17. 泄油阀；18. 加热管；19. 料筒；20. 电机皮带轮；21. 电机箱架；22. 主轴带轮；23. 电器防护罩

液压榨油机按给坯饼施加压力的方式可分为立式和卧式（图 4-9）。立式液压榨油机底座上固定有 1 个油缸，缸中装有圆柱状活塞，活塞上部与承饼盘连成一整体。料坯经预压成圆饼，外套饼圈，以 20~40 个圆饼叠装在承饼盘与顶板之间，茶饼与饼之间用带孔的薄垫板分隔，驱动活塞上顶，产生压力，压榨茶饼出油。榨毕后油泵停止加压，活塞下落，将渣饼卸出，重新装上料饼，以此反

复间歇榨油，每榨一次需 2~5h。立式液压榨油机的优点是：占地面积小，便于多台组合安装。依靠饼块自重退榨，不另行装设退榨装置。

卧式液压榨油机的结构和工作原理与立式基本相同，由主油缸、副油缸、圆柱螺杆、榨缸、进浆阀、液压系统、电气系统等组成。工作时，齿轮泵将料浆打入榨机，先经进浆总管分配到 10 只进浆阀，使料浆充满 10 个榨板空腔，随即开启压缩空气阀，依靠空气的压力迫使阀杆关闭进浆阀门。由液控系统输来的高压油，进入主缸体推动活塞前移，迫使榨板空腔体积缩小，内压逐渐升高，腔内浆料在压力作用下，油脂与浆料分离并经过多层不锈钢筛网和滤油板排出，汇集流入油池。当压榨达到预定工艺要求时，主缸释放油压，同时副油缸中进入高压油推动活塞，通过出饼拉杆等机构使榨膛打开，油饼脱落排出，经皮带输送机输送出来。副油缸释压，榨板在弹簧作用下复位，又形成空腔，重复上述循环。卧式液压榨油机的特点是设备安装方便，饼块横置，流油顺畅，油饼圈上不积油有利于提高出油率，但占地面积大，需设有退榨用的重锤、滑轮或螺杆机构。

立式

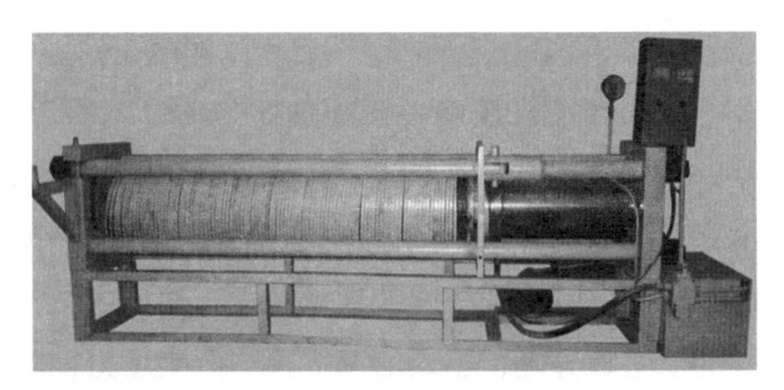

卧式

图 4-9　液压榨油机

2. 液压榨油机的操作注意事项

除压榨时的压力控制外，还要注意以下问题：

（1）开始阶段出油要快，先上低压，后上高压，而后稳定压力开始沥油。开始压榨后，一旦开始流油就必须做到：勤顶轻压，先松后紧，加压时要有节奏。当压力上升到最大工作压力时，必须给予足够长的沥油时间，让油能流尽，行业里称“慢老垛”。

（2）做茶饼操作要符合要求，用液压机榨油，茶饼成型上榨很重要。要求做到：第一，饼片要结实耐压、受压均匀，蒸炒要达要求，茶饼的形状要中间略高，四周较低。第二，单圈薄饼，装垛的饼与饼之间，放一块打孔垫板隔开，可利于流油出油。第三，要快速做饼、装垛，防止热量散失。第四，装饼平稳整齐，不得歪斜。装垛饼块数要尽量多。装到末尾时，可施以预压一次。松开压力后，再继续装满垛。满饼垛最好采取保温措施。做饼，有人工做饼、机械化半连续做饼两种方式。ZQ42 型的新型榨机，是采用连续化制浆成型。

（3）车间保温与趁热卸榨。液压机榨油，要求车间保温，尤其是装垛要保温。液压机压榨时间较长，易散热降温，影响茶油榨出及流动。车间温度以保持在 30℃以上为最佳。车间相对湿度要略高一些，要求在 65%~70%。卸榨的“边饼”因含有较多油脂，应趁热刨边，并送去复榨。

第二节　溶剂浸出法提取工艺技术

油脂浸出制取技术源于欧洲，从 1856 年法国人迪斯（Diss）浸出试验研究伊始，到 1870 年德国莱茵河工业带间歇式生产的实际应用；从 1919 年德国人波尔曼（Bollman）第一台连续式浸出器设计专利的申请，到第二次世界大战后形式各异的浸出器层出

不穷，美国 Blow Knox 公司（1948 年）的平转浸出器、美国皇冠（Crown）公司的环型浸出器、比利时迪斯美（De Smet）公司的履带式浸出器、德国鲁奇（Lurgi）公司的框式浸出器等，其巧妙的构思和精致的创意展现了众多设计大师丰富的想象力和创造力，经久不衰的创新势头和对细节的完美追求，使浸出器的结构和制造技术逐步完善。目前，我国油脂工程中，粕料浸出采用的浸出器主要有：平转式浸出器、篮斗式浸出器、环形浸出器、拖链刮板式浸出器、箱链式浸出器及滑槽式浸出器等。

浸出法制油是一种高效的制油方法，目前已普遍使用。它是应用萃取的原理，选用某种能够溶解油脂的有机溶剂，经过对油料的接触（浸泡或喷淋），使油料中的油脂被萃取出来的一种制油方法。其基本过程是：把油料胚（或预榨饼）浸于选定的溶剂中，使油脂溶解在溶剂内（组成混合油），然后将混合油与固体残渣（粕）分离，混合油再按不同的沸点进行蒸发、汽提，使溶剂汽化变成蒸气与油分离，从而获得油脂（浸出毛油）。溶剂蒸气则经过冷凝、冷却回收后继续使用。粕中亦含有一定数量的溶剂，经脱溶烘干处理后即得干粕，脱溶烘干过程中挥发出的溶剂蒸气仍经冷凝、冷却回收使用。

浸出法制油的优点：

（1）粕中残油率低（出油率高）。用浸出法制油，无论是直接浸出，还是预榨浸出，都可将浸出后粕的残油率控制在 1% 以下。

（2）粕的质量好。与压榨法制油相比较，在浸出法制油生产中，由于相关工序的操作温度都比较低，使得油茶饼粕中蛋白质的变性程度就小一些，粕的质量相应较好，对粕的饲用价值或从粕中提取植物蛋白都十分有利。

（3）生产成本低。与压榨法制油相比较，浸出法制油工艺所采用的生产线一般比较完整，机械化程度较高，易于实现生产自动化；浸出车间操作人员少，劳动强度低；浸出法制油工艺的能源消耗相应也较低。

浸出法制油的缺点：

（1）溶剂可能引起的危害。目前，浸出法提取茶油主要采用的溶剂是 6 号溶剂，以己烷为主要成分。这类溶剂易燃易爆，且对人的神经系统具有强烈的刺激作用。当轻汽油在空气中的蒸气浓度达到 1.20%~7.50% 时，一遇火种就会爆炸。但只要严格执行《浸出制油工厂防火安全规范》，严格遵守操作规程，保持高度警惕，一般不会发生安全事故。

（2）浸出毛油质量稍差。6 号溶剂的溶解能力很强，它不仅能够溶解油脂，也会将茶饼中的一些色素、类脂物溶解出来，混在油脂中，使油脂色泽变深，杂质增多；油脂的营养价值破坏较大；后面精炼工序的工作负担较重。

（3）投资较大。由于浸出生产工艺采用的溶剂易燃易爆，且对人体有害，故其生产车间建筑火灾危险类别应为甲类，最低耐火等级应达二级。车间设备要做接地处理，采用的电器需是防爆型的，车间要设避雷装置。此外，车间的设备、管道需要严格密封等。这样，整个浸出车间建设总投资就要增大。

一、浸出法制油基本原理

浸出法制油是利用溶剂对不同物质具有不同溶解度的性质，选用能溶解油脂的溶剂，通过润湿渗透、分子扩散和对流扩散的作用，将油茶籽或油茶饼中的油脂浸提出来，然后把由溶剂和油脂所组成的混合油进行分离，回收溶剂而得到毛茶油，同样也要将湿粕中的溶剂回收，得到油茶饼粕。

二、溶剂浸出法提取茶油的工艺类型

浸出法制油工艺的分类按操作方式可分成间歇式浸出和连续式浸出。

（1）间歇式浸出。料胚进入浸出器，粕自浸出器中卸出，新鲜溶剂的注入和浓混合油的抽出等工艺操作，都是分批、间断、周期性进行的浸出过程。

（2）连续式浸出。料胚进入浸出器，粕自浸出器中卸出，新鲜溶剂的注入和浓混合油的抽出等工艺操作，都是连续不断进行的浸出过程。

按接触方式，浸出法制油工艺可分成浸泡式浸出、喷淋式浸出和混合式浸出。

（1）浸泡式浸出。料胚浸泡在溶剂中完成浸出过程的叫浸泡式浸出。属浸泡式的浸出设备有罐组式（图 4–10），另外还有弓形、U 形和 Y 形浸出器等。

图 4–10　罐组浸出成套设备

（2）喷淋式浸出。溶剂呈喷淋状态与料胚接触而完成浸出过程者被称为喷淋式浸出，属喷淋式的浸出设备有履带式浸出器（图4–11）等。

图4–11　履带式浸出器

（3）混合式浸出。这是一种喷淋与浸泡相结合的浸出方式，属于混合式的浸出设备有平转式浸出器（图4–12）和环形浸出器等（图4–13）。

图4–12　平转式浸出器

图 4-13　环形浸出器

按生产方法可分为直接浸出和预榨浸出。

（1）直接浸出。直接浸出也称“一次浸出”。它是将油料经预处理后直接进行浸出制油工艺过程。此工艺适合于加工含油量较低的油料，如大豆。

（2）预榨浸出。预榨浸出油料经预榨取出部分油脂，再将含油较高的压榨饼进行浸出的工艺过程。此工艺适用于含油量较高的油料，油茶籽基本上都是采用这种工艺。

三、浸出法提取茶油的工艺

（一）常规工艺总体流程

完整的浸出工艺包括溶剂浸出、湿粕的脱溶和烘干、混合油的蒸发和汽提及溶剂回收等 4 个工序。浸出法工艺流程如图 4-14 所示。

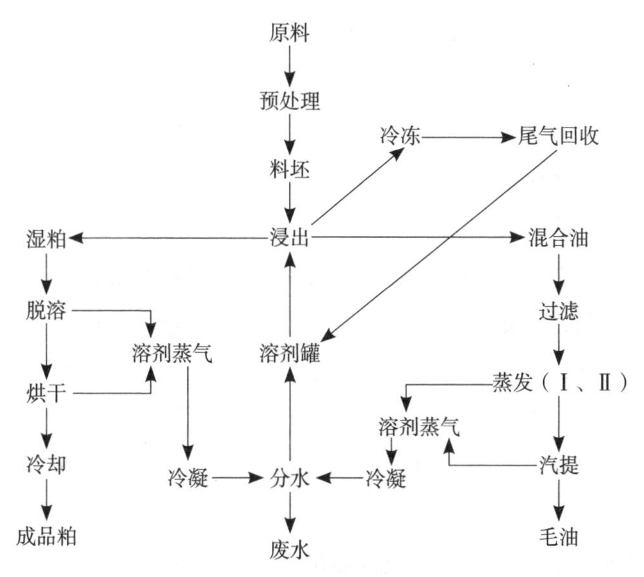

图 4-14　浸出法制油总体工艺流程

（二）工艺要点

1. 溶剂浸出

油茶饼经过粉碎机破碎和过筛，控制粒度在 2~6mm，然后送至蒸炒锅，烘炒至含水量在 8% 以下后，由输送设备送入浸出器，采用 6 号溶剂进行浸提，经固液分离得到混合油和湿粕。

2. 湿粕的脱溶和烘干

工艺流程：刮板输送机→蒸烘机（→捕粕器→混合蒸气）→干粕（冷却）→仓库。

从浸出器卸出的湿粕含有 25%~35% 的溶剂，为了使这些溶剂得以回收和获得质量较好和有利于综合利用的湿粕，可采用高料层蒸烘机蒸脱湿粕中的残留溶剂。

3. 混合油的蒸发和汽提

工艺流程：过滤→混合油贮罐→第一蒸发器→第二蒸发器→汽提塔→浸出毛油。

（1）过滤。从浸出器泵出的混合油（油脂与溶剂组成的混合物），首先经过滤除去其中的固体粕末及胶状物质。

（2）蒸发。利用油脂与溶剂的沸点不同，将混合油加热蒸发，使绝大部分溶剂汽化而与油脂分离，大大提高混合油中油脂浓度的过程。在蒸发设备的选用上，茶油加工厂多选用长管蒸发器（也称为升膜式蒸发器）。其特点是加热管道长，混合油经预热后由下部进入加热管内，迅速沸腾，产生大量蒸气泡并迅速上升。混合油也被上升的蒸气泡带动并拉曳为一层液膜沿管壁上升，溶剂在此过程中继续蒸发。由于在薄膜状态下进行传热，故蒸发效率较高。

（3）汽提。通过蒸发，混合油中油的浓度大大提高，沸点也随之升高。无论继续进行常压蒸发或改成减压蒸发，欲使混合油中剩余的溶剂基本除去都是相当困难的。只有采用汽提，才能将混合油内残余的溶剂基本除去。

汽提即水蒸气蒸馏，其原理是：混合油与水不相溶，向沸点很高的浓混合油内通入一定压力的直接蒸汽，同时在设备的夹套内通入间接蒸汽加热，使通入混合油的直接蒸汽不致冷凝。直接蒸汽与溶剂蒸气的气压之和与外压平衡，溶剂即沸腾，从而降低了浓混合油的沸点，使之在较低的温度下将剩余的溶剂蒸发出来。未凝结的直接蒸汽夹带蒸馏出的溶剂一起进入冷凝器进行冷凝回收。汽提设备有管式汽提塔、层碟式汽提塔、斜板式汽提塔。

4. 溶剂回收

通过湿粕脱溶、烘干和混合油蒸发、汽提工序，回收尾气。设备有冷凝器、分水器、蒸水及尾气回收装置等。

由第一、第二蒸发器出来的溶剂蒸气因其中不含水，经冷凝器冷却后直接流入循环溶剂罐；由汽提塔、蒸烘机出来的混合蒸气进入冷凝器，经冷凝后得到的溶剂、水混合液，流入分水器进行分水，分离出的溶剂流入循环溶剂罐，而水进入水封池，再排入下水道。若分水器排出的水中含有溶剂，则进入蒸煮罐，蒸去水中微量溶剂后，经冷凝器出来冷凝液进入分水器，废水进入水封池。

自由气体中溶剂的回收：空气可以随着投料进入浸出器，并进入整个浸出设备系统与溶剂蒸气混合，这部分空气因不能冷凝成液体，故称之为“自由气体”。自由气体长期积聚会增大系统内的压力而影响生产的顺利进行。因此，要从系统中及时排出自由气体。但这部分空气中含有大量溶剂蒸气，在排出前需将其中所含溶剂回收。来自浸出器、分水箱、混合油贮罐、冷凝器、溶剂循环罐的自由气体全部汇集于空气平衡罐，再进入最后冷凝器。某些油脂加工厂把空气平衡罐与最后冷凝器合二为一。自由气体中所含的溶剂被部分冷凝回收后，尚有未凝结的气体，仍含有少量溶剂，应尽量予以回收后再将废气排空。

四、溶剂浸出法的影响因素

（一）提取溶剂

理想的浸出溶剂应符合以下基本要求：①能在室温或低温下以任何比例溶解油脂。②溶剂的选择性要好，即除油脂外，不溶解其他成分。③化学性质稳定，对光和水具有稳定性，经加热、蒸发与冷却不发生化学变化，也不与油、粕和设备材料发生化学反应。④要求溶剂沸点低、比热小和汽化潜热小，易从粕和油中分离回收。⑤溶剂本身无毒性，呈中性，无异味，不污染。⑥在水中的溶解度小。一般提取茶油所用的有机溶剂是工业己烷或轻汽油。

（二）提取时间

大量的研究显示，在茶油提取初期。出油率随着提取时间的延长而增加，一定时间后提取率达到最高点，继续延长提取时间，提取率保持不变。为了节省成本，要选择一个合适的提取时间。具体的提取时间由原料品种、含油率和生产条件决定。

（三）提取温度

研究表明，当温度从 20℃开始上升时，提取率基本呈现上升的趋势，温度达到 50℃时，提取率达到一个比较高的水平，继续升高到 60~70℃时提取率开始下降，可能是因为温度过高，溶剂挥发过快，导致溶剂减少，从而影响提取率，因此一般将提取温度设定在 50℃左右。

（四）料液比

提取茶油时所需的原料的量和提取时使用的有机溶剂用量的比例称为料液比，研究表明随着溶剂用量的增加，提取率也会随之增大。对于一定质量的原料来说，溶剂用量的增加，会降低溶剂中茶籽油的浓度，增加了茶籽原料与溶剂接触界面处的浓度差，从而提高了传质速率，在一定时间内提油率增大。但是当溶剂用量增大一定程度，由于原料中的油大部分已被提取出来，再增加溶剂用量，提取率基本保持不变。从经济角度考虑，溶剂用量应该保持在一定的范围内。

第三节　超临界二氧化碳萃取工艺技术

超临界流体萃取（superitical fluid extraction，简称 SCFE）技术，是 20 世纪 80 年代发展起来的一种独特、高效、清洁的新型分离精制的高新技术。超临界流体技术，主要利用物质在温度和压力处于临界状态下，流体具有的优异的溶解能力和传质性能来对物质进行提取、分离、纯化。目前该技术比较成熟的是超临界二氧化碳萃取技术。近年来，超临界流体萃取技术在我国发展极其迅速，应用领域越来越广，广泛应用于食品、药品、化工、环保等领域。

一、超临界二氧化碳萃取的基本原理

任何一种物质都存在 3 种相态——气相、液相、固相。三相成平衡态共存的点叫三相点。液、气两相成平衡状态的点叫临界点。在临界点时的温度和压力称为临界温度（T_c）和临界压力（P_c）。不同的物质其临界点所要求的压力和温度各不相同。物质状态随温度和压力的变化如图 4-15 所示。

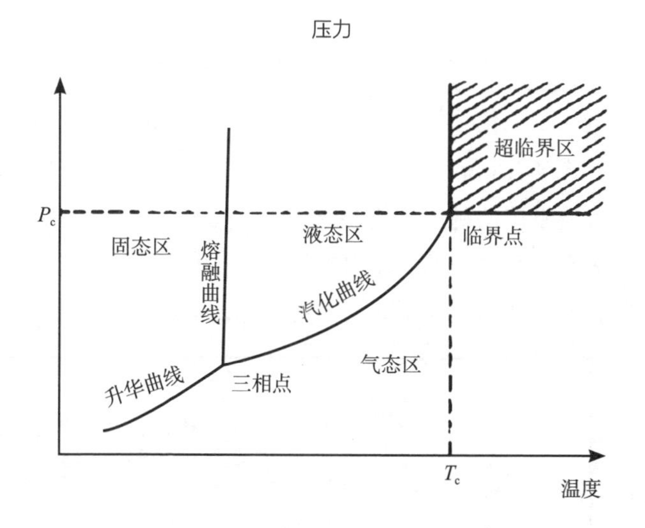

图 4-15　物质随温度和压力变化时状态的变化

超临界流体是指温度和压力均高于临界点的流体，目前研究较多的超临界流体是二氧化碳（CO_2），因其具有无毒、不燃烧、对大部分物质不反应、价廉等优点，最为常用。在超临界状态下，CO_2 流体兼有气、液两相的双重特点，成为性质介于液体和气体之间的单一相态，即密度为气体的数百倍，接近液体，黏度虽高于气体但明显低于液体，扩散系数为液体的 100 倍。因此，化学物质在其中的迁移或分配均比在液体溶剂中快，而且，通常溶剂密度增大，溶

质的溶解度就增大，反之密度减少，溶质的溶解度就减少。所以，将温度或压力进行适当变化，可使溶解度在100~1 000倍的范围内变化，这一特性有利于从物质中分别萃取不同溶解度的成分，并能加速溶解平衡，提高萃取效率。

二、超临界二氧化碳萃取法生产的设备

超临界萃取装置从功能上大体可分为八部分：萃取剂供应系统、低温系统、高压系统、萃取系统、分离系统、改性剂供应系统、循环系统和计算机控制系统。具体包括二氧化碳注入泵、萃取器、压缩机、二氧化碳储罐、冷水机等设备。超临界二氧化碳萃取工艺流程如图4–16所示。由于萃取过程在高压下进行，所以对设备及整个管路系统的耐压性能要求较高，生产过程实现微机自动监控，可以大大提高系统的安全可靠性，并降低运行成本。超临界萃取小型实验设备和超临界萃取生产设备如图4–17、图4–18所示。

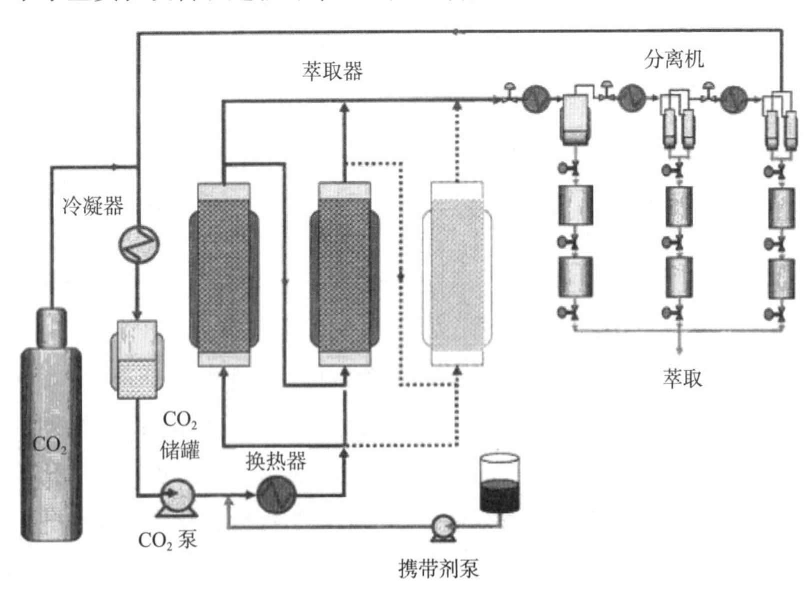

图4–16　超临界二氧化碳萃取工艺流程

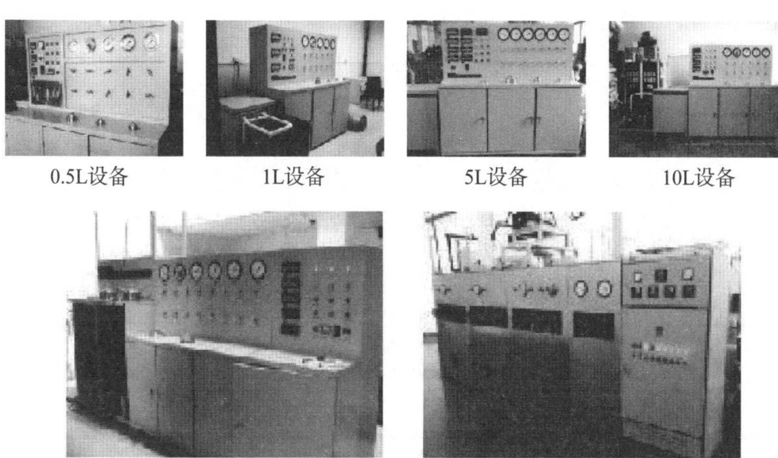

0.5L设备　1L设备　5L设备　10L设备

24L设备　50L设备

图 4-17　超临界萃取小型实验设备

100L设备　200L设备

500L设备　1 000L及以上设备

图 4-18　超临界萃取生产设备

三、超临界二氧化碳萃取茶油工艺

超临界二氧化碳萃取茶油是利用超临界二氧化碳对茶油具有特殊溶解作用，利用超临界二氧化碳的溶解能力与其密度的关系，即利用压力和温度对超临界二氧化碳溶解能力的影响而进行的。在超临界状态下，将超临界二氧化碳与预处理后的油茶籽接触，使其有选择性地把油茶籽中的油脂及脂溶性物质萃取出来，然后借助减压、升温的方法使超临界流体变成普通气体，被萃取的油脂则完全或基本析出，达到提取茶油的目的。

作者采用超临界二氧化碳萃取技术提取茶油，研究各操作参数对茶油提取率的影响。图 4–19 至图 4–22 分别是不同装料量、萃取压力、萃取温度和二氧化碳流量下的茶油提取效果。

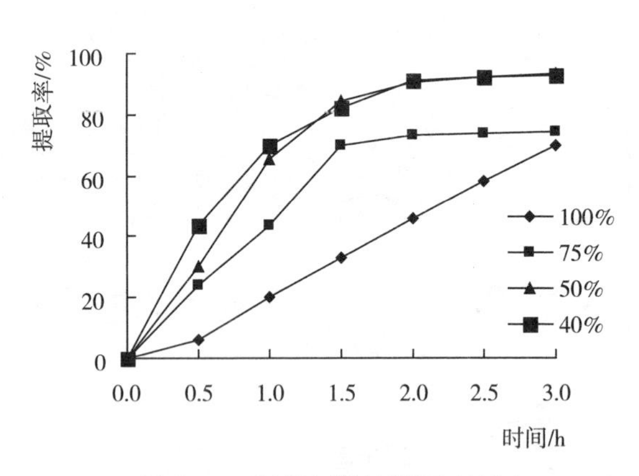

图 4–19　装料量对茶油提取率的影响

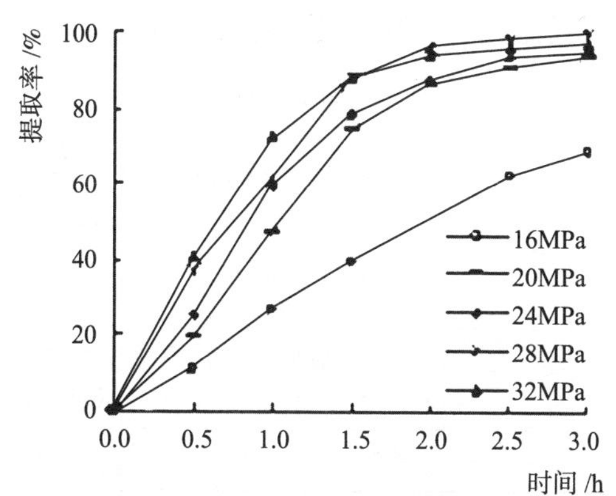

图 4-20　萃取压力对茶油提取率的影响

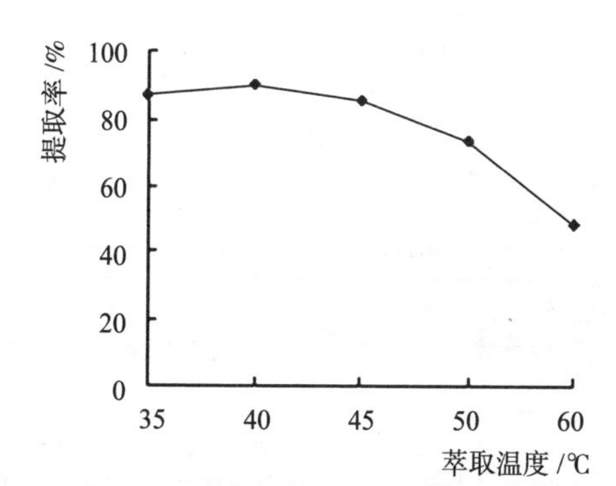

图 4-21　萃取温度对茶油提取率的影响

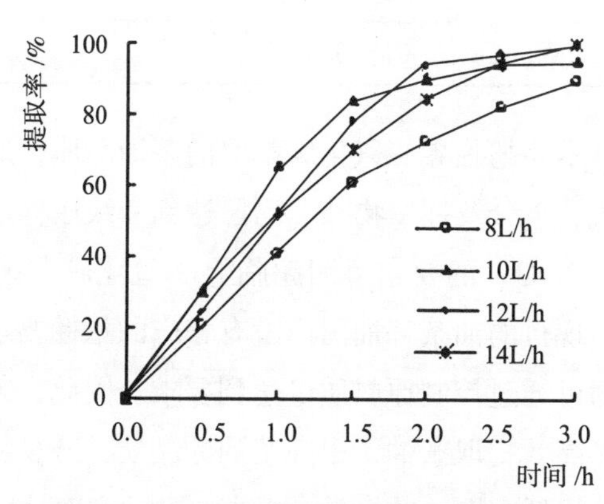

图 4-22　二氧化碳流量对茶油提取率的影响

超临界二氧化碳萃取技术提取的茶油品质指标如表 4–1 所示。

表 4–1 超临界二氧化碳萃取的茶油品质指标

指标	超临界二氧化碳萃取的茶油	一级压榨成品茶油国标（GB11765—2003）
色泽（罗维朋比色槽 25.4mm）	黄 30，红 0.4	黄 30，红 2.0
气味、滋味	具有浓郁的茶油固有气味和滋味，无异味，口感好	具有茶油固有的气味和滋味，无异味
透明度	澄清、透明	澄清、透明
水分及挥发物 /%	0.15	≤ 0.1
不溶性杂质 /%	0.045	≤ 0.05
酸值（KOH）/（$mg \cdot g^{-1}$）	1.02	≤ 1.0
过氧化值 /（$mmol \cdot kg^{-1}$）	1.09	≤ 6.0
溶剂残留量 /（$mg \cdot kg^{-1}$）	未检出	不得检出
磷脂含量 /（$mg \cdot kg^{-1}$）	55	—
烟点 /℃	236	—
加热试验（280℃）	无析出物，罗维朋比色：黄色值不变，红色值增加小于 0.2	无析出物，罗维朋比色：黄色值不变，红色值增加小于 0.4
冷冻试验（0℃贮藏 5.5h）	澄清、透明	—

表 4–1 显示，超临界二氧化碳萃取的茶油品质较好，各项质量指标（除酸值、水分及挥发物外）均已达到一级压榨成品茶油国标（GB/T11765—2003）的要求（因超临界二氧化碳萃取法提取茶油属于新技术，现行的油茶籽油国标没有相应的指标要求），而酸值、水分及挥发物可通过控制原料质量达到要求。因此，超临界二氧化碳萃取技术可高效提取茶油，提高茶油的品质，减少精炼工序，缩短生产周期，降低中性油的损耗，提高成品油产率。

四、超临界二氧化碳萃取法的特点

茶油的超临界二氧化碳萃取法和普通的溶剂萃取法相比，具有以下几个特点：

（1）可以在接近室温（35~40℃）及 CO_2 气体笼罩下进行提取，有效地防止了热敏性物质的氧化和逸散。因此，在萃取物中保持着油茶籽中的大部分营养成分，而且能把高沸点、低挥发度、易热解的物质在其沸点温度以下萃取出来。

（2）使用超临界二氧化碳对茶油进行萃取是最干净的提取方法，由于全过程不用有机溶剂，因此萃取物绝无残留溶剂，同时也防止了提取过程对人体的毒害和对环境的污染，是 100% 的纯天然加工过程。

（3）萃取和分离合二为一，当饱和溶解物的 CO_2–SCF 流经分离器时，由于压力下降使得 CO_2 与萃取物迅速成为两相（气液分离）而立即分开，不仅萃取效率高而且耗能较少，节约成本。

（4）CO_2 是一种不活泼的气体，萃取过程不发生化学反应，且属于不燃性气体，无味、无臭、无毒，故安全性好。

（5）CO_2 价格便宜，纯度高，容易取得，且在生产过程中能循环使用，从而降低成本。

（6）压力和温度都可以成为调节萃取过程的参数。通过改变温度和压力达到萃取的目的。压力固定，改变温度可将物质分离；反之温度固定，降低压力使萃取物分离。因此工艺简单易掌握，而且萃取速度快。

利用超临界二氧化碳提取茶油，产品质量好，得率较高，但工艺设备要求高，一次性投资大，成本高。

第四节　亚临界流体萃取工艺技术

亚临界流体萃取（sub-critical fluid extraction technology）是利用亚临界流体作为萃取剂，在密闭、无氧、低压的压力容器内，依据有机物相似相溶的原理，通过萃取物料与萃取剂在浸泡过程中的分子扩散，达到固体物料中的脂溶性成分转移到液相的萃取剂中，再通过减压蒸发的过程将萃取剂与目的产物分离，最终得到目的产物的一种新型萃取与分离技术。这是继超临界流体萃取技术后发展起来的一项新型分离技术，具有无毒、无害、无污染，易于和产物分离、提取物活性不破坏、不氧化等优点，并且比超临界二氧化碳萃取技术溶剂范围更广，既可单一溶剂萃取，也可夹带其他溶剂或混合溶剂进行萃取。亚临界流体萃取压力属于低压，可工业化大规模生产，节能、运行成本低等，该技术在很大程度上避免了传统提取过程的缺陷，属于“环境友好”的绿色提取技术，可广泛应用于食品、医药、化工、环保等领域，为获得高质量产品最有效的方法之一。

亚临界流体是指某些化合物在温度高于其沸点但低于临界温度，且压力低于其临界压力的条件下，以流体形式存在。当温度不超过某一数值，对气体进行加压，可以使气体液化，而在该温度以上，无论加多大压力都不能使气体液化，这个温度叫该气体的临界温度。在临界温度下，使气体液化所必需的压力叫临界压力。当丙烷、丁烷、高纯度异丁烷（R600a）、1，1，1，2-四氟乙烷（R134a）、二甲醚（DME）、液化石油气（LPG）和六氟化硫等以亚临界流体状态存在时，分子的扩散性能增强，传质速度加快，对天然产物中弱极性及非极性物质的渗透性和溶解能力显著提高。

亚临界流体萃取技术就是利用亚临界流体的特殊性质，物料在萃取罐内注入亚临界流体浸泡，在一定的料溶比、萃取温度、萃取时间、萃取压力，并在萃取剂、夹带剂及搅拌、超声波的辅助下进行的萃取过程。萃取混合液经过固液分离后进入蒸发系统，在压缩机和真空泵的作用下，根据减压蒸发的原理将萃取剂由液态转为气态从而得到目标提取物。

目前，亚临界流体萃取技术已广泛应用于植物有效成分的提取（表 4–2）。

表 4–2　亚临界流体萃取技术在部分植物成分提取中的应用

原料	萃取温度 /℃	萃取时间 /min	萃取速度 /（mL·min^{-1}）
迷迭香	125~175	30	2
丁香	150	100	2
茴香	150	30	2
胡荽	125	120	未提及
砂仁	150	5	5
牛至叶	125	24	2
薄荷	150	30	6
砂姜	120	30	未提及
洋葱	100~150	30	5
干花椒	100~150	40	5
石菖蒲	150	5	5
油菜蜂花粉	30	180	0.8
橄榄果渣	30	45	1.0~1.2
八角茴香	22	120	7
花椒籽	40	30	＜1.2
蛋黄	60	130	2.5
金银花	50	120	6
玫瑰	25	540	20

近年来，亚临界流体萃取技术在动植物油脂提取方面的应用研究较多。利用亚临界流体技术提取原生态椰子油，可达到较好的预期效果，为原生态椰子油的进一步工业化生产提供了应用基础和理论依据；以二甲醚为亚临界溶剂萃取马鲛鱼加工下脚料中鱼油的研究中，萃取的马鲛鱼油各项指标均达到一级油的标准，表明亚临界流体萃取技术应用在鱼油的生产中，具有成本低、经济效益好的良好前景。采用亚临界流体萃取法应用于茶油的萃取，可提高茶油质量，更好地保留原料营养价值和功能成分。

一、亚临界流体萃取设备

亚临界流体萃取装置实物图与装置示意图分别见图 4–23 与图 4–24。

图 4–23　CBE–5L 型亚临界流体萃取实验室成套装置

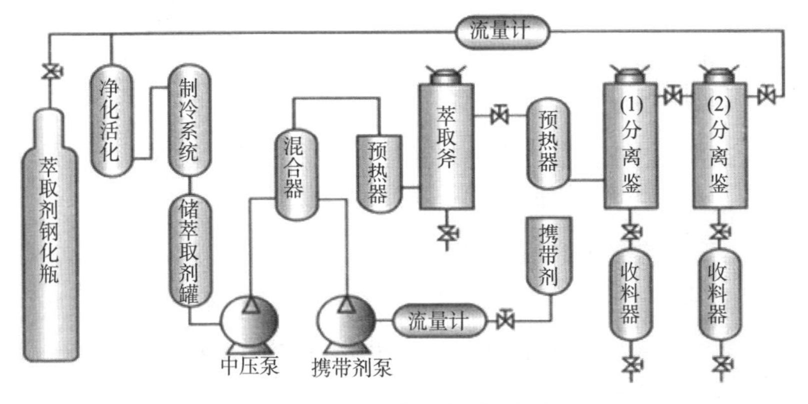

图 4-24　亚临界流体萃取装置示意图

亚临界流体萃取茶油操作流程分为 5 个部分：物料萃取系统、混合油蒸发系统、热水循环系统、压缩机操作系统、萃取罐脱溶系统，具体操作要点如下。

（一）物料萃取系统

1. 装料

打开萃取罐罐口，把粉碎处理好的油茶籽装入萃取罐内，同时上好螺丝把罐封闭好。

2. 萃取

打开真空泵排空阀、真空泵、真空泵进气阀，把萃取罐压力抽至 –0.08 MPa 后，关闭真空泵进气阀、真空泵、真空泵排空阀（注意：必须先关真空泵进气阀，再关真空泵，顺序不能颠倒，否则，在真空情况下，有可能形成倒抽现象），打开溶剂罐罐底出溶剂阀、进溶剂阀，向萃取罐放进溶剂至全部把物料浸没时结束，关闭进溶剂阀（在进溶剂时，如果萃取罐压力高于溶剂罐压力，可打开压缩机并缓慢打开脱溶阀将萃取罐内的压力抽至溶剂罐压力之下，同时进溶剂至定量位置后，关闭脱溶阀、压缩机）。升温并开始计时。升温使萃取罐内的温度达到 20~50℃，此时萃取罐内的压力为

0.2~1.0 MPa（溶剂不同，压力不同）。浸泡一定时间后，打开萃取罐底部阀门，将混合油放入蒸油罐内。

3. 重复萃取

二次浸出时直接进溶剂至定量位置后，操作方法同上，并根据需要依次进行三浸、四浸等。

（二）混合油蒸发系统

1. 蒸发前

打开萃取罐放混合油阀，使罐内的混合油通过自然压力放入蒸油罐内再关闭萃取罐放混合油阀。

2. 蒸发

依次打开蒸油阀、冷凝器进气阀和冷凝器出液阀，后再开压缩机（注意：开压缩机必须按照压缩机操作规程操作，严禁错误操作）。同时，打开加热夹套热水阀，开热水泵，开始对蒸油罐加热。当抽至 –0.05~0.0MPa 时，依次关闭热水泵、热水阀、蒸油阀、缓冲罐出气阀、压缩机、冷凝器进气阀和冷凝器出液阀。重复操作多次（根据需要而定）。

3. 蒸发后

最后一次结束后，不关热水泵和热水阀，同时开真空泵出气阀、真空泵、真空泵进气阀。抽真空至 –0.08MPa 以下。关热水泵、热水阀、真空泵进气阀、真空泵、真空泵出气阀、压缩机、冷凝器进气阀和冷凝器出液阀。并同时缓慢打开放空阀破真空至常压后，打开放油阀放出萃取毛油（注意：开关真空泵时顺序不能颠倒，必须先关真空泵进气阀，再关真空泵，否则，在真空情况下，有可能形成倒抽现象）。

（三）热水循环系统

热水循环系统需随时检查：需检查水箱内的水位必须在加热器上方，并够循环使用；在热水循环过程中，需观察热水泵的运行情况，使热水泵一直在正常状态下运行；观察热水箱内回水情况，使回水尽量不溅出水箱外；观察加热器能否正常工作。

（四）压缩机操作系统

压缩机的详细操作按照《GZ 型隔膜压缩机产品使用维修指南》规定进行。

（五）萃取罐脱溶系统

当萃取罐萃取结束后，进入萃取罐脱溶系统（萃取罐的脱溶与最后一次的蒸油是在同一时段进行的，只能在一个操作结束后，进行另一个操作）。依次打开萃取罐脱溶阀、冷凝器进气阀、出液阀、压缩机，打开萃取罐热水阀给萃取罐加热。当压力抽至 0.1~0.2MPa 时，打开加热气阀、加热器进气阀，关冷凝器进气阀，开加热器热水阀。对萃取罐内进行循环加热使萃取罐内物料夹带的溶剂尽量全部汽化，然后再关闭加热器进气阀，打开冷凝器进气阀，如此往复几次，使萃取罐内物料夹带的溶剂全部汽化脱出为止。

二、茶油亚临界流体萃取工艺

（一）工艺流程

茶油亚临界流体萃取工艺流程如图 4–25 所示。

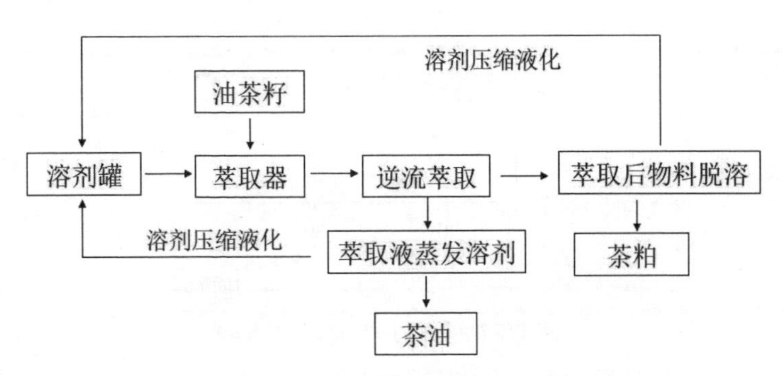

图 4–25　茶油亚临界流体萃取工艺流程

（二）工艺条件

影响亚临界流体萃取茶油的重要参数是萃取温度、萃取时间、料液比、提取次数，各因素对茶油提取效果的影响如图 4–26 至图 4–29 所示。

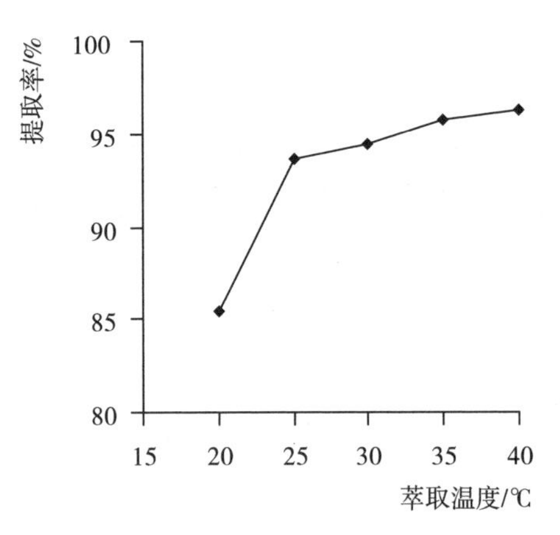

图 4–26　萃取温度对提取率的影响

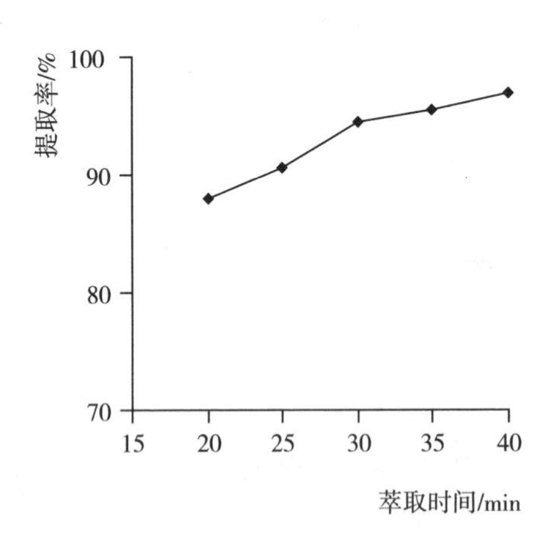

图 4–27　萃取时间对提取率的影响

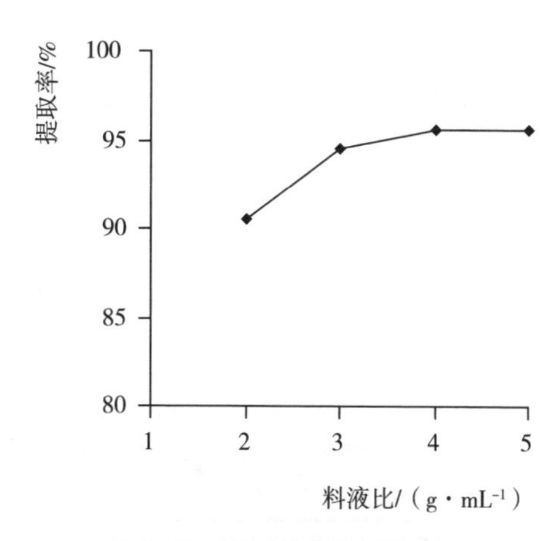

图 4-28　料液比对提取率的影响

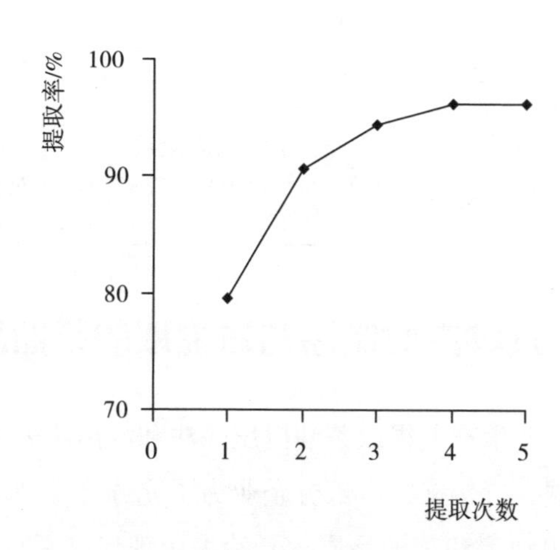

图 4-29　提取次数对提取率的影响

综合考虑设备利用率、生产周期、茶油提取效果，亚临界流体萃取茶油的最佳工艺条件为：萃取次数为 3 次，每次萃取时间 30min，萃取温度 35℃，料液比 1∶4，该条件下茶油提取率可达 96.3%。

三、亚临界流体萃取的茶油品质

亚临界流体萃取的茶油品质指标如表 4-3 所示。

表 4-3　亚临界流体萃取的茶油质量指标

指标	亚临界流体萃取的茶油	一级压榨成品茶油国标（GB/T11765—2003）
色泽（罗维朋比色槽 25.4mm）	黄 30，红 0.4	黄≤ 35，红 2.0
气味、滋味	具有浓郁的茶油固有气味和滋味，无异味	具有茶油固有的气味和滋味，无异味
透明度	澄清、透明	澄清、透明
水分及挥发物 /%	0.181	≤ 0.1
不溶性杂质 /%	0.042	≤ 0.05
酸值（KOH）/（$mg \cdot g^{-1}$）	1.92	≤ 1.0
过氧化值 /（$mmol \cdot kg^{-1}$）	0.583	≤ 6.0
溶剂残留量 /（$g \cdot kg^{-1}$）	15.45	不得检出
加热试验（280℃）	无析出物，罗维朋比色：黄色值不变，红色值增加 0.2	无析出物，罗维朋比色：黄色值不变，红色值增加小于 0.4

第五节　几种主要制油方法提取的茶油品质分析

目前，工业生产上提取茶油以压榨法和浸出法为主，但随着科学技术的发展，近年来，有部分企业为了充分合理利用珍贵的油茶资源，提高出油率和茶油品质，开始采用现代高新技术提取茶油。为了给企业提供选择茶油生产技术的依据，作者对几种主要提油方法提取的茶油产品品质进行了系统分析。

一、茶油提取率

分析测定了亚临界流体萃取、超临界二氧化碳萃取法、压榨法、浸出法等几种方法对茶油的提取率，结果如表 4-4 所示。

表 4-4　几种提取方法的茶油提取率　%

提取方法	亚临界流体萃取法	超临界二氧化碳萃取法	浸出法	压榨法
提取率	96.3	96.5	91.6	75

二、感官品质

亚临界流体萃取法、超临界二氧化碳萃取法、压榨法、浸出法 4 种方法提取的茶油感官品质如表 4–5 所示。

表 4-5　4 种方法提取的茶油感官品质评价

提取方法	色泽	气味、滋味	透明度	加热试验	冷冻试验
亚临界流体萃取法	4.88	4.55	4.92	4.74	4.74
超临界二氧化碳萃取法	4.78	4.76	4.93	4.69	4.74
浸出法	3.0	2.62	3.5	3.11	3.6
压榨法	3.6	3.14	3.99	3.49	3.84

三、理化指标

表 4–6 为亚临界流体萃取法、超临界二氧化碳萃取法、压榨法、浸出法 4 种方法提取的茶油理化指标及差异性分析。

表 4-6　4 种方法提取的茶油理化指标及差异性分析

项目	亚临界流体萃取	超临界二氧化碳萃取	浸出法	压榨法
水分及挥发物 /%	0.181a	0.15a	3.56b	4.2b
不溶性杂质 /%	0.042a	0.045a	0.23b	0.98c
过氧化值 /（mmol · kg^{-1}）	1.97a	1.09a	2.78b	5.6c
酸值（KOH）/（mg · g^{-1}）	1.92a	1.02a	2.78b	3.11b
磷脂含量 /（mg · kg^{-1}）	41.7a	55a	415c	120.6b
皂化值（KOH）/（mg · g^{-1}）	181.04a	178.08a	185.01a	205.32b
烟点 /℃	240b	236b	220a	217a
溶剂残留量 /（mg · kg^{-1}）	154	未检出	123.5	未检出

注：a、b、c 不同字母表示在 α=0.05 水平上差异显著，相同字母表示差异不显著。

四、营养价值

亚临界流体萃取法、超临界二氧化碳萃取法、压榨法、浸出法等几种方法提取的茶油营养成分如表 4–7 所示。

表 4–7　4 种方法提取的茶油中几种主要营养成分含量　mg/kg

样品	维生素 E	多酚	黄酮	类胡萝卜素	甾醇	叶绿素
亚临界流体萃取的茶油	168	502.1	62.7	1.76	932.7	1.65
超临界二氧化碳萃取的茶油	176.9	510.85	63.65	1.73	915.1	1.873
浸出法提取的茶油	35.7	41.1	14.2	0.32	188.5	0.142
压榨法提取的茶油	91.5	227.11	43.6	1.594	717.16	0.718

五、脂肪酸组成

系统研究了亚临界流体萃取法、超临界二氧化碳萃取法、压榨法、浸出法等几种方法提取的茶油脂肪酸组成，结果如表 4–8 所示。

表 4–8　4 种方法提取的茶油脂肪酸组成　%

提取方法	豆蔻酸	十五碳酸	十六碳烯酸	棕榈酸	十七碳酸	十七碳烯酸	硬脂酸
亚临界流体萃取法	—	—	—	8.24	0.27	—	2.08
超临界二氧化碳萃取法	—	0.93	0.28	9.99	—	1.65	1.70
浸出法	—	—	—	12.71	0.07	0.09	2.14
压榨法	0.09	—	0.23	11.02	0.1	—	3.36

提取方法	油酸	亚油酸	亚麻酸	二十碳烯酸	花生四烯酸	饱和脂肪酸	不饱和脂肪酸
亚临界流体萃取法	80.1	8.34	0.25	0.49	0.25	10.59	89.43

续表

提取方法	油酸	亚油酸	亚麻酸	二十碳烯酸	花生四烯酸	饱和脂肪酸	不饱和脂肪酸
超临界二氧化碳萃取法	79.10	4.39	0.15	0.31	0.06	12.62	85.94
浸出法	76.15	7.8	0.05	0.33	0.04	14.92	84.47
压榨法	75.4	9.1	—	0.65	0.06	14.63	85.38

第六节　水酶法提取工艺技术

水酶法是目前研究较多的一种植物油脂制取方法。水酶法是在油料细胞机械粉碎基础上，应用蛋白酶、纤维素酶等酶降解植物油料细胞壁或脂蛋白、脂多糖等复合体，破坏细胞组织结构，分解脂蛋白、脂多糖，使油脂从植物细胞中释放出来，再利用非油成分（蛋白质和碳水化合物）对油和水亲和力的差异及油水比重的不同，将油与非油成分分离，从而将油脂从植物细胞中提取出来。

早在20世纪50年代，已有研究者发现，添加植物酶进行预处理的油料，出油量会明显提高，但由于受到酶制剂价格高的制约未能得到广泛研究。20世纪80年代以来，随着酶制剂成本的降低及酶品种的增加，植物油料预处理研究和应用正逐渐地开展和深入，为水酶法应用于植物油提取创造了良好的条件。

一、水酶法在食用油生产中的应用现状

意大利学者在1977年对酶法提取橄榄油进行了研究；1978年Alder Nissen等将水酶法应用于大豆蛋白质等电点的改性，为水酶法分离大豆油和蛋白质奠定了基础；1979年Olsen等将蛋白酶应用于大豆油和蛋白质分离过程中，通过加入植物酶降解蛋白质分子使得与其结合的油脂得以释放，开始了水相酶处理提取油脂的研究。

Tano Debrah利用电子显微镜观察到酶能起到降解牛油树籽细胞壁结构的作用，证明了水酶法提油工艺的可行性。Domingues等采用水酶法从葵花籽中同时提取葵花籽油和蛋白质的研究结果表明，葵花籽油的提取率达到30%，得到的蛋白质粉不仅颜色较浅且无抗营养因子。Shankar等研究表明，大豆细胞经酶解作用后，油脂更易浸出，提油时间缩短，提油率有所提升。Sharma等利用水酶法成功提取了米糠油，采用的植物酶是淀粉酶、蛋白酶和纤维酶，通过优化得到了最佳的工艺参数，提油率达到77%。Santamaria等进行了直接水酶法、压榨后水酶法提取榛果油与传统的压榨法的对比研究，发现两者都比压榨法的提取率高，所得油脂的品质也好于直接的压榨法。

20世纪90年代中后期，水酶法也引起了国内学者的广泛关注，大豆、玉米、米糠、花生和葵花籽等油料的水酶法提取都有大量研究。王璋等以全脂大豆粉为原料，利用水酶法同时提取大豆油和制备大豆水解蛋白质，最终大豆水解蛋白质和大豆油的得率分别为74%和66%，得到的水解蛋白质功能性质良好，可以应用于蛋白质果蔬饮料。有人研究了水酶法提取菜籽油；采用高压蒸煮、超声波等辅助水酶法提取米糠油，经过常压蒸煮30min、超声波处理50min，淀粉酶用量0.7%，蛋白酶用量0.6%，纤维素酶用量1.2%，pH 5.0，反应温度60℃，反应时间6h条件下，米糠油提取率可达94.5%；将花生在190℃下烘烤20min后进行水酶法提油，提取出的油脂具有浓郁的香味，酶解时间为2h时提油率和蛋白质得率分别达到了76%和79%。近年来，水酶法提油技术已应用于西瓜籽、葡萄籽、牡丹籽等特种油脂的提取。

二、水酶法提取茶油工艺

对水酶法应用于茶油提取研究的报道也不少。王超等采用Alcalase 2.0L水解蛋白酶、Celluclast 1.5L复合纤维素酶、Viscozyme

L 戊聚糖复合酶 3 种不同的酶提取茶油，结果显示，Alcalase 2.0L 水解蛋白酶最有利于油脂的提取，其用量为 0.02mL/g，温度 55℃，pH 8，料液比 1∶6，酶水解时间 4h，茶油提取率达到最高，为 78.25%，高于普通压榨法。

冯红霞等研究了超声波技术辅助水酶法提取茶油的工艺。比较不同粉碎条件、不同超声条件及多种酶的茶油提取率，确定最佳工艺条件为：物料粉碎粒度为 0.600mm，超声功率 400W，超声温度 40℃，超声时间 40min；最适酶依次为：Alcalase 2.4L > Celluclast > Protex 7L > Viscozyme L。最佳工艺条件下，游离油提取率达到 59.23%，总油提取率达到 94.56%。

刘倩茹等探索了油茶籽的水酶法提油工艺，研究了原料预处理方式，不同酶系、酶解条件对清油得率的影响。结果表明，原料经过二次粉碎后，果胶酶的作用效果好；酶解温度对工艺结果影响不明显；在料液比 1∶4、酶解 pH 4.5、酶解温度 40℃、加酶量 1%、酶解时间 3h 条件下，清油得率可达到 88.63%。

刘瑞兴等考察料液比、酶解 pH、酶解时间、酶解温度等因素对超声辅助水酶法提取茶油的影响。结果表明，最佳工艺条件为：酶用量 2.62%（蛋白酶∶纤维素酶 =4∶1），酶解温度 52.1℃，料液比 1∶5.58，酶解 pH 6.47，超声时间 20min，加热预处理 90℃、20min，酶解时间 5h。在此条件下，出油效率高达 83%，蛋白质水解率高达 90.4%。该工艺制备的油茶籽油无须精炼，各项指标均已符合一级压榨茶油的标准。其中，不饱和脂肪酸质量分数高达 87.8%，维生素 E 含量为 204.5mg/kg，角鲨烯含量为 114.4mg/kg，提取过程中完好地保留了营养活性成分。

吴建宝等采用水酶法从油茶籽仁中同时提取油与蛋白质。经筛选，使用碱性蛋白酶水解油茶籽仁水液，并对酶解工艺条件进行优化，确定水酶法提取茶油和蛋白质的最佳工艺参数为：料液比 1∶5，

蛋白酶用量 1.5%，酶解 pH 8，酶解温度 60℃，酶解时间 4h。在此最佳条件下，茶油得率为 74.61%，油茶籽蛋白质得率为 82.28%。

三、水酶法提取茶油的特点

经大量研究表明，水酶法提取茶油具有以下特点：

（1）水酶法提取的油茶籽油酸值显著高于浸出油和压榨油，而过氧化值显著低于浸出油和压榨油。同时，压榨油的维生素 E 和 β- 胡萝卜素的含量低于水酶法提取的油。

（2）油茶籽油脂肪酸主要由棕榈酸、油酸、亚油酸等组成，还含有少量亚麻酸和花生酸。浸出油中总饱和脂肪酸及多不饱和脂肪酸含量最高。水酶油中含有最高的单不饱和脂肪酸。

（3）水酶油的多酚含量低于浸出油和压榨油，可能是因为多酚含有极性羟基和羧基，具有较高的极性，在油相和水相分离时，大部分多酚进入了水相，降低了水酶油中多酚的含量。

（4）水酶油中磷脂含量显著低于压榨油和浸出油，这可能是因为水相将一部分水化磷脂沉淀，降低了油中磷脂的含量。

水酶法是以水作为载体，导致脂溶性活性成分保留程度大，避免了高温处理，使油脂的氧化得到一定程度的抑制，但酸值过高可能是由于油脂的水解造成，值得注意的是水酶法制得的茶油磷脂含量较低，是由于水合作用使磷脂吸收膨胀，可能可以减少茶油水化脱胶工艺。

与传统的已有方法相比，水酶法提油技术设备简单、操作安全，所得的毛油质量高、色泽浅，简单的精炼即可达到成品油的标准。酶处理条件较温和，脱脂后的粕中的蛋白质变性小，可进一步回收利用。但同时也存在酶使用成本高、易乳化、废水量大等问题。随着酶制剂价格的降低和破乳技术的提升，水酶法提油技术在生产中的应用将会越来越广泛。

2012年6月《发酵工业》杂志报道，第一条采用水酶法工艺提取茶籽油的生产线在湖南湘潭康奕达油茶生物科技有限公司成功投产，水酶法提取油茶籽油的专利技术能完整保存茶籽油中的有益成分。

第七节　水代法提取工艺技术

水代法是传统的制油工艺，有着悠久的历史，是利用油料中非油成分对水和油的亲和力不同以及油水之间的密度差，经过一系列工艺过程，将油脂和亲水性的蛋白质、碳水化合物等分开的一种提油方法。最早主要是运用于传统小磨麻油的生产。后来，因其工艺技术符合安全、营养、绿色的要求，对环境污染少，成本低，逐渐应用于花生、椰子、菜籽、橄榄、玉米胚芽等油脂的提取。

水代法具有制取的油脂品质好、设备和生产工艺简单、投资少及生产规模灵活机动等优点。用机械或天然的方法，不用溶剂提取，不用化学方法精炼，成本低，生产安全，能很好地保留油脂中的生物活性成分。但与其他制油工艺相比，劳动强度大，得油率低，产生大量的油脚。

油茶籽仁含油量高，达35.0%~60.0%，属软质油料，适合于水代法取油。

郭玉宝等研究水代法提取油茶籽油的可行性和工艺条件，将脱壳去皮的茶籽仁磨碎后兑浆提取，经离心分离得茶油。结果表明，水代法提取茶油的最佳工艺条件为：料液比1∶4.5，提取温度75℃，提取时间150min，浆液pH 9.0。在此条件下，茶籽提油率可达80.28%，清油收率可达90.19%。

李依娜等认为对于水代法制取油脂工艺来说，焙烤的条件至关重要，提油前适当地对油料进行焙烤可以使蛋白质发生变性，可溶性蛋白质变成不溶性蛋白质，包含在球蛋白内部的油脂暴露于分子

表面并且聚集，有利于油脂的提取，同时也是油脂风味形成的关键步骤。从焙烤条件入手，对水代法制取油茶籽油的工艺进行研究，结果表明，最佳工艺条件为料液比 1∶5，焙烤温度 190℃，焙烤时间 20min，提取时间 120min，在此条件下，茶油出油率可达到 80%。和其他提取工艺相比，水代法提油率偏低，主要原因是水代法工艺易形成乳化层，这就需要后续的破乳技术加以解决问题。该法制备的茶油除水分与挥发物含量外，其他各项指标均符合一级压榨茶油的标准。

黄闪闪等认为传统水代法提取茶籽油时，油茶籽的干燥或高温烘烤工艺步骤不仅增大了能源消耗和劳力成本，还容易破坏油茶籽中的维生素 E、角鲨烯等生物活性成分，甚至可能导致毛油中苯并（a）芘含量超标。因此，对传统水代法提取油茶籽油工艺的改进，得到水代法提取鲜果茶籽油的最佳工艺条件为：料液比 1 ∶ 6，pH 4.6，在 90℃条件下糊化 25min，浸提温度 80℃，浸提时间 2.8h。在该条件下，粒度 20~100μm 的茶籽仁粉的提油效率达到 85.86%，所制备的毛油基本达到国标一级压榨油茶籽油标准，而且毛油中维生素 E 和角鲨烯含量分别达到 169.8mg/kg 和 107.5mg/kg、苯并（a）芘含量低于国标限量（10μg/kg）。

纪鹏等对微波辅助水代法从油茶籽中提取油茶籽油进行研究后认为，用微波辅助水代法提取油茶籽油具有工艺操作简单、副产物少、提取速度快、环境污染程度低，且提油率较高，油茶籽油提取率可达到 91.85%；提取的油茶籽油品质优良，提取的毛茶籽油的理化指标中，除了酸值稍偏高以外，其他指标均符合国家二级食用油的标准。

但与其他油料不同的是，油茶籽中含有具有表面活性的茶皂素。茶皂素的存在是否对水代法取油产生不利影响？目前，尚未见到相关文献报道。

第五章　茶油精炼

油脂精炼是指根据一定质量的标准，采取必要的机械、物理或化学的方法选择性地除去油脂中不必要的非甘油三酸酯成分的加工过程。我国早期的油脂精炼仅停留在脱胶、过滤等初级水平。1933年后，半连续与连续式脱色、脱臭、氢化、脱脂等新技术相继发展起来，并逐渐推广应用。油脂精炼技术可分物理精炼和化学精炼。茶油精炼主要是对毛茶油进行脱胶、脱酸、脱臭、脱色、脱蜡，提升茶油的理化和感官品质。

油茶籽毛油中含有多种非甘油三酸酯成分，通常统称为杂质。按杂质的组成和性质分为不溶性固体杂质（如泥沙、饼粕粉末、纤维素等）、胶溶性杂质（如游离脂肪酸、色素、蜡质、磷脂、蛋白质、维生素、甾醇等）和挥发性物质（如水分、烃类溶剂、臭味物质等）三大类。杂质的存在使得毛茶油色泽深、口感差、贮藏稳定性低，应用范围受到限制。毛茶油只有经过精炼处理达到各级食用茶油的质量标准后，才能直接用于食用，允许上市销售。

虽然杂质的存在通常导致油脂带有较深的颜色，产生酸败和异味，降低油脂的品质和使用价值，但是并不是所有的杂质都是不合需要的，如生育酚和甾醇等都具有很高的营养价值，且生育酚在防止油脂氧化方面有着重要的作用。因此，茶油精炼的目的就是根据不同的用途和要求，尽可能去掉毛茶油中的有害杂质，达到食用安全标准；同时对茶油中天然的抗氧化成分加以保护，尽量保留有益成分和减少中性油损失，从而提高茶油的综合品质，满足人们食用的需要。

近年来我国加强了对茶油基础工作的研究，茶油精炼工艺也得到了不断的改进完善，解决了茶油脱色、脱臭和提高油酸含量等技术问题，但是其精炼水平与其他大宗食用植物油（如大豆油、菜籽油等）相比还有一定差距。然而与大宗食用植物油相比，茶油作为一种珍贵的油脂，要求的精炼工艺又必须能最大限度地提高精炼率、降低炼耗、延长货架期。

茶油精炼后除了用于食用，也广泛应用于医药和化妆品等行业。为了满足应用的需要，在改进传统精炼工艺的同时，一些新型精炼技术也越来越广泛地应用于茶油精炼。

第一节　茶油的脱胶

茶油脱胶是指脱除油茶籽毛油中胶溶性杂质的工艺过程。胶溶性杂质通常包括磷脂和蛋白质及其分解产物，胶质与多种金属形成的配位化合物，以及其他的黏性物或黏液质。磷脂等胶溶性杂质的存在不仅降低了茶油的使用价值与贮藏稳定性，而且影响后续精炼过程的工艺效果，例如碱炼脱酸时，胶质的存在会导致油脂与碱液之间产生过度乳化，从而增加油的损耗，也不利于其他精炼操作，产生色泽加深、效率下降等一系列不良的影响。因此，油脂精炼工艺中一般是先脱胶。

茶油脱胶的方法很多，与其他植物油脂一样，主要有水化脱胶和酸脱胶。原理是利用胶溶性杂质的亲水性和在介质条件（如磷脂酶和酸性）下，将非水溶性胶质（NHP）转化为水溶性胶质（HP），从而吸水膨胀，从茶油中凝聚析出。

由于茶油胶质含量较少，且化学精炼法对脱胶的要求不如物理精炼严格。因此，许多采用化学精炼工艺的茶油生产厂通常省去了脱胶这道工序。

一、水化脱胶

（一）水化脱胶原理

水化脱胶的原理是基于毛油中胶溶性杂质的胶体性和溶胶体系的分散性及不稳定性。利用磷脂等胶溶性杂质的亲水性，将一定数

量的水或盐溶液加入毛茶油中，使胶质与水接触，吸水膨胀形成水合物，比重增大，凝聚成粒析出，经自然沉降、过滤或离心与茶油分离。正常情况下水化脱胶只能除去茶油脂中的大部分水化磷脂，不能脱除非水化磷脂等亲水性较差的胶质。

1. 胶溶性杂质的胶体性

毛茶油中的胶质主要是磷脂，磷脂分子比甘油三酸酯分子中的极性基团多，既有酸性基团，又有碱性基团，属于两亲性聚集胶体，所以它们的分子可以游离羟基式和内盐式存在。当毛茶油中含水很少时，它们以内盐式结构存在，极性很弱，能溶于茶油中；当毛茶油中有一定数量的水分时，磷脂分子中的成盐原子团就与水结合，以游离羟基式结构存在。当水分散成小滴加入茶油中时，磷脂分子便在水滴与油的界面上形成定向排列，疏水基留在油相，亲水的极性基团投入水相。由于亲水的极性基团会结合相当数量的水，水分子跟着渗入极性基团邻近的亚甲基（$—CH_2—$）周围以及两个磷脂分子之间，从而引起磷脂的膨胀。随着水化作用的进行，磷脂吸水越来越多，体积越来越大，使磷脂胶粒周围的扩散双电层发生重叠，胶粒之间的吸引力大于排斥力，在引力作用下，磷脂逐渐聚结。聚结的磷脂胶粒疏水基聚集在胶粒内部，亲水基朝向外部，胶粒表现为亲水性从茶油中析出。

水化时，在加水、加热、搅拌等联合作用下，磷脂胶粒逐渐合并，最后聚结成大胶团，胶团的密度大于油脂的密度。所以，利用重力沉降或离心可使油和胶质分离，从而使脱胶得以实现。

2. 溶胶体系的分散性及不稳定性

胶粒越小，胶体的分散度越大，总表面积越大，意味着表面能也越大，吸附能力也越强，表现为热力学上的不稳定性。由于溶胶粒子具有高表面能，故粒子趋向于降低表面能达到稳定的平衡状态，即趋于凝聚而沉降。

（二）水化脱胶的主要影响因素

加水量、混合强度、水化时间和水化温度是水化脱胶工艺的主要影响因素。

1. 加水量

加水是磷脂水化的必要条件，在水化操作中，适量的水才能使胶粒絮凝良好。在一定范围内，加入的水多，磷脂吸水就多，胶粒膨胀得就更充分，有利于凝聚。反之，加水量不足，磷脂胶粒较细，难凝聚，影响脱胶效果。但加水量过多，除磷脂吸水外，多余的水分就会与茶油发生乳化，造成茶油与磷脂分离困难，增加茶油的损耗。

适宜的加水量要根据毛茶油中磷脂含量和水化温度而定。高温水化时，加水量一般为茶油中磷脂含量的 3.5 倍左右；中温水化时，加水量为磷脂含量的 2~3 倍；低温水化时，加水量为磷脂含量的 0.5~1 倍。

2. 混合强度

水化脱胶过程中，油相与水相的水化作用只是在相界面上进行，为了获得足够的接触面积，往往需要借助机械混合作用。适宜的混合强度，既要能使物料产生足够的分散度，又要使其不形成稳定的乳化状态。一般连续式水化脱胶的混合时间短，混合强度可适当提高。间歇式水化脱胶在添加水时，混合强度要高，以每分钟 60~70 转为宜，随水化程度加深，混合强度要逐渐降低。

3. 水化时间

水化脱胶过程中，由于胶体从开始润湿到完全水化，需要一定的时间，只有给予充分的水化作用时间，才能保证好的脱胶效果，但也不宜耗时太长。在适宜的加水量与操作温度下，当分离出的油脚呈褐色黏胶时，表明水化时间适宜；反之，当分离出的油脚呈稀松颗粒状，色黄且伴有明水，280℃加热实验不合格，则表明水化时间不足。

4. 水化温度

温度高，油脂黏度低，水化后的油脚与茶油容易分离，同时温度高时，磷脂吸水能力强，水化速度也快，但水、电等的消耗较高。在水化脱胶过程中，温度必须与加水量配合好，温度低时加水量少，温度高时加水量多。加水水化后温度升高 10℃左右，有利于油脚与茶油的分离，且终温最好不要超过 85℃。

加入水的温度要与油温基本相同或略高于油温，以防止油与水温差大，造成局部吸水不均匀而产生乳化。

（三）水化脱胶工艺

水化脱胶工艺分间歇式水化脱胶和连续式水化脱胶两种。

1. 间歇式水化脱胶工艺流程

间歇式水化脱胶工艺流程如图 5–1 所示。

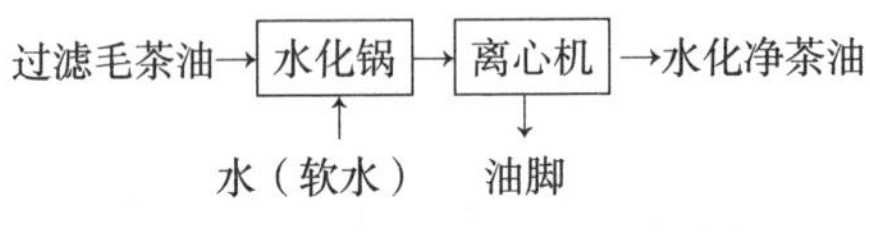

图 5–1　茶油间歇式水化脱胶工艺流程

间歇式水化脱胶工艺按操作温度不同，又分为高温水化脱胶（75~80℃）、中温水化脱胶（50~60℃）及低温水化脱胶（一般为常温）。其中高温水化有利于提高精炼率，工业生产上使用较多。

高温水化脱胶的加工过程包括预热、加水水化、静置沉降和加热脱水。一般在搅拌的情况下用间接蒸汽先将茶油加热到约 65℃，然后往茶油里加入温度比油温稍高的热水，加水量一般为茶油中磷脂含量的 3.5 倍左右，必要时可在水中溶入茶油重的 0.2%~0.3% 的食盐，可提高水化效果。加水完毕后慢速搅拌并升温至 75~80℃。当液面呈明显油路时停止搅拌，静置 2~3h，冬季静置时间不少于 4h。当水化油脚沉降分离完毕后除去油脚，除油脚时宁可让油脚稍带油也不要让油脚混入清油中。

中温水化脱胶法工艺流程与高温水化脱胶法相同，主要就是加水量少一些，为磷脂含量的2~3倍；水化温度低一些，为50~60℃；静置沉降的时间长一些，一般不少于8h。

低温水化脱胶法操作温度控制在20~30℃，加水量为磷脂含量的0.5倍，静置沉降时间不少于10h。该工艺操作周期长，油脚含油量高，只适用于生产规模小的茶油生产企业。

2. 连续式水化脱胶工艺流程

茶油连续式水化脱胶工艺包括常规加水连续式水化脱胶和喷射水化脱胶，常规加水连续式水化工艺流程如图5-2所示。

水→热水罐→水泵→热水高位罐→比配机
↓
毛茶油→油管→高位罐→比配机→加热器→水化器
接真空系统
↑　　　　↓
去中间罐←冷却器←真空干燥器←脱胶茶油←离心机→废水→油脚→油脚罐

图5-2　茶油常规加水连续式水化脱胶工艺流程

连续式喷射水化脱胶工艺为国内的一种先进的连续水化工艺，该工艺精炼率高，工艺行程短。茶油连续式喷射水化脱胶工艺流程如图5-3所示。

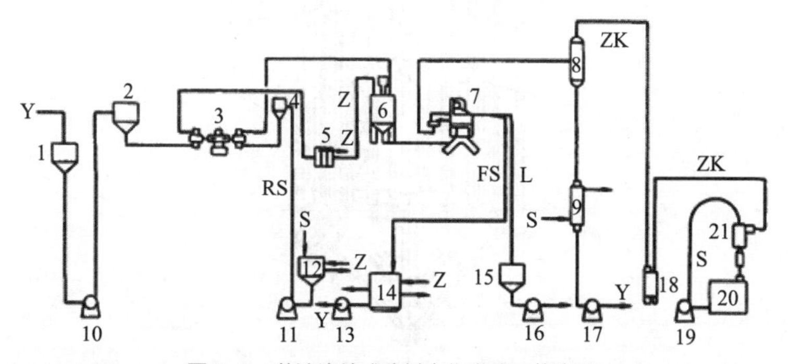

图5-3　茶油连续式喷射水化脱胶工艺流程

1. 毛茶油罐；2. 茶油高位罐；3. 油碱比配机；4. 热水高位罐；5. 板式换热器；6. 水化器；7. 蝶式离心机；8. 真空干燥器；9. 冷却器；10. 毛油泵；11. 热水泵；12. 热水罐；13. 回收油泵；14. 分水箱；15. 油脚罐；16. 油脚泵；17. 脱胶油泵；18. 真空平衡罐；19. 水泵；20. 水池；21. 水喷射泵

（四）水化脱胶主要设备

1. 间歇式水化脱胶的主要设备

间歇式水化脱胶的主要设备有水化锅和干燥锅。若采用常压干燥，则无须额外配置干燥锅。图 5-4 所示的水化锅，既可用于水化，也用于碱炼、水化和常压干燥。其结构主体是一个带圆锥底的圆筒体，内设有 3 对桨叶式搅拌翅的搅拌器，在搅拌翅直径外圈装有栅形垂直间接蒸汽加热管；锅体上部设有毛油进油管，锅口处设有一根带小孔的圈管形分布管，水化时可用于加水，碱炼时用于加碱；锥形底尖端设有一出口管用于排放油脚。

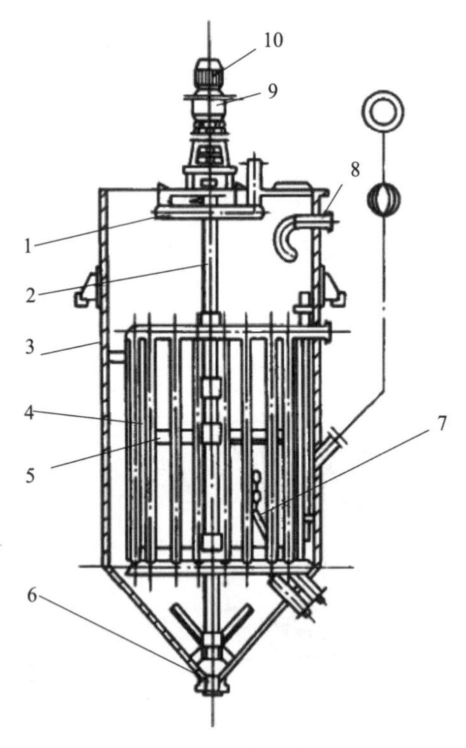

图 5-4　水化（炼油）锅结构

1. 加水（碱）盘管；2. 搅拌轴；3. 锅体；4. 间接蒸汽加热管；5. 搅拌翅；6. 油脚排出管；7. 摇头管；8. 进油管；9. 减速器；10. 电机

2. 连续式喷射水化脱胶的主要设备

连续式喷射水化脱胶工艺是采用 PKS–6 型快速水化器设备的连续脱胶方法，PKS–6 型快速水化器的结构如图 5–5。利用蒸汽喷射流形成的负压连续吸入一定比例的毛茶油和稀盐水，经过喷射器的混合吸水浸润，再利用蒸汽的高速喷射流强烈混合，在瞬间迅速进行热交换，使茶油快速升温，达到水化彻底的目的。水化后的茶油泵入分离机内进行茶油和油脚的分离，分出的净茶油去真空干燥，排出的油脚去后道工序处理。操作时一定要保证蒸汽压的稳定和控制蒸汽中的含水量。

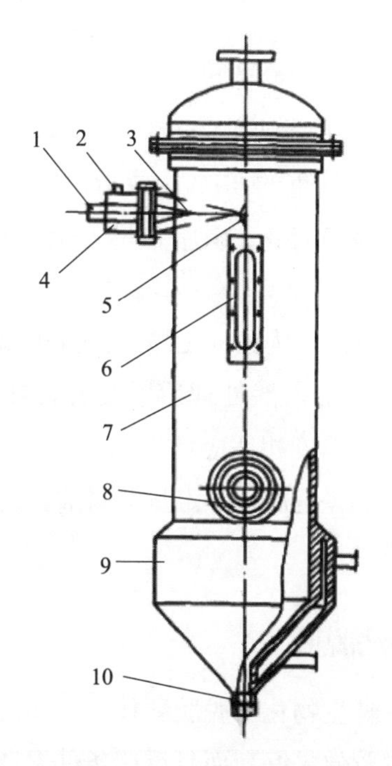

图 5–5　PKS–6 型快速水化器

1. 工作蒸汽管；2. 油、水混合液进口管；3. 蒸汽喷嘴；4. 油水混合室；5. 扩压管；6、8. 视镜；7. 罐体；9. 蒸汽夹套；10. 水化混合液出口管

二、酸化脱胶

油茶籽毛油中的胶溶性杂质含量一般比其他油脂低，通常为水化磷脂，但是也存在油料欠熟、变质等因素造成的非水化磷脂。加酸脱胶是利用盐酸、磷酸等电解质加速胶质特别是非水化磷脂的凝聚，同时使一些非亲水性磷脂转变成亲水性磷脂。油脂精炼中采用较多的是磷酸脱胶。

磷酸脱胶方法简单，效果好，能有效除去水化性胶质和非水化性胶质，同时还能螯合、钝化并脱除与胶质结合在一起的微量金属离子。

磷酸脱胶时使用的磷酸浓度为 80%~85%，根据毛茶油中的磷脂含量，一般用量为毛茶油重的 0.1%~0.2%。磷脂含量为 0~0.5% 时，磷酸用量为毛茶油重的 0.1%；磷脂含量为 0.5%~1.0% 时，磷酸用量为毛茶油重的 0.15%；磷脂含量大于 1.0% 时，磷酸用量为毛茶油重的 0.2%。

磷酸脱胶不但可以作为独立工序，而且可以与碱炼相结合。与碱炼相结合工艺是在加磷酸处理后紧接着就加碱脱酸，因此脱胶温度必须与碱炼初始温度相适应。当油茶籽毛油温度升至 30~40℃ 时，在搅拌的状态下缓慢加入一定量的磷酸，继续混合 5~10 分钟，即可转入碱炼工序。

三、其他方法脱胶

酶法脱胶是一种生物化学脱胶新技术。酶法脱胶能除去油脂中的非水化磷脂，脱胶效果好，而且反应条件温和，避免了高温水化引起的油脂色泽加深，同时化学物质的消耗量很少，几乎不产生废水，环保，经济。近年来，酶法脱胶在茶油精炼中的研究取得了一些进展。

作者研究了生物酶技术对茶油的脱胶效果，采用 Lecitase Ultra 酶，探讨了酶解温度、酶解时间、酶用量对磷脂含量的影响，结果如图 5-6 至图 5-8 所示。

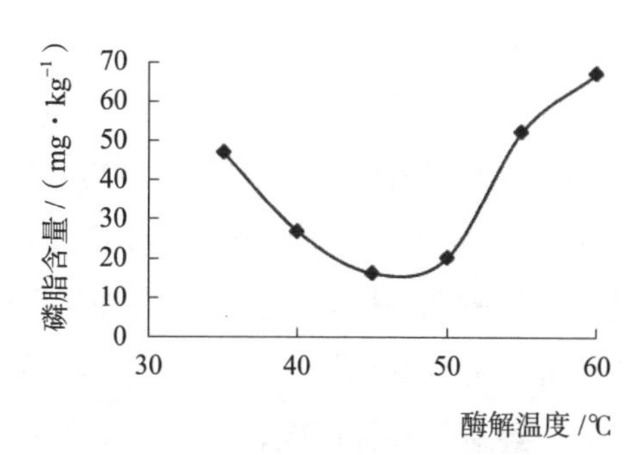

图 5-6　酶解温度对脱胶效果的影响

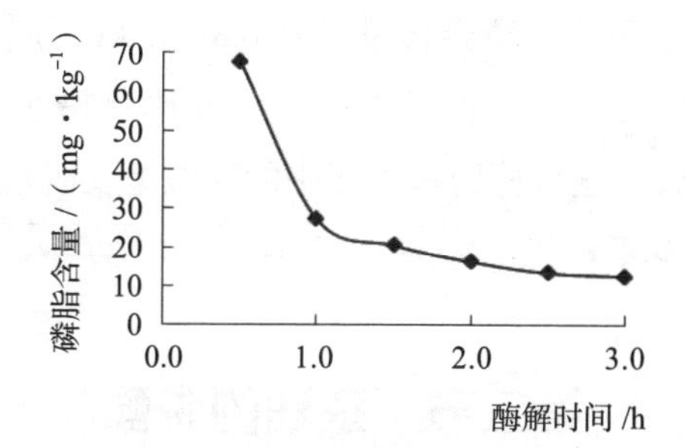

图 5-7　酶解时间对脱胶效果的影响

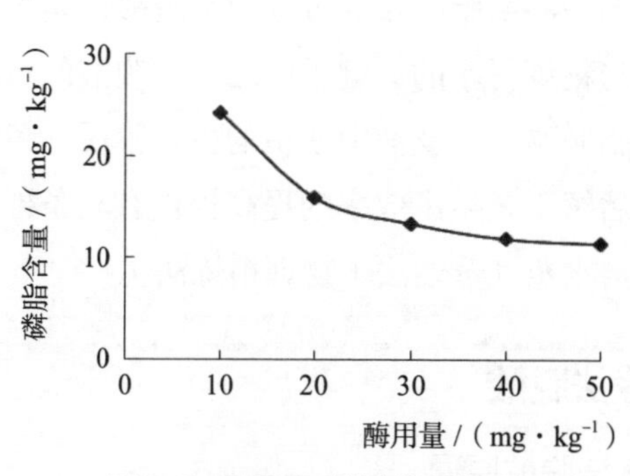

图 5-8　酶用量对脱胶效果的影响

在此基础之上，根据 Box–Behnken 的中心组合实验设计原理，利用响应曲面法优化出酶法脱胶最佳条件为酶解温度 48℃、酶解时间 3h、酶用量 50mg/kg，在此条件下，茶油中的磷脂含量由 120.6mg/kg 降低至 9.54mg/kg。

膜过滤技术也已应用到油脂精炼工艺中。在脱胶的同时，应用膜过滤技术可使包裹在胶质中的色素和一些游离脂肪酸一起脱除，起到脱胶、脱酸和脱色的作用。膜技术的应用可简化油脂精炼工艺，取代传统的水化脱胶和碱炼两个工序，且操作温度低，可减少能量消耗，减少营养成分的高温损失，减少化学物质的消耗及废水排放，是一种高效、经济、环保的新技术。陈文伟利用分子截留量 2 万的无机陶瓷膜，在压力 0.3MPa、温度 40℃、混合油浓度 50% 条件下进行膜处理后，磷脂含量降到 6.86mg/kg，同时色泽也得到了极大的改善，色泽降为 Y5.2（25.4mm 比色槽），酸值（KOH）降低为 0.63mg/g，这可使脱酸工序中的耗碱量及脱色工序中的活性白土用量都大幅度减少。

第二节　茶油的脱酸

脱除毛茶油中游离脂肪酸的过程称为脱酸，是茶油精炼工艺中影响产品质量与精炼得率的关键工序之一。脱酸的目的主要是除去毛油中的游离脂肪酸，以及油中残留的少量胶质、色素和微量金属物质，同时为后续工艺生产效率的提高提供有利条件。脱酸的方法主要有碱炼法与水蒸气蒸馏法（物理精炼法）。

一、碱炼法脱酸

（一）碱炼法脱酸原理

工业上通常用碱炼工艺脱除茶油中的游离脂肪酸。碱炼法脱酸工艺设备技术成熟，脱酸速度快、效果好，适应性广。碱炼法是通过加入一定量的碱（通常为烧碱）中和毛茶油中的游离脂肪酸，使游离脂肪酸皂化形成水溶性的盐（即肥皂），再经水洗将其除去。但为了使碱炼尽量完全，超量碱的加入实际上使部分中性油脂皂化，造成中性油的损失，炼耗较大。烧碱与游离脂肪酸所起的中和反应，方程式如下：

$$RCOOH + NaOH = RCOONa + H_2O$$

有时也生成酸性肥皂，其反应方程式如下：

$$2RCOOH + NaOH = RCOOH \cdot RCOONa + H_2O$$

碱液中和游离脂肪酸时，一般认为这种化学反应是在碱液的表面上生成单分子肥皂膜，水分就从碱液中渗透到肥皂膜内，而脂肪酸的羧基（—COOH）溶解于水化的肥皂膜内，碳氢基（—CH）留在肥皂薄膜外，最后在碱液周围形成较厚的胶态离子膜，在这同时，它的表面可吸附磷脂、蛋白质等杂质，从而形成稳定的薄膜胶体结构。形成的薄膜胶体大量积累并互相碰撞，最后形成不定型的絮状凝聚物，即皂脚。

碱炼不仅能除去毛茶油中绝大部分游离脂肪酸，而且借助所生成皂脚的高效吸附能力，将茶油中蛋白质、色素、剩余的磷脂等杂质吸附沉淀下来，将其一起从茶油中吸附分离除去。

（二）影响碱炼法脱酸效果的因素

碱炼是茶油精炼的主要技术措施，必须操作得当，否则会造成中性油的严重损失。碱炼时必须做到尽量增大碱液与游离脂肪酸的接触面积，缩短与中性油接触时间；必须掌握好碱炼温度、碱液浓度、碱用量、搅拌速度等影响碱炼效果的因素。

1. 碱用量

碱的用量直接影响碱炼效果，碱量不足，反应不完全，皂脚凝结不好，分离困难；碱量过大，中性油皂化损失大。碱用量必须根

据茶油的质量、批次和对成品油的要求等因素，经过精确计算确定。通常总碱用量包括理论碱量和超量碱，脱胶用磷酸法时还包括中和磷酸的碱量（每添加毛茶油量 0.1% 的磷酸相当于增加酸值 1.59，再按理论碱量计算方法计算该用碱量）。

（1）理论碱量

其计算公式如下：

M_{NaOH}（kg）$=0.713\times10^{-3}\times M_{油}\times AV$

式中，0.713—氢氧化钠与氢氧化钾分子量之比；

$M_{油}$—毛茶油质量，kg；

AV—毛茶油酸值（KOH），mg /g 油。

（2）超碱量

为了防止碱炼时的逆反应和弥补理论碱量的其他消耗，需额外添加 0.05%~0.25% 的超量碱。超量碱的多少根据毛茶油品质（酸值、胶质、色泽等）、成品茶油质量要求，以及工艺设备确定。一般来说，毛茶油色泽深，杂质多，成品油等级高，用超量碱较多；间歇式碱炼比连续式碱炼超量碱的控制要严一些。

2. *碱液浓度*

碱液浓度的确定要综合考虑毛茶油酸值、制油方法、中性油皂化损失、皂脚含油量、操作温度、毛茶油色泽和分离方式等多种因素。根据碱液与游离脂肪酸要有较大接触面积，有适宜的沉降速度，有一定的脱色能力，且易于油皂分离的原则确定。一般酸值高、色泽深的毛茶油应采用浓碱，反之则采用稀碱。在保证质量的前提下，宜采用较低浓度的碱液，有利于提高精炼率。根据生产实践，油茶籽毛油碱炼时碱浓度范围为 12~18°Be′。一般加碱浓度为：毛茶油酸值在 10mg/g 以下，采用 12~14°Be′ 碱液；酸值在 10mg/g 以上，采用 16~18°Be′ 碱液。油脂厂惯用的波美度浓度与百分比浓度的关系如表 5–1 所示。

表 5-1　碱液波美度浓度（°Be′）与百分比浓度的关系

碱液波美度（15℃）	碱液浓度 /%	碱液波美度（15℃）	碱液浓度 /%
10	6.58	18	12.69
12	8.07	20	14.35
14	9.50	22	16.00
16	11.06	24	17.81

3. 碱炼温度

在间歇式碱炼工艺中，油脂加热时的初温、终温和升温速度 3 个指标控制得当，有利于中和反应的完全进行，减少油脂损失，以及皂脚的彻底分离。采用 16°Be′ 碱液进行间歇式碱炼时，一般采用 25~30℃初温，夏天初温就是室温，冬天应适当升温；45~60℃为终温。

在连续式碱炼生产中，油脂与碱液接触时间内宜采用较高的中和反应温度。

另外，利用搅拌作用使油碱混合均匀，可加快皂化反应速度，且能防止油中碱液局部过量而造成的中性油皂化损失。

（三）碱炼工艺

碱炼工艺有连续式碱炼工艺和间歇式碱炼工艺两种。

1. 间歇式碱炼工艺

间歇式碱炼是指毛茶油的加碱中和、皂脚分离及水洗干燥等操作，是油脂分批在中和锅内间歇式进行操作的一种工艺。工艺流程如图 5-9 所示。

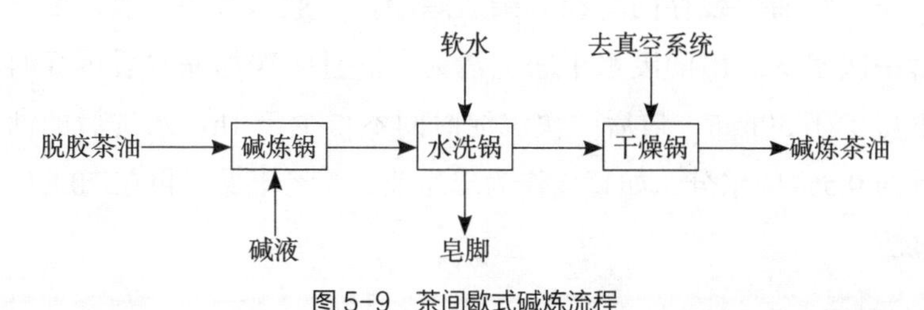

图 5-9　茶间歇式碱炼流程

该工艺操作要点如下：

（1）预备阶段

将过滤毛茶油或脱胶毛茶油泵入中和锅内，搅拌均匀；取样检验其酸值，计算所需加碱量。

（2）中和反应

将碱液均匀喷洒至茶油中，喷洒最好在10min左右完成，快速搅拌（速度60~70r/min为宜）15min，使油、碱充分混合并初步反应。然后以每分钟升高1℃开始升温，升温至50℃时转为慢速（30~40r/min）搅拌，仔细观察油、皂粒分离情况，当油与皂粒明显分离，皂粒由细变粗时停止升温。到达终温后继续搅拌10min，观察到面上有明显的油路时，停止搅拌。静置至少4h后分离皂脚。

升温速度一定要适宜，升温过快会使油受热不均，造成局部过度皂化和皂脚局部浮面，且终温难以控制；太慢会延长中和时间，增加中性油与游离碱的皂化从而导致炼耗增加。茶油的碱炼终温也必须严格控制，一般以60℃为宜。

静置时间不得少于4h，时间太短，皂粒沉淀并不彻底，给水洗带来困难；时间长一点，皂粒沉淀结合紧密，含油量少，有利于水洗。

（3）水洗、干燥

静置沉淀一段时间后，用与油温相近或稍高温度的热水进行洗涤，将油中残存的皂粒等杂质除净。一般水洗2~3次，要求最后一次水洗放出的废水干净澄清为止。且每次加完水后沉淀时间不得少于30min，最后一次沉淀时间不得少于1h。水洗后的油含有约0.5%的水分，如直接作为成品油，需经干燥后再在70℃以下过滤。

2. 连续式碱炼工艺

连续式碱炼工艺的主要设备是蝶式离心机。以国产 DHZ 型蝶式离心机连续碱炼工艺为例，工艺流程如图 5-10 所示。

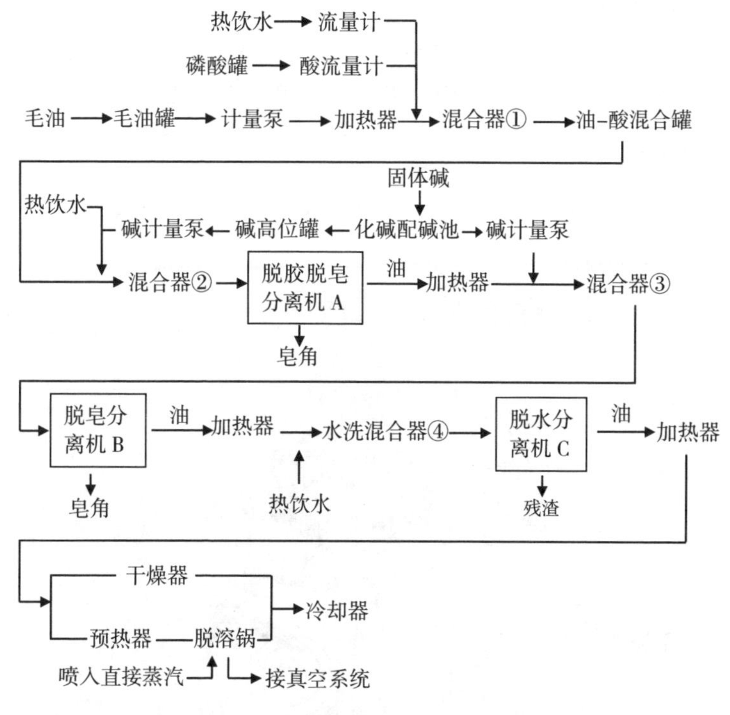

图 5-10　DHZ 型蝶式离心机连续碱炼工艺流程

过滤毛茶油或脱胶茶油经换热器加热后与定量送入的预备好的碱液经中和后进入蝶式离心机，分离出的轻油相经换热器加热后，与一定量的热水在混合器中混合洗涤，然后经脱水分离机脱水，冷却后即可泵出至下一道工序，或作中间制品油贮存。

（四）碱炼脱酸的主要设备

1. 间歇式碱炼脱酸主要设备

间歇式脱酸设备主要有碱炼锅和洗涤干燥锅。碱炼锅与间歇式

水化锅通用，结构如图 5-4 所示。带真空的洗涤干燥锅的结构则与间歇式脱色锅结构相似。

2. 连续式碱炼脱酸主要设备

连续碱炼的主要设备是蝶式离心机，其次是定量泵、混合器、换热器和干燥器等设备。DHZ400 型蝶式离心机结构如图 5-11 所示。主要由转鼓、传动机构、进出口装置、上下离心泵及控制系统等组成。

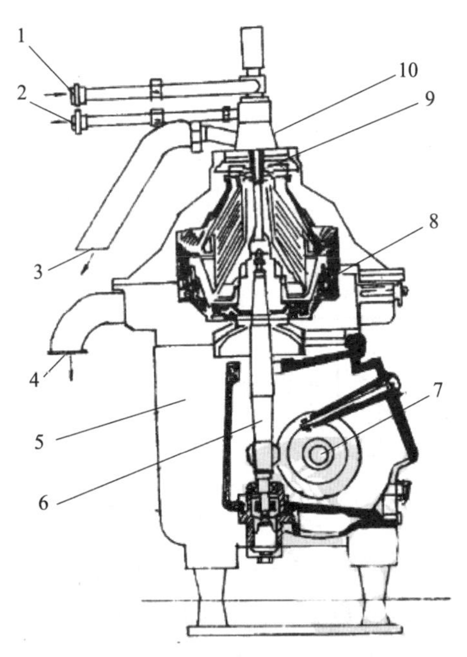

图 5-11 DHZ400 型蝶式离心机结构

1. 进料口；2. 出油口；3. 出皂管；4. 排渣口；5. 机身；6. 立轴；7. 横轴；8. 转鼓；9. 碟片组；10. 上下向心泵

二、物理精炼法脱酸

碱炼脱酸虽然效果很好，但是对于茶油的品质也会有所影响，一些对人体健康有益的物质受到破坏，如茶多酚、黄酮类物质、山茶苷基本消失。成品茶油开封后，会迅速氧化变质。经过碱处理的精制茶油，开封后最好能够在 2 个月内食用完。为了保持茶油的品质，物理精炼法脱酸的研究开始得到重视。

采用物理精炼法脱酸即水蒸气蒸馏脱酸法，是利用甘油三酸酯和游离脂肪酸相对挥发温度的不同，在高温、高真空条件下进行水蒸气蒸馏，使茶油中的游离脂肪酸与低分子物质随着蒸汽一起蒸馏出来，从而得到脱酸茶油。该工艺实际上是和脱臭同时进行的，即经物理精炼后，不但除去了游离脂肪酸，同时也除去了茶油中的不良性气味物质。

当茶油中酸值偏高时，采用碱炼会造成中性油的严重损失，可采用物理精炼进行脱酸，减少茶油损耗，提高成品油得率。同时获得的游离脂肪酸副产物也具有广泛的工业利用价值，废液、废水的排放也显著减少。

物理精炼法脱酸工艺一般包括蒸馏前的预处理与蒸馏脱酸两个阶段。

预处理包括毛茶油过滤、脱胶和脱色。物理精炼的预处理过程非常重要，是保证成功蒸馏脱酸的必不可少的步骤。在物理精炼前，必须除去毛茶油中的胶溶性杂质、微量金属与一些热敏性色素。预处理要求毛茶油中磷脂含量不大于 5mg/L，含铁量不大于 5mg/L，以确保成品油的质量。

物理精炼法脱酸的原理及工艺条件与脱臭工序基本相同，其操作通常在脱臭塔中进行，且与脱臭操作同步进行；主要设备为真空蒸馏器，结构也与脱臭设备相同，但必须是不锈钢材质。其连续式

脱酸工艺流程如图 5-12 所示。

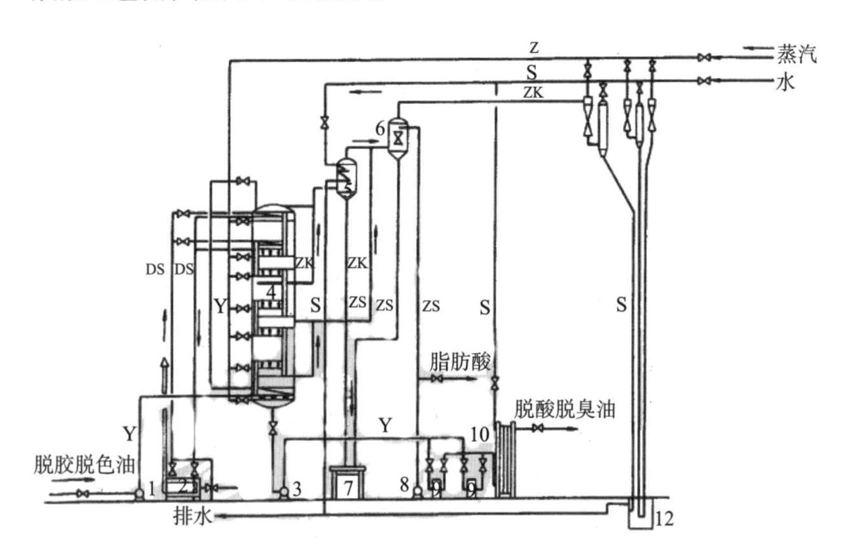

图 5-12 茶油物理精炼脱酸工艺流程

1、3、8. 油泵；2. 道生炉；4. 蒸馏器；5. 脂肪酸冷凝器；6. 脂肪酸捕集器；7. 脂肪酸暂存罐；9. 过滤器；10. 冷却器；11. 多级蒸汽喷射泵；12. 水封池

三、其他方法脱酸

分子蒸馏脱酸是指在高真空度下，利用液体混合物中各分子运动自由程（一个分子在相邻两次分子碰撞之间所走的路程）的不同，在液 – 液状态下实现分离操作的连续蒸馏技术。

分子蒸馏属于高真空蒸馏，它不同于简单蒸馏和一般的蒸发，是一种完全非平衡蒸馏过程。该分离操作可在远离沸点的较低温度下进行，当冷凝表面与蒸发表面有温度差时，就能进行分离操作。因此，分子蒸馏特别适用于高沸点、热敏性物料的分离。与常规蒸馏相比，具有操作温度低、操作压强低、受热时间短、产品收率高等技术特点。分子蒸馏具体在茶油精炼中的应用还有待于进一步的探索。

第三节　茶油的脱色

茶油的色泽和其他一些杂质（如微量金属、残存皂脚和磷脂等胶质等）要经过脱色处理才能达到产品质量标准。茶油脱色并不是指脱尽所有色素，而是在于除去相关色素及微量金属，改善茶油的色泽，提高茶油综合品质，为进一步脱臭等后续工艺提供合格的原料油。

油脂脱色的方法很多，茶油加工厂通常采用具有吸附色素功能的脱色剂进行吸附脱色。此外，还有加热脱色法、氧化脱色法、化学试剂脱色法等。

一、吸附脱色

（一）吸附脱色的基本原理

吸附脱色是将某些具有吸附能力强的表面活性物质加入茶油中，在一定的工艺条件下吸附茶油中的色素及其他杂质，然后经过滤除去吸附剂及杂质，达到茶油脱色净化的目的。

（二）影响吸附脱色效果的因素

吸附剂的种类及用量、油脂品质、脱色初温及升温速度等对脱色效果影响较大。

1. 吸附剂的种类

不同种类的吸附剂具有不同的脱色效果、吸油量及过滤分离速度。选择合适的吸附剂是脱色的关键。一般要求吸附剂的吸附能力强、选择性好、吸油率低。不与茶油或茶油中其他成分发生化学反应，无特殊气味和滋味，价格低，来源广泛。目前，茶油工业化生产主要采用活性白土、活性炭等作为吸附剂。

（1）活性白土。又称漂土或白土，是天然漂土的加工产品。茶

油经活性白土脱色后，会带上一点白土味。因此，脱色后需做进一步的脱臭处理。活性白土对黄色、绿色吸附效果比活性炭好。

（2）活性炭。活性炭是由木质纤维经炭化后再经活化处理而获得的一种产品。其脱色系数高，对除去茶油中的红色素很有效，并能除去低烟点的杂质成分。但是过滤分离速度较慢，过滤后活性炭中残留的茶油量较多，且价格也相对较高。通常与活性白土配合在一起适量使用。

2. 吸附剂的用量

一般来说，吸附剂用量大，脱色效果好，但是茶油得率低；吸附剂用量少，脱色效果差，茶油得率较高。因此，吸附剂用量的确定由吸附剂特性、茶油品质及脱色要求等因素决定。如单一用活性白土作脱色剂，一般用量为茶油重的 2.5%~5%。脱色前如果茶油中残留较多的胶质和皂脚等杂质，则需要增加吸附剂的用量。

3. 油脂品质

茶油中除了叶绿素、类胡萝卜素等天然色素，在贮藏、加工过程中也有新生成的色素。氧化、加热所生成的色素很难通过吸附剂脱除。同时，在吸附前，茶油中的水分必须先行除去。在茶油与活性白土接触之前，往油中加入硅胶，可有效吸附油脂水洗残留的水分。

4. 脱色的工艺条件

脱色时，为了最大限度地发挥脱色剂的作用，避免热氧化副作用，需要借助真空抽气排除所含空气。脱色真空度一般保持绝对压力 3.5~5.3kPa。

脱色温度选择要适宜。温度的选择与脱色真空度及所用吸附剂的特性有关。在同等条件下，较低温度下添加吸附剂较好，温度太高会导致脱色油脂的酸值在此过程中伴随升高。茶油的脱色温度一般在 100~110℃。

脱色经历时间（吸附剂与茶油接触并达到脱色温度后所经历的时间）达到后，及时进行脱色过滤，吸附剂在茶油中滞留时间过长会引起一些负面作用，如油的颜色加深、酸值升高、油脂氧化等。茶油脱色经历时间一般为 25min。

此外，搅拌可使脱色剂与色素等杂质接触良好，缩短吸附时间。脱色过程中，要自始至终充分地进行搅拌。

（三）吸附脱色工艺流程

吸附脱色工艺分为间歇式和连续式工艺两种。

1. 间歇式吸附脱色工艺流程

间歇式吸附脱色过程中，茶油与脱色剂的混合、加热、吸附及冷却，都是分批次在脱色锅内进行的，过滤分离吸附剂也是分批进行的。工艺流程如图 5–13 所示。

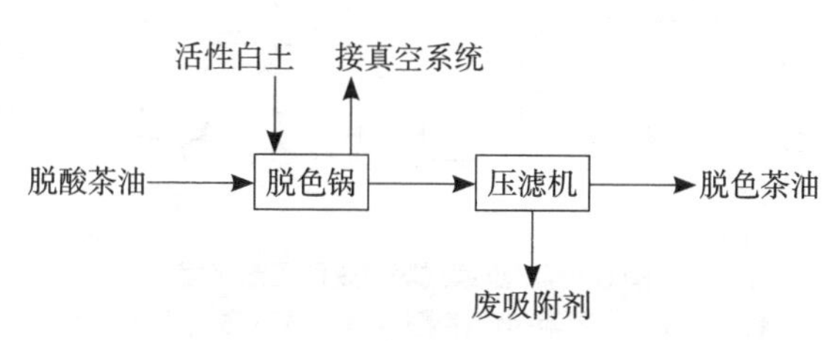

图 5–13　间歇式吸附脱色工艺流程

进行间歇式脱色时，茶油在脱色锅内，真空条件下加热至 90℃，再加入预混合好的油重的 1%~5% 的吸附剂，在真空度为绝对压力 8kPa 条件下充分搅拌混匀，茶油与吸附剂接触大约 20min 后，将其冷却至 70℃以下，送入过滤机除去脱色剂，即得到脱色茶油。

2. 连续式吸附脱色工艺流程

连续式脱色工艺过程中，脱色剂的定量供给，以及茶油与脱色剂的混合、吸附、分离都是在连续作业中进行的。典型的连续真空

吸附脱色工艺流程如图 5-14 所示。

进行连续脱色工艺时，待脱色茶油分成两路，一路约占 2/3，经预热至 110~120℃，注入脱色塔，另一路约占 1/3，进入预混合罐与白土等吸附剂混合，再泵入脱色塔，在脱色塔内，茶油与吸附剂充分接触、吸附后，经过滤机滤除吸附剂，冷却后得脱色茶油。

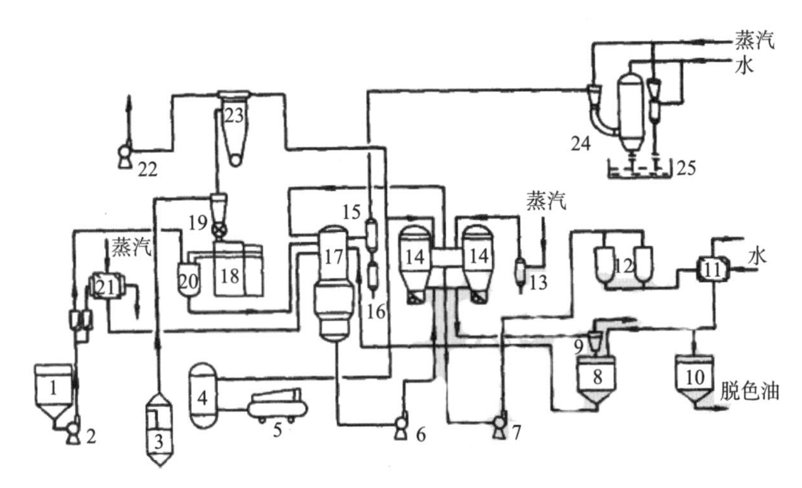

图 5-14　连续式吸附脱色工艺流程

1. 碱炼油罐；2. 碱炼油泵；3. 吸附剂贮存罐；4. 贮气罐；5. 空压机；6. 脱色油抽出泵；7. 脱色增压泵；8. 浊油罐；9. 旋液分离器；10. 脱色油罐；11. 冷却器；12. 袋式过滤器；13. 汽水分离器；14. 叶片过滤机；15. 液沫捕集器；16. 液沫暂存罐；17. 脱色塔；18. 吸附剂定量装置；19. 刹克龙；20. 混合罐；21. 加热器；22. 风机；23. 布袋除尘器；24. 二级蒸汽喷射泵；25. 水封池

（四）吸附脱色的主要设备

1. 间歇式吸附脱色的主要设备

间歇式吸附脱色工艺的主要设备为脱色锅，其锅体为一蝶形顶盖及锥形底部的圆柱体，锅内设有搅拌装置和加热管，另外还有输入管、输出管及抽真空装置。具体结构示意图如图 5-15 所示。

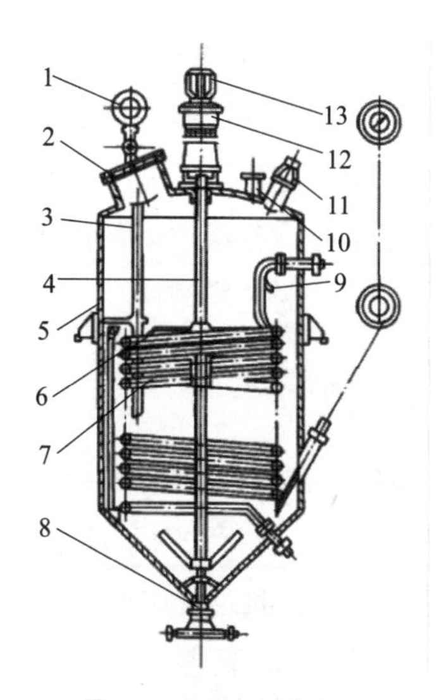

图 5-15　脱色锅结构

1. 真空表；2. 视镜；3. 吸附剂进口管；4. 搅拌轴；5. 锅体；6. 搅拌翅；7. 加热盘管；8. 脱色油出口管；9. 油进口管；10. 抽真空管；11. 照明灯；12. 减速器；13. 电动机

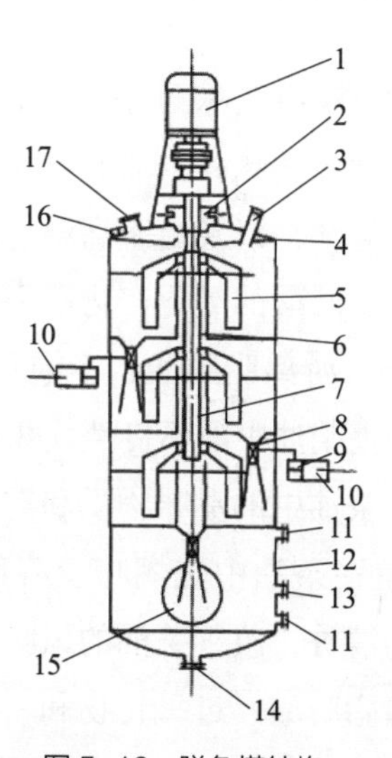

图 5-16　脱色塔结构

1. 传动装置；2. 液封装置；3. 吸附剂加入管；4. 挡板；5. 搅拌翅；6. 排气通道；7. 搅拌轴；8. 层间碟阀；9. 自控装置；10. 电磁阀；11. 液体传感器接管；12. 塔体；13. 回油管；14. 出油管；15. 视镜；16. 进油管；17. 真空接管

2. 连续式吸附脱色的主要设备

连续式吸附脱色的设备主要为连续脱色器，即脱色塔，另外还有叶片过滤机和真空系统设备等。脱色塔塔体为一密闭的圆筒体，各层之间由蝶阀自控连通，各层空间的连通则由塔中央的套管沟通。图 5-16 所示为四层式脱色塔结构。

二、其他脱色方法

采用传统的油脂精炼方法得到的茶油在色泽上难以满足医药和化妆品的要求，采用硅胶柱层析法对茶油进行脱色能有效脱除茶油中的色素，而且茶油酸值在此过程中不会升高，该方法操作简单、环保，但是成本较高，还有待于进一步研究。

第四节　茶油的脱臭

纯净的甘油三酯是没有气味的，但是用不同方法加工制取的天然油脂都具有不同程度的气味。茶油的气味主要是由天然风味物质和加工过程中产生的异味，以及由于高温、氧、光、金属或其他条件促进茶油中不饱和脂肪酸的氧化产物所引起。而产生臭味的主要组分有低分子醛、酮、游离脂肪酸、不饱和碳氢化合物及溶剂等。脱臭的主要目的是除去茶油中的不良性气味成分。

脱臭不仅可除去茶油中的臭味物质和霉烂油料中蛋白质的挥发性分解物，清除残留在茶油中焦煳味、溶剂味、白土味等不良异味，恢复茶油固有的清香，改善茶油的风味，提高茶油的烟点和稳定性，还能除去游离脂肪酸、过氧化物和一些热敏性色素，除去小分子量的多环芳烃及残留农药，提高食用油的安全性，改善其风味和贮藏稳定性。

目前茶油脱臭使用的方法主要是水蒸气蒸馏法。

一、水蒸气蒸馏脱臭

（一）水蒸气蒸馏脱臭的原理

利用茶油中的臭味物质和甘油三酯的挥发性差异，借助水蒸气的汽提作用，在高温和高真空条件下，水蒸气通过含有臭味物质的高温茶油，在汽－液表面充分接触，挥发出来的臭味组分被水蒸气吸收，并按其分压比率随蒸汽逸出，从而将臭味物质脱除。酮类具有最高的蒸汽压，其次是不饱和碳氢化合物，最后为高沸点的高碳链脂肪酸和烃类。

（二）影响水蒸气蒸馏脱臭效果的主要因素

高真空可以加大茶油与易挥发组分的蒸汽压差，减少蒸馏所消耗的蒸汽，防止高温下茶油氧化而产生反式脂肪酸；而高温可以增加脱臭环境下的蒸汽压差，破坏类胡萝卜素等热敏性色素物质，产生热敏脱色效应。

一般来说，脱臭温度、时间、真空度及油脂品质等是影响脱臭效果的主要因素。

1. 脱臭温度

脱臭时操作温度的高低直接影响蒸汽的消耗量和脱臭时间的长短。一般情况下，脂肪酸及臭味组分的蒸汽压对数与它的绝对温度成正比。在真空度一定的情况下，温度升高，茶油中游离脂肪酸及臭味组分的蒸汽压也随之增高，游离脂肪酸及臭味组分从茶油中逸出的速率也增大，蒸馏脱臭速率也越快，一般来说，温度由 177℃增加到 204℃时，游离脂肪酸的汽化速率可以增加 3 倍，温度增至 232℃时，又可增加 3 倍。但是脱臭温度过高，会引起茶油的高温裂解并破坏茶油中的其他热不稳定性成分，产生反式脂肪酸，影响茶油产品的品质，并增加茶油的损耗。因此，脱臭工艺要求茶油处于高温状态的时间尽量缩短，以免影响茶油风味、色泽及营养。在

工业生产中，茶油脱臭温度一般控制在 220~250℃。

2. 脱臭真空度

脂肪酸及臭味成分在一定的压力下具有相应的沸点，随着操作压力的降低，脂肪酸的沸点也相应降低。在一定的操作温度下，根据脂肪酸蒸汽压随温度的变化关系，低的操作压力将会降低蒸汽的耗用量，缩短脱臭时间，并减少茶油水解所引起的蒸馏损耗，以及反式脂肪酸的产生。因此，在条件允许的情况下，应该尽量保证较高的高真空度，好的脱臭蒸馏塔操作压力一般控制在 270~400 Pa。

3. 脱臭前后茶油的品质要求

脱臭前后茶油的质量决定了其中臭味组分的最初浓度和最终浓度。为了取得良好的脱臭效果，要求茶油脱臭前很好地去除胶质、游离脂肪酸及碱炼脱酸产生的皂、色素与微量金属等杂质，还应除去茶油中的氧，要求茶油脱臭前进行脱氧析气。

如果茶油脱臭前已经氧化失去了大部分天然抗氧化剂，那么它很难精炼成稳定性好的茶油。脱臭后茶油中臭味组分的浓度取决于成品茶油的要求，不要随意提高等级。要求越低，脱臭越易完成，各方面损耗也少，成品茶油的贮藏性能也较好。

4. 通汽速率与时间

脱臭过程中，汽化效率随通入水蒸气的速率而变化。通汽速率增大，则汽化效率也增大。为了使茶油中游离脂肪酸及臭味组分降低到要求的水平，需要有足够的蒸汽通过茶油。脱除定量游离脂肪酸及臭味组分所需的蒸汽量，随着茶油中游离脂肪酸及臭味组分含量的减少而增加。当油中游离脂肪酸及臭味组分含量从 0.2% 降到 0.02% 时，脱除同样数量的游离脂肪酸及臭味组分，过程终了所耗蒸汽量将是开始时所耗蒸汽量的 10 倍。因此，在脱臭的最后阶段，要有足够的时间和充足的蒸汽量。蒸汽量的大小，以不使茶油的飞溅损失过大为限。

但压力和通汽速率固定不变时，脱臭时间与茶油中游离脂肪酸及臭味组分的蒸汽压成反比。根据试验，当操作温度每增加 17℃时，由于游离脂肪酸及臭味组分的蒸汽压升高，脱除它们所需的时间也将缩短一半。

脱臭操作中，油脂与蒸汽接触的时间直接影响蒸发效率。因此，欲使游离脂肪酸及臭味组分降低到产品要求的质量标准，就需要有一定的通汽时间。考虑到脱臭过程中发生的油脂聚合和其他热敏性组分的分解，在脱臭罐（塔）的结构设计中，应考虑到使定量蒸汽与油脂的接触时间尽可能长些，以期在最短的通汽时间及最小的耗汽量下获得最好的脱臭效果。据资料报道，脱酸脱臭时，直接蒸汽量对于间歇式设备一般为 5%~15%（占茶油量），半连续式设备为 4.5%，连续式为 4% 左右。通常间歇脱臭需 3~8h，连续脱臭为 15~120min。

5. 直接蒸汽质量

直接蒸汽与茶油接触，因而其质量也至关重要。过去通常要求直接蒸汽（一般用低压蒸汽）经过过热处理。考虑到饱和蒸汽对茶油的降冷作用很小，目前使用的直接蒸汽一般不再强调过热，但要求蒸汽干燥、不含氧。要严防直接蒸汽把锅炉水带到茶油中，因锅炉水中难免含金属离子，通常将锅炉蒸汽经过分水后进入脱臭器。

此外，脱臭器的结构对脱臭效果也有一定的影响。

（三）水蒸气蒸馏脱臭的工艺

脱臭工艺有间歇式、半连续式和连续式 3 种。

1. 间歇式脱臭工艺

间歇式脱臭，指茶油脱臭是在脱臭锅内分批进行的。脱臭时先将脱臭锅抽真空，达到一定真空度时，将待脱臭茶油泵入，开启加热系统，使茶油加热至 230℃，在温度达 100℃时开始喷直接蒸汽，

喷蒸汽时间 2~4h，蒸汽喷射量为茶油量的 5%~15%，整个脱臭过程保持残压 130~800 Pa。其工艺流程如图 5-17 所示。

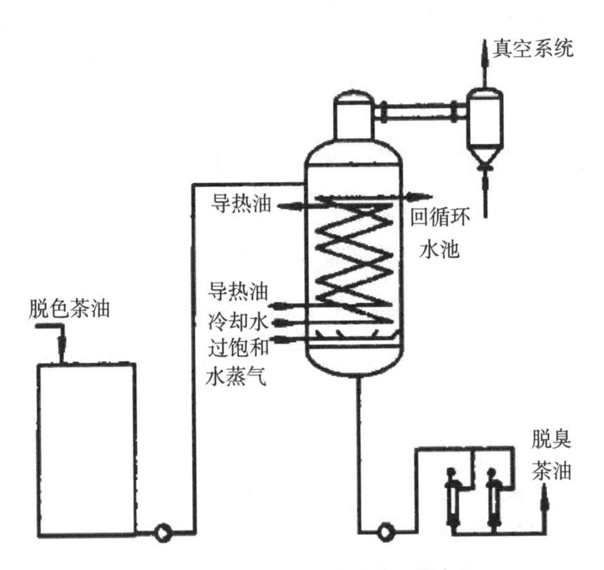

图 5-17　茶油间歇式脱臭工艺流程

这种方法适合于小规模生产，主要缺点是耗时长，操作周期通常在 8h 内完成，其中需要在最高温度下维持 4h。水蒸气的耗用量高，热能回收利用差。

2. 半连续式脱臭工艺

半连续式脱臭工艺处理量比间歇式的要大，热能回收率比连续式工艺差。半连续式脱臭的优点是更换原料的时间短，方便切换原料，防止可能的油脂短路，系统中残留油脂少，主要应用于对精炼的油脂品种作频繁更换的工厂。对于专一生产茶油的工厂较少采用这种工艺。

3. 连续式脱臭工艺

连续式脱臭时，茶油连续地进、出脱臭设备，脱臭后的热茶油与脱臭前的冷茶油能有效地进行热交换，从而提高热能回收利用率。茶油连续式脱臭工艺流程如图 5-18 所示。

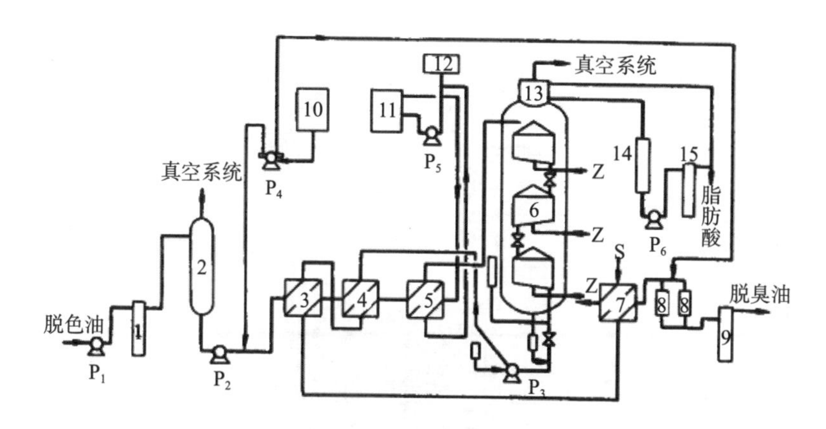

图 5-18　连续脱臭工艺流程

1. 油预热器；2. 析气器；3、4. 油 - 油热交换器；5. 油加热器；6. 脱臭塔；7、9. 油冷却器；8. 过滤器；10. 柠檬酸罐；11. 导热油炉；12. 导热油罐；13. 脂肪酸捕集器；14. 脂肪酸罐；15. 脂肪酸冷却器；P_1、P_2、P_3. 输油泵；P_4. 柠檬酸定量泵；P_5. 导热油泵；P_6. 脂肪酸泵

连续脱臭时，待脱臭的冷茶油被已脱臭的热茶油所预热，再经升温器升温，进入脱臭塔时温度为 230~250℃，经真空度 0.67kPa 以下，直接蒸汽用量为茶油重的 1%~5% 条件下，脱臭 40min，冷却至 60℃以下时可加入适量的柠檬酸水溶液，以提高脱臭茶油的稳定性，过滤后即得脱臭茶油。

这种方法不需分批进料，不需断续性地加热和冷却，处理量大，操作简单，热能回收容易，需要的能量较少。

（四）水蒸气蒸馏脱臭的主要设备

1. 间歇式脱臭的主要设备

间歇式脱臭的主要设备为脱臭锅，其锅体为带蝶形顶部和锥形底部的立式圆筒体，顶盖上设有真空连接口、照明灯等，锅内设有蒸汽加热管、直接蒸汽分散管及直接蒸汽喷嘴。间歇式脱臭锅有多

种型号，典型的结构如图 5-19 所示。

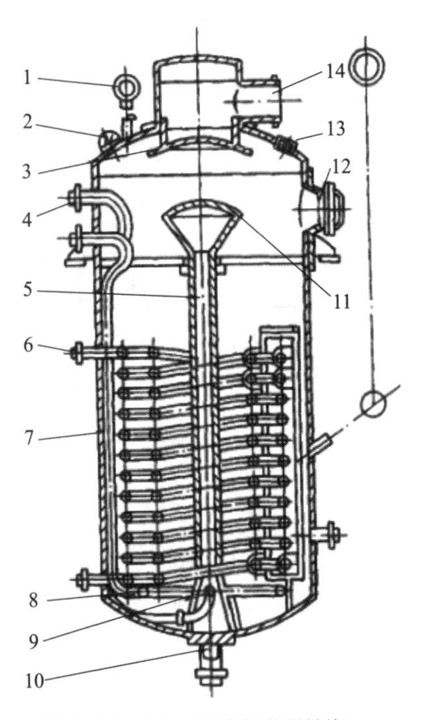

图 5-19　间歇式脱臭锅典型结构

1. 真空表；2. 照明灯；3. 泡沫挡板；4. 进油管；5. 中央循环管；6. 蛇管；7. 锅体；8. 直接蒸汽分散管；9. 直接蒸汽喷嘴；10. 脱臭油出口管；11. 挡油罩；12. 入孔；13. 视镜；14. 抽真空管

2. 连续脱臭的主要设备

连续脱臭工艺的主要设备有脱臭塔、导热油系统、真空系统、脂肪酸捕集系统等。脱臭塔主要有板式脱臭塔和填料式脱臭塔。

（1）板式脱臭塔

板式脱臭塔结构简单，如图 5-20 所示。脱色茶油进入板式脱臭塔后，直接蒸汽通过每层塔板底部的直接蒸汽喷嘴喷出，茶油在高真空状态下进行水蒸气蒸馏，在脱除臭味组分的同时，由于每层塔板的独特均格结构，形成茶油的被动滞留，延长了茶油在脱臭塔中的停留时间，使得茶油中的热敏性色素彻底分解，同时起到很好的热脱色效果。

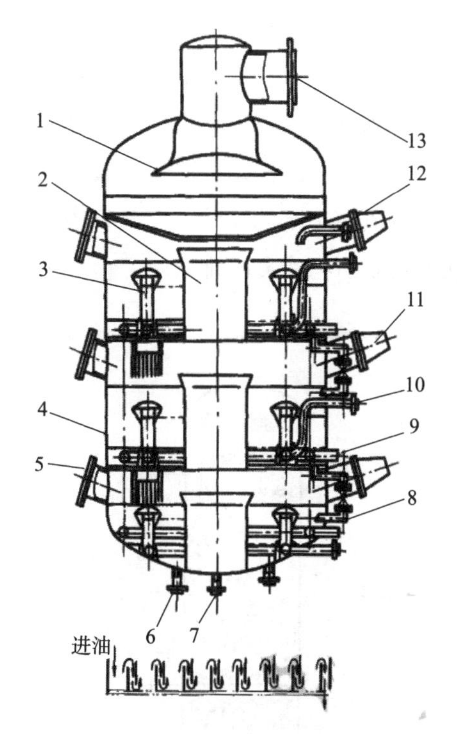

图 5-20　板式脱臭塔结构

1. 挡油板；2. 中央排气管；3. 油循环装置；4. 塔体；5. 视镜；6. 出油管；7. 臭味物冷凝液排出管；8. 放空管；9. 导热油管；10. 直接蒸汽管；11. 视镜灯；12. 进油管；13. 抽真空管

板式脱臭塔故障率低，结构简单，可操作性强，清洗维护工时短，易于在其他设备检修的同时进行清洗维护，能最大限度地减少因设备检修而影响生产的连续进行，可有效提升企业的开机率，降低生产成本，广泛应用于茶油生产企业。

（2）填料式脱臭塔

填料式脱臭塔是油脂工业近年来发展起来的较新的脱臭塔，结

构如图 5-21 所示。填料塔是一个上下等径的圆柱形塔体，顶部设有真空接口，塔底通直接蒸汽，热的油脂进入塔体后，在控制的路径中流动，通过分配盘均匀分布于填料上，形成薄膜与来自底部冷却段上升的水蒸气逆流接触，实现高效传质，完成脱臭。脱臭油脂进入冷却段，在真空和汽提下降低温度，然后进入外部冷却器中进一步冷却，经精过滤后，并送去贮存。来自脱臭器和加热器的蒸汽经管道输至热脱色分隔室上部的喷管，与来自塔的蒸汽合并，混合蒸汽直接经塔顶填料脂肪物冷凝段排放。

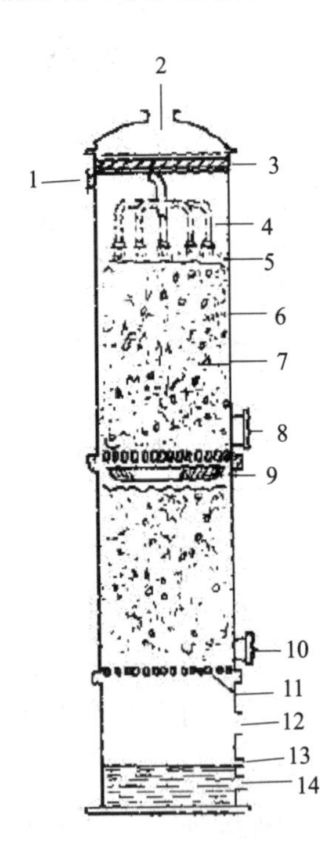

图 5-21　填料式脱臭塔结构

1. 液体入口；2. 净气出口；3. 除雾器；4. 液体分布器；5. 填料限制器；6. 外壳；7. 乱堆；8. 卸填料孔；9. 液体再分布器；10. 卸填料孔；11. 填料支承板；12. 污染气入口；13. 溢流口；14. 液体出口

填料式脱臭塔结构简单，设备压降小，比表面积大，蒸汽利用率高，耗用蒸汽量为油脂的0.5%~1%，油脂停留时间短，炼耗低，能较好地抑制反式脂肪酸的生成，减少茶油中生育酚、甾醇等营养素的损失，并集脱臭、脂肪酸喷淋回收及延时热脱色集为一体，使得设备结构紧凑，设备外表面积小，安装、操作方便，是一种比较先进的脱臭塔。

但由于油脂的液膜很薄，待脱臭茶油在塔内滞留时间短，脱色茶油中的热敏性色素分解不完全，茶油的脱臭和热脱色效果都不如板式脱臭塔好。而且由于填料式脱臭塔内部铺有较厚的填料层，脱色茶油进入填料段后脂肪酸被瞬间蒸发，产生大量脂肪酸蒸汽，体积迅速增大，容易产生液泛现象而附着在填料表面；同时待脱臭茶油中磷脂等胶溶性杂质的存在极易造成塔壁和填料的结焦堵塞，因此对于脱臭之前茶油中胶质的含量要求较高。

板式塔和填料塔是目前油脂脱臭设备的两种典型的代表，两种塔各有优缺点。填料塔和板塔应用于油茶籽油脱臭过程中，蒸汽用量、进油流量、脱臭温度等条件油茶籽油脱臭效果都有一定的影响。填料塔蒸馏能力大于板塔，能有效地降低油脂的酸值，也使得维生素E和不皂化物的损失更大，油脂的氧化稳定性更差；填料塔较板塔更容易产生反式脂肪，其脱色能力低于板塔；脱除过氧化物的能力相当。因此，实际生产中，脱臭塔类型的选择可按如下原则进行：

（1）选择设备时，如果希望更多地保留挥发性的有益成分，希望油脂的颜色更浅，反式脂肪产生的机会更小，应该选择板塔。

（2）如果在加工中，希望能够更好地脱除油脂中的有害成分和异味，建议选择蒸馏能力较强的填料塔。

（3）由于两种塔各有优缺点，如果将两种塔结合起来使用，利用填料塔的蒸馏能力先有效脱除挥发性成分，再利用板塔的优点进

行进一步脱臭，能够得到更好的效果。

目前已有采用填料塔与板式塔相结合的软塔，即组合塔，如图5-22所示。组合塔的形式可以看作是3段最上层是脂肪酸湿式捕集段，第二段是汽提段，底部是圆筒状滞留段，内设导流隔板，底部通汽提蒸汽。

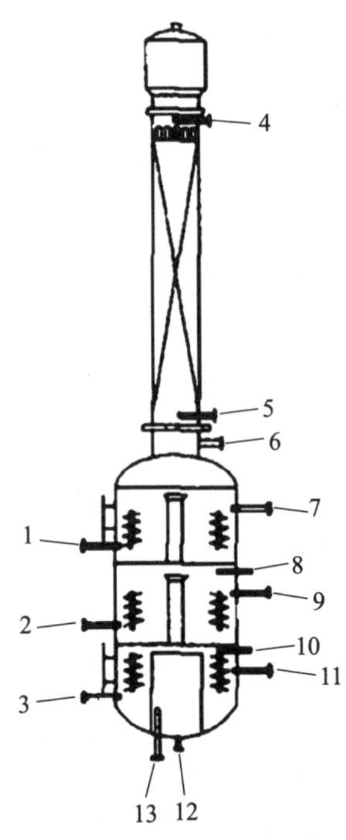

图5-22　组合式脱臭塔结构

1~3. 导热油出口；4. 进油口；5，8，10，12. 直接蒸汽进口；6，13. 出油口；7，9，11. 导热油进口

组合式脱臭塔的上部为填料段，下部为板式段。油从组合式脱臭塔顶部进入，通过分油盘均匀地分布在填料上形成油膜自上而下流动，与逆流的过热蒸汽在填料上接触，首先在填料段蒸馏出脂肪酸和一部分臭味组分，通过真空抽走，油再通过管道流入板式段。板式段中的直接蒸汽从油中呈鼓泡状喷出，再次与油进行接触汽

提，油在板式段中通过高真空降低臭味物质的沸点，并通过过热蒸汽的蒸馏，达到脱臭的目的，脱臭油从脱臭塔底部排出。

组合式脱臭塔的填料段和板式段是两个单独的塔体，通过阀门控制的管道连通。填料段的主要功能是脱酸，板式段的主要功能是脱臭和热脱色。加工低酸值油品时，脱色油不需通过填料段脱酸，而由进油管直接进入板式段汽提脱臭。

这种组合式脱臭塔将填料塔脱酸和板式塔脱臭、热脱色的功能有机地结合在一起，具有成品油色泽浅、酸值低、炼耗少、蒸汽省的优点，比单一填料塔和板式塔使用更灵活，使用费用更低，效果更好。

二、脱溶工艺

浸出法制取和亚临界流体萃取的茶油，必须脱除油中的残余溶剂。国家标准规定茶油中残余溶剂必须在 50mg/kg 以下。

对于最终产品要求进行脱臭的，其工艺无须设立独立的脱溶工艺，一般在脱臭操作的初期即进行了脱溶。而对于不要求进行脱臭的产品，其加工工艺中需设立独立的脱溶工艺。脱溶与脱臭原理相同，但操作条件要求比脱臭低得多。茶油脱溶的工艺条件所需绝对压强≤ 8kPa、温度≥ 140℃即可。经 2.5~3.0h（油温达 140℃开始计）即可脱除茶油中几乎所有溶剂，达到产品要求。

第五节　茶油的脱蜡

油脂中的蜡质是指高级脂肪酸和高级脂肪醇形成的酯，以及其他高熔点的甘油三酯。脱蜡是指除去油中的蜡质，减少饱和脂肪酸尤其是硬脂肪酸含量，提高产品中油酸等不饱和脂肪酸含量的工序。

脱蜡是茶油精炼工序中的重要的环节之一，与脱胶、脱酸、脱色、脱臭工艺密切相关。虽然茶油中的蜡质不多，在脱胶、脱酸、脱色等工序中也除去了一部分，但是残留的少量蜡质，使茶油浊点升高，透明度和消化吸收率下降，气味、滋味和适口性变差，降低其食用品质和营养价值，对于精制茶油必须进行脱蜡处理。

脱蜡的方法有很多种，如冷冻法、溶剂法、表面活性剂法、凝聚剂法、尿素法、静电法等。虽然各种方法所采用的辅助手段不同，但基本原理都属于冷冻结晶及分离的范畴。即根据蜡与油脂的熔点差及蜡在油脂中的溶解度（或分散度）随温度降低而变小的性质，通过冷却析出晶体蜡（或蜡及助晶剂混合体），经过滤或离心分离而达到油蜡分离的目的。

一、冷冻脱蜡的原理

冷冻脱蜡，也称冬化脱脂，就是使油脂在一定的低温条件下保持适当时间，使其中不耐低温的蜡质和饱和脂肪酸等组分结晶析出，再经过滤除去。

蜡分子中存在酰氧基（R—C—O），使蜡带有微弱的极性。因此蜡是一种带有弱亲水基的亲脂性化合物，在温度高于40℃时亲脂性起主要作用，可溶于油脂；随着温度的下降，蜡分子在油中的游动性降低，蜡分子中的酯键极性增强，特别在温度低于30℃时亲脂性降低，蜡质与油脂之间的互溶度降低，蜡形成结晶析出，并形成较为稳定的胶体系统；在此低温下持续一段时间后，蜡晶体相互凝聚成较大的晶粒，比重增加而变成悬浊液，可见油和蜡之间的界面张力是随着温度的变化而变化的。两者界面张力的大小和温度呈反比关系。这就是为什么脱蜡工艺必须在低温条件下进行的理论根据。要使油、蜡良好分离，希望结晶出的蜡晶大而结实，油和蜡的悬浊液黏度较低，可以通过采用各种不同的辅助手段达到目的。

二、影响冷冻脱蜡效果的因素

影响冷冻脱蜡效果的主要影响因素有脱蜡温度、降温速度、结晶时间等结晶条件，过滤温度、过滤方式等晶体分离条件，以及油品品质。

（一）脱蜡温度和降温速度

由于蜡分子中的两个烃基碳链都较长，在结晶过程中会有较严重的过冷现象，加之蜡烃基的亲脂性，使其达凝固点时，呈过饱和现象。为了确保脱蜡效果，脱蜡温度一定要控制在蜡凝固点以下，但也不能太低，否则，不但油脂黏度增加，给油、蜡分离造成困难，而且熔点较高的固脂也析出，分离时固脂与蜡一起从油中分出，增加油脂的脱蜡损耗。蜡熔点较高，在常温下就可自然结晶析出。只是自然结晶的晶粒很小，且大小不一，有些在油中胶溶，使油和蜡的分离难以进行。因此，在结晶前必须调整油温，使蜡晶全部熔化，然后人为控制结晶过程，使晶粒大而结实，蜡、油分离容易。

冷却脱蜡时，如果降温的速度足够慢，高熔点的蜡首先析出结晶，同时放出结晶热。温度继续下降，熔点较低的蜡也开始析出结晶。即将析出的蜡分子与已结晶析出的蜡碰撞，并以已析出蜡晶为核心长大，使晶粒大而少。如果降温的速度较快，高熔点蜡刚析出，还未来得及与较低熔点的蜡相碰撞，较低熔点的蜡就已单独析出，造成晶粒多而小，使夹带的油也增多。为了保持适宜的降温速度，要求冷却剂和油脂的温度差不能太大，否则，会在冷却面上形成大量晶核，既不利于传热，又不利于油、蜡分离。

（二）结晶时间

为了得到易于分离的结晶，降温必须缓慢进行。当温度逐渐下降到预定的结晶温度后，还需在该温度下保持一定时间，进行养

晶，使晶粒继续长大。而晶核的生成与晶粒的生长速度也与降温速度有很大关系。不同的油脂蜡质结晶的情况不一样，图 5-23 是茶籽油、花生油、油茶籽油的冷却曲线。

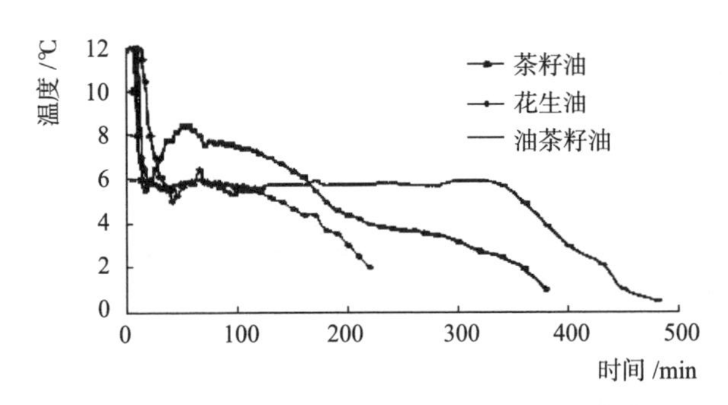

图 5-23 茶籽油、花生油、油茶籽油的冷却曲线

油茶籽油在 12.5℃时出现混浊，7.8℃时开始析出晶体。与其他两种油脂形成鲜明对照的是，油茶籽油的冷却曲线在 25~34min 范围内呈一平稳的曲线，说明油茶籽油中蜡质晶核的形成和结晶生长所需要的时间相对较长，导致冬化结晶时间较长。油茶籽油温度在360min时才开始迅速下降，380min时降到 4℃以下。

（三）搅拌速度

结晶是放热过程，所以必须冷却。适当的搅拌可使油脂中各处降温均匀，结晶平衡，有利于晶核与即将析出的蜡分子碰撞，促进晶粒的形成和生长。但搅拌太快，会打碎晶粒。一般搅拌速度控制在 10~13r/min，大直径的结晶罐用较低的速度，搅拌速度以有利于蜡晶成长为准。

（四）输送及分离方式

各种输送泵在输送流体时，所造成的紊流强弱不一，紊流愈强，流体受到的剪切力愈大。为了避免蜡晶受剪切力而破碎，在输送含有蜡晶的茶油时，要尽量避免紊流、剪切等作用。

蜡、油分离时，过滤时的压力也要求控制得当，因为蜡是可压缩性的，滤压过高会造成蜡晶滤饼变形，堵塞过滤缝隙而影响过滤速率；但滤压太低，过滤速度降低。过滤温度也会直接影响过滤速度和过滤效果。过滤温度低，油脂黏度大，过滤速度慢，但是截留效果好；过滤温度高，过滤速度快，截留效果差，同时可能使部分结晶的固体脂重新溶于液体油中。为了提高过滤速度，过滤温度可比结晶温度稍高。过滤温度在 10℃时既能保证较快的过滤速度，又能保证较好的过滤效果，此温度过滤茶油在冷藏条件下能保持清澈透明。

（五）茶油品质

油脂的前期精炼指标控制得当，有利于脱蜡的进行和脱蜡产品得率的提高。油脂中某些杂质的存在，对蜡质结晶和蜡、油分离很不利。如过氧化物的存在降低茶油的固体脂指数，增大油脂的黏度；胶性杂质会增大茶油的黏度，影响蜡晶形成，降低蜡晶的硬度，给油、蜡分离造成困难。

原料油茶的品种和采摘成熟度，新鲜度等都对冷冻脱蜡会造成一定影响。

三、冷冻脱蜡的工艺流程

冷冻脱蜡的工艺主要过程是在缓慢搅动条件下（10~15r/min），将茶油进行冷冻处理，前期降温速率 2℃/h，后期 0.3℃/h，降低至 –5~5℃时养晶 18h 以上，再经离心或过滤分离。冷冻脱蜡的工艺流程如图 5–24 所示。

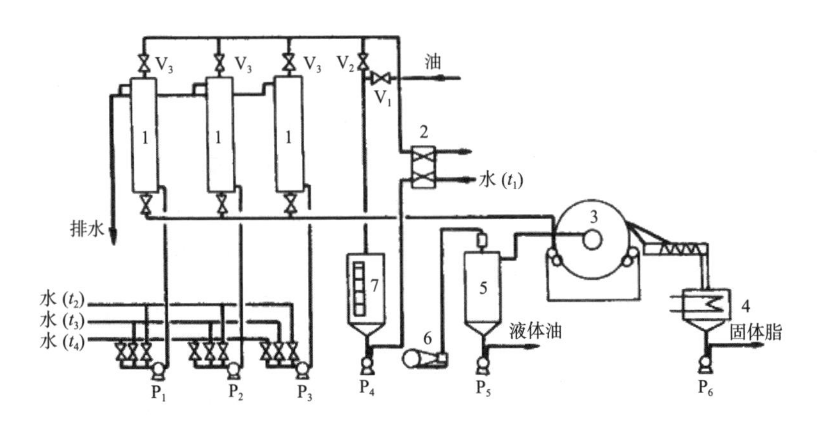

图 5-24　冷冻脱蜡工艺流程

1. 结晶塔；2. 板式换热器；3. 真空转鼓吸滤机；4. 固脂熔化罐；5. 液体油收集罐；6. 真空泵；7. 计量罐；P_1~P_6. 泵

四、冷冻脱蜡的主要设备

茶油冷冻脱蜡的主要设备是结晶塔、养晶罐、加热卸饼式过滤机，以及冷冻介质热交换器和控制系统。

（一）结晶塔（罐）

结晶塔（罐）是给蜡质提供适宜结晶条件的设备，分间歇式和连续式。间歇式结晶罐的结构与精炼罐类似，主要由搅拌装置、保温外涂层及制冷循环系统组成，结构如图 5-25 所示。

（二）养晶罐

养晶罐是为蜡质晶粒成长提供条件的设备，间歇式养晶罐与结晶罐通用。连续式养晶罐的结构如图 5-26 所示，主体是一带夹套的碟底平口圆筒体。罐内通过支撑杆装有导流圆盘挡板。置于轴心上的桨叶式搅拌轴由变速电机带动，对初析晶粒的油脂做缓慢搅拌（转速 10~13r/min）。夹套上连有外接短管，以便通入冷却剂与罐内油脂进行热交换，促进晶粒的成长。罐体外部装有液位计，以便掌握流量，控制养晶效果。

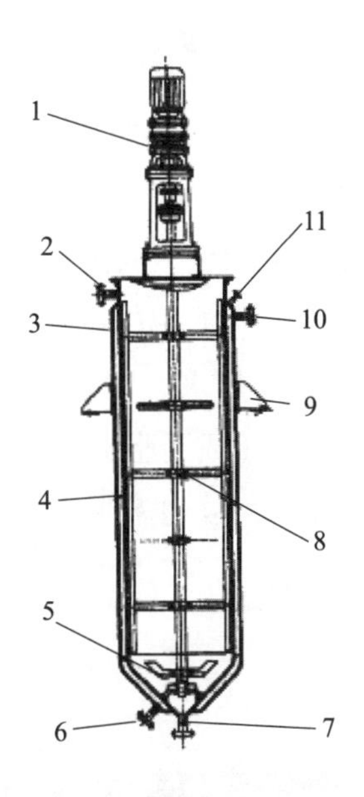

图 5-25　结晶塔（罐）结构

1. 传动装置；2. 进料接管；3. 夹套；4. 罐体；5. 异形搅拌器；6. 盐水进口接管；7. 出料管；8. 框式搅拌装置；9. 支座；10. 盐水出口接管；11. 排气管

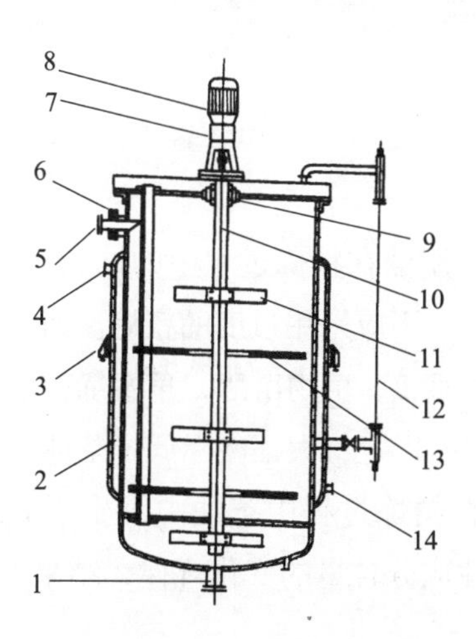

图 5-26　连续式养晶罐结构

1. 出油口；2. 夹套；3. 支座；4. 出水口；5. 进油口；6. 视镜；7. 减速器；8. 电机；9. 轴承；10. 轴；11. 桨叶；12. 液位计；13. 孔板；14. 进水口

（三）加热卸饼式过滤机

在脱蜡操作中，结晶出的蜡晶和脂晶悬浮在油中，要将它们分离，国内茶油生产厂普遍采用加热卸饼式过滤机（图 5–27）。液态油在压强差下穿过滤布，由滤板上的出油口流出，蜡（或固体脂）被截留在滤框内。过滤压强达到预定压强时，停止送料，在滤框中通入蒸汽（或调节好温度的热水），使截留在滤框中的固体熔化，打开滤框的出口，使全部蜡（或固脂）排放出来。然后将冷水通入滤框内的加热管，使过滤机恢复到需要的操作温度。关闭滤框上的出口，过滤机又可继续过滤。

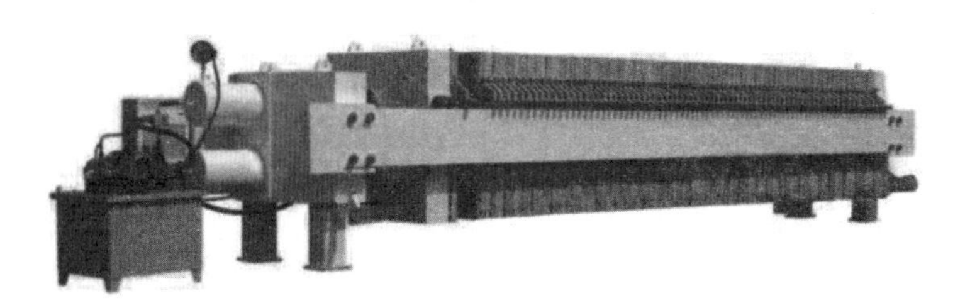

图 5–27　加热卸饼式过滤机

一般情况下食用油在精炼过程中的油脂耗为 2%~5%，茶油与其他大宗油料不同，不应采用过度的精炼。研究表明，过度精炼使茶油中所含的维生素 E、植物甾醇、角鲨烯等活性物质成分分别损失 70%、50%、80% 以上，大幅度降低了茶油的营养价值。

作者研究了在精炼过程中茶油中维生素 E、植物甾醇、多酚类物质等主要活性成分含量的变化规律，结果如图 5–28 至图 5–30 所示。

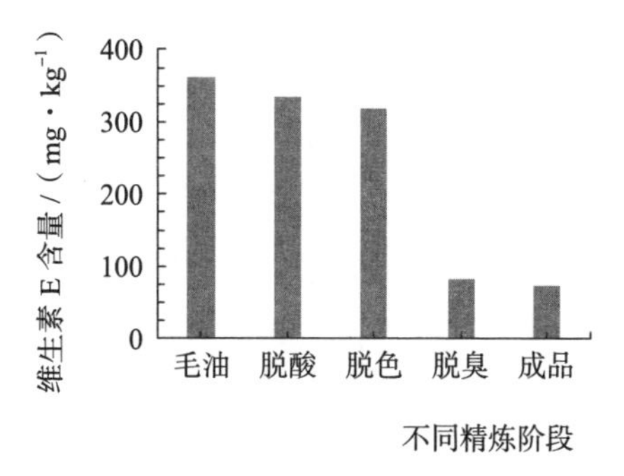

图 5-28　茶油精炼过程中维生素 E 含量的变化

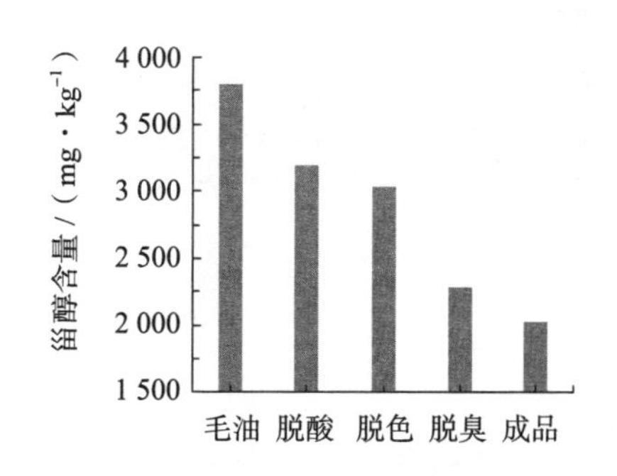

图 5-29　茶油精炼过程中植物甾醇含量的变化

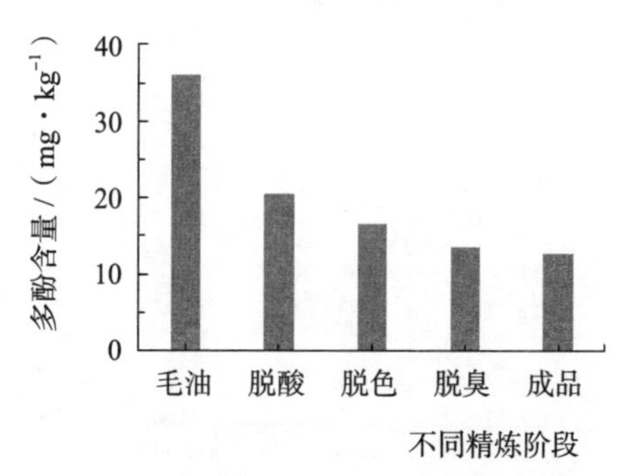

图 5-30　茶油精炼过程中多酚含量的变化

茶油生产中应避免过度精炼，已成为我国研究茶油生产的专家、学者的共识。

第六章　茶油质量标准与品质安全控制

第一节　油茶籽油标准

中国于1989年第一次制定《油茶籽油》国家标准（GB/T 11765—1989）。2003年对上述标准进行修订，形成国家标准《油茶籽油》（GB11765—2003）并于2003年10月1日起实施。中国现行的油茶籽油国家标准将油茶籽油分为压榨油与浸出油两大类，其中压榨油分2级，浸出油分4级，如表6–1、图6–2所示。现行的标准中"检验规则""标签"以及"质量要求"中的酸值、过氧化值、溶剂残留量等部分指标为强制性标准，其余为推荐性标准。衡量油茶籽油的等级、质量按这个标准对产品作终端检验确定。

表6–1　压榨成品油茶籽油质量指标

项目	质量指标	
	一级	二级
色泽（罗维朋比色槽25.4mm）	黄≤35，红≤2.0	黄≤35，红≤3.0
气味、滋味	具有油茶籽油固有的气味和滋味，无异味	具有油茶籽油固有的气味和滋味，无异味
透明度	澄清、透明	澄清、透明
水分及挥发物/%	≤0.10	≤0.15
不溶性杂质/%	≤0.05	≤0.05
酸值（KOH）/（$mg \cdot g^{-1}$）	≤1.0	≤2.5
过氧化值/（$mmol \cdot kg^{-1}$）	≤6.0	≤7.5
溶剂残留量/（$mg \cdot kg^{-1}$）	不得检出	不得检出
加热试验（280℃）	无析出物，罗维朋比色：黄色值不变，红色值增加小于0.4	微量析出物，罗维朋比色：黄色值不变，红色值增加小于4.0，蓝色值增加小于0.5

表 6-2　浸出成品油茶籽油质量指标

项目		质量指标			
		一级	二级	三级	四级
色泽	（罗维朋比色槽 25.4mm）	—	—	黄≤ 35，红≤ 2.0	黄≤ 35，红≤ 5.0
	（罗维朋比色槽 133.4mm）	黄≤ 30，红≤ 3.0	黄≤ 35，红≤ 4.0	—	—
气味、滋味		无气味、口感好	无气味、口感良好	具有油茶籽油固有的气味和滋味，无异味	具有油茶籽油固有的气味和滋味，无异味
透明度		澄清、透明	澄清、透明	—	—
水分及挥发物 /%		≤ 0.05	≤ 0.05	≤ 0.10	≤ 0.20
不溶性杂质 /%		≤ 0.05	≤ 0.05	≤ 0.05	≤ 0.05
酸值（KOH）/（$mg \cdot g^{-1}$）		≤ 0.20	≤ 0.30	≤ 1.0	≤ 3.0
过氧化值 /（$mmol \cdot kg^{-1}$）		≤ 5.0	≤ 5.0	≤ 6.0	≤ 6.0
加热试验（280℃）		—	—	无析出物，罗维朋比色：黄色值不变，红色值增加小于 0.4	微量析出物，罗维朋比色：黄色值不变，红色值增加小于 4.0，蓝色值增加小于 0.5
含皂量 /%		—	—	0.03	0.03
烟点 /℃		215	205	—	—
冷冻试验（0℃贮藏 5.5h）		澄清、透明	—	—	—
溶剂残留量 /（$mg \cdot kg^{-1}$）		不得检出	不得检出	≤ 50	≤ 50

随着对油茶籽油生产工艺技术的深入研究与创新工艺技术应用的发展，不少专家、学者认为对以已执行十多年的油茶籽油标准应

进行修订。现行的国家标准只将油茶籽油分为压榨油与浸出油两大类，但近年来研究并应用于生产的超临界二氧化碳萃取法、亚临界流体萃取法、水酶法、水代法等方法提取的油茶籽油皆不属压榨或浸出方法，因此对油茶籽油的分类应与时俱进地进行修订。对茶油质量控制指标，也存在很多需讨论、商榷的问题。

钟海雁通过对油茶籽油的现行国家标准与中国橄榄油、橄榄果渣油标准（GB 23347—2009）的比较分析，提出对油茶籽油的分类、分级和质量指标应进行修改、修订的建议，得到了众多专家、学者的认同。建议认为，从分类标准来看，中国现行的油茶籽油两大类，其中压榨油分 2 级、浸出油分 4 级；而中国橄榄油、橄榄果渣油标准（GB 23347—2009）中，按照油脂的原料，即果实和果渣，明确分为橄榄油和油橄榄果渣油。橄榄油分为初榨橄榄油、精炼橄榄油和混合橄榄油 3 类，其中初榨橄榄油主要是用物理方法从果实中制取的油脂，按游离脂肪酸含量（或酸值）分为特级初榨橄榄油、中级初榨油、初榨油橄榄灯油 3 种。油橄榄果渣油分为粗提、精炼和混合 3 大类。该标准明确橄榄果渣油不能称作橄榄油，并明确初榨油橄榄灯油、粗提油橄榄果渣油不能作为食用油。中国橄榄油、橄榄果渣油标准分级与国际橄榄油委员会（IOOC）及欧盟（EU）的相关标准较一致，比我国油茶籽油的分级标准合理、先进。

从两种油品的分类来看，橄榄油综合了原料及制油工艺来分类，而油茶籽油则主要根据制油工艺来分类。从现有油茶籽油的工业化生产情况来看，浸出油绝大多数采用茶枯饼作为原料，而在中国国家标准中的术语解释中，则为利用油茶籽来浸出，这一规定与当今的生产实际不相符，且与“好籽榨好油”的理念不相符。压榨工艺的描述也较为含糊。近年来，冷榨装备及工艺日趋成熟，也正在油茶产业中不断采用。因此，对油茶籽油的分类及规定必须进行重新修订，明确按油茶籽及其茶枯饼、制油工艺来分类，可能比较合适。

对茶油质量控制的标准，需讨论如下3个问题：

（1）在中国油茶籽油标准中，规定原料油（即机榨毛油）不能食用。而在油茶主产区，广大消费者仍喜欢食用机榨毛油。其原因可能是：①机榨毛油具有较浓的“茶油味”，煎、炒的食物也具有较好的茶油味，因而深受产区百姓的喜爱。“茶油土鸡”等菜肴是众多餐馆的招牌菜，就是一个很好的例证。②消费者容易鉴别茶油的真假。关于机榨茶油不能食用的规定，目前还很难查到风险评估的资料，是否能通过精炼加工而除去危害健康的某些成分？这些成分的存在是如何构成危害的？是否在煎、炒过程中转变成有害物质？不经过高温处理的食用方式是否不构成危害？以上问题还需一个科学的解释。

（2）特征指标中的碘值、油酸含量等规定的范围可能过窄。如油酸含量，由于高油酸品种的出现，标准中规定的高限87%会过低；同时由于油茶栽培区域的扩大，如南扩会导致油酸含量偏低。近年来，新选育的高油酸油茶无性系油酸含量最高值为88.4%，最低值为75.4%，平均为82.27%，其油酸的含量已超过标准中规定的上限。从理论上来说，油茶的南扩，如目前向东南亚引种，其生物学特性和油脂脂肪酸组成会改变。在“2010油茶高产栽培国际培训班”上，来自泰国的学员介绍，在泰国油茶的花期与果实成熟期不集中，表现出多次开花结果，估计油脂的不饱和程度会变低。

（3）橄榄油分级指标中，除酸值外，更重要的是强调感官指标中的风味指标。橄榄油在西方国家的食用习惯主要是凉拌，所以，风味指标显得特别重要。在中国，茶油的烹饪方式主要是煎、炒，茶油原有风味与煎、炒食物的风味关系并不紧密。但是，对于冷榨茶油、风味茶油等茶油新产品的出现，或茶油出口至西方国家，对茶油的风味的科学描述和评价应该是有必要的。

第二节　茶油生产加工过程中的不安全因素

植物油脂是人类膳食中的主要食用油脂，质量安全水平直接影响人体的健康。随着科学技术的发展及对油脂研究的深入开展，食用油脂的安全问题越来越引起政府相关部门和广大消费者的关注。

和其他植物油脂产业一样，茶油产业在我国油脂产业存在不容忽视的安全性问题。这些问题包括缺乏科学合理的助剂使用规范，不合理使用各种助剂，使得各种助剂中含有的危害健康因素带入油脂中；油脂加工过程和产品贮藏过程中生成的有害物质及残留等。现行衡量油脂产品质量的标准是产品出厂前的终端检验，已难以保障油脂产品的安全性。实际上，从原料、溶剂、助剂的使用和油脂生产加工到产品贮藏、产品使用都可能存在安全隐患。茶油作为高端食用植物油要实现质量安全必须“从农田到餐桌”进行全程控制。

2010 年部分省、区个别生产企业生产的茶油中暴露出高致癌物苯并（a）芘超标受到查处的事件，使茶油的安全性问题一度成为国内外广泛关注的热点。

苯并（a）芘［benzopyrene，简称 B（a）P］，是一种由 5 个苯环构成的多环芳烃，化学结构如图 6-1。

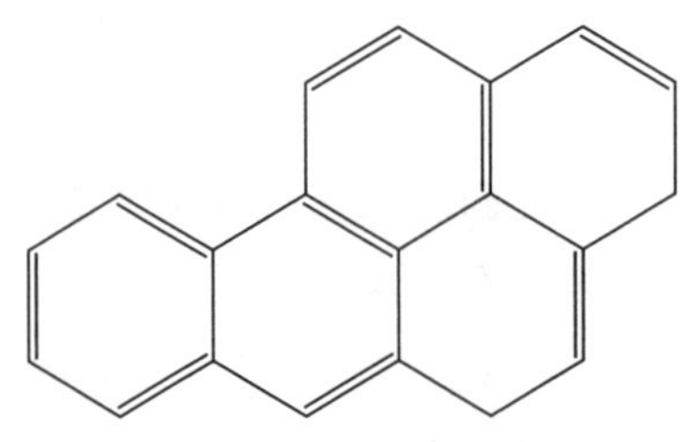

图 6-1　苯并（a）芘的化学结构式

其分子式为$C_{20}H_{12}$，分子量为252.30，常温下为无色至淡黄色针状晶体（纯晶），性质稳定，沸点310~312℃，熔点178℃，不溶于水，微溶于乙醇、甲醇，溶于苯、甲苯、二甲苯、氯仿、乙醚、丙酮等有机溶剂中。日光和荧光都使其发生光氧化作用，臭氧也可以使其氧化。

苯并（a）芘对人的健康有巨大的危害，它主要是通过食物或饮水进入机体，在肠道被吸收，入血后很快分布于全身。乳腺和脂肪组织可蓄积苯并（a）芘，苯并（a）芘对眼睛、皮肤有刺激作用，是致癌物和诱变剂，有胚胎毒性。动物实验发现，经口摄入苯并（a）芘可通过胎盘进入胎仔体内，引起毒性及致癌作用。

食品中苯并（a）芘的污染来源包括环境污染、沥青污染、液态石蜡污染、油墨污染、高温油炸食品污染、熏烤食品污染等来源。茶油中苯并（a）芘超标的原因，包括：为了提高出油率，对油茶籽反复烘烤、蒸炒，产生苯并（a）芘；采用浸出法提油，使用了不合格的浸出溶剂或食用级溶剂没有彻底清除，造成苯并（a）芘超标；在柏油路面上晾晒油茶籽，高温熔化的沥青混入油茶籽中；油茶籽原料干燥不及时或贮藏不当发生霉变，也可引起茶油中产生苯并（a）芘超标。茶油中发生的苯并（a）芘超标事件，进一步证明了茶油的质量全程监控的重要性。

我国众多专家、学者对茶油生产原料及生产加工过程可能产生的不安全因素进行了大量的分析研究，并提出了降低有害物质的相应措施。

一、茶油生产原料的不安全因素

（一）油茶种植环境

土壤和施用肥料中的重金属，如铅、汞、镉、砷等，施用的各种农药，以及工业“三废”等都是植物油料原料受到污染的来源。

这些污染物在制油时部分转入油中，造成植物油脂的污染，即使经过精炼也不能完全去除转入油脂中的污染物质。

我国油茶林主要分布在深山之中，不易受到现代工业“三废”的污染，加之很少施用农药、化肥，除了个别区域有土壤中残留的有机氯农药的影响外，化学投入品污染的风险较小，很多种植基地都通过了有机栽培认证。因此，从目前茶油原料的生产来看，如果采后和加工环节处理得当，并不会出现严重的质量与安全问题。

2010 年部分生产厂发生茶油中致癌物苯并（a）芘含量超标事件后，各地开展了油茶种植环境对油茶籽中苯并（a）芘含量的影响的试验和研究。由于石油、煤等化石燃料的不完全燃烧或高温处理都可能产生苯并（a）芘，比如工业废气、汽车尾气、日常吸烟的烟雾、沥青路面等均含有一定数量的苯并（a）芘，污染当地的空气或水，影响周围的农作物，因此，油茶籽中苯并（a）芘也可能存在由于种植环境导致的因素。

本文作者通过连续几年对广东省油茶主产区：韶关、清远、河源、梅州、高州、广州市增城等地种植的油茶果进行取样抽检，大部分地区的成熟油茶果中，未检测出苯并（a）芘，个别地方种植的成熟油茶果中检测出了苯并（a）芘，但其含量都在 1.0 μg/kg 以下，说明，目前油茶种植环境总体良好，污染少。

（二）原料油茶籽的干燥过程

长期以来，油茶籽都是农户自种、自收、自管，采收后的油茶籽主要采用自然晒干法，由于条件的限制，农户经常在柏油马路上晾晒油茶籽，高温熔化的沥青混入油茶籽中，形成苯并（a）芘的污染源之一。

图 6–2、图 6–3 分别是油茶籽置于不同新鲜程度的沥青路上和油茶籽与沥青接触不同时间，干燥后的苯并（a）芘含量。

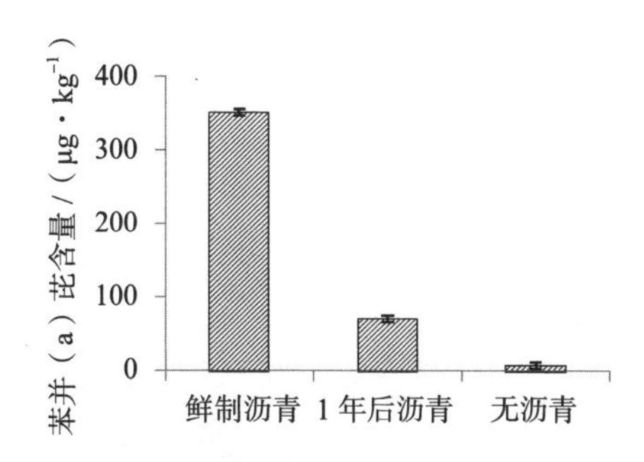

图 6-2　不同干燥环境对苯并（a）芘含量的影响

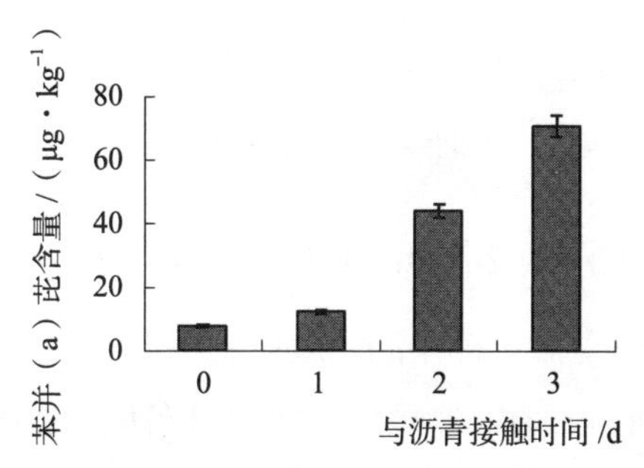

图 6-3　油茶籽与沥青接触时间对苯并（a）芘含量的影响

（三）油茶籽的贮藏过程

采收后的油茶籽不及时干燥，或保管不好引起霉变，也会使苯并（a）芘含量提高。图 6-4、图 6-5 分别为霉变时间和霉变温度对油茶籽中苯并（a）芘含量的影响。

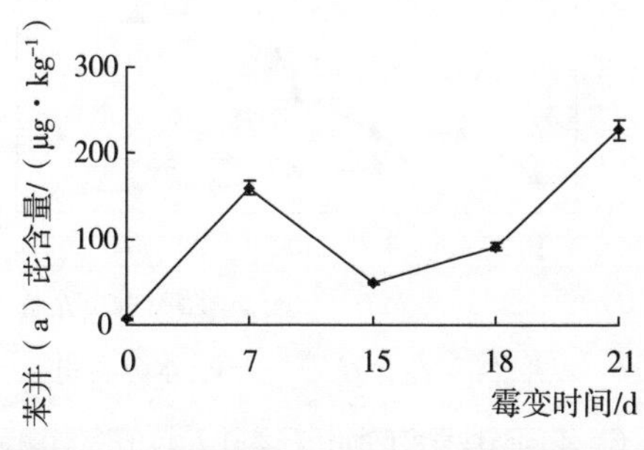

图 6-4　不同霉变时间对苯并（a）芘含量的影响

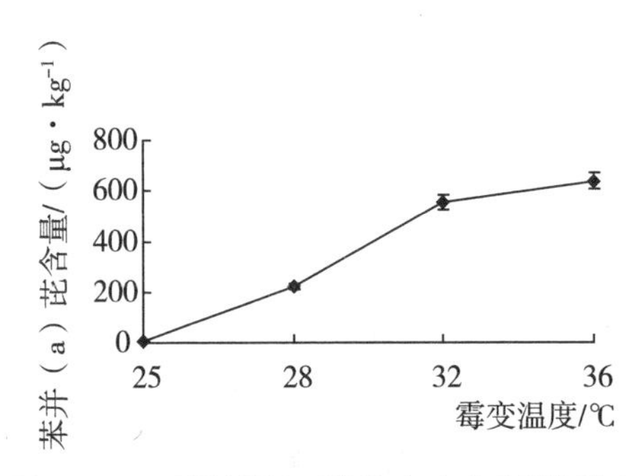

图 6-5　不同霉变温度对苯并（a）芘含量的影响

因此，在油茶生产中原料油茶籽的干燥方式、霉变程度，以及受苯并（a）芘、农药的污染程度都须严格监控，保证茶油原料的安全。

二、茶油生产工艺中的不安全因素

（一）油茶籽蒸炒工序中的温度控制不当

油茶籽提油前一般需要蒸炒，使油料熟化，蛋白质变性，提高出油率，增加茶油的香味。但如果蒸炒的温度控制不好，容易导致烧焦现象，生成苯并（a）芘。图 6-6 为不同蒸炒程度的油茶籽中苯并（a）芘含量。

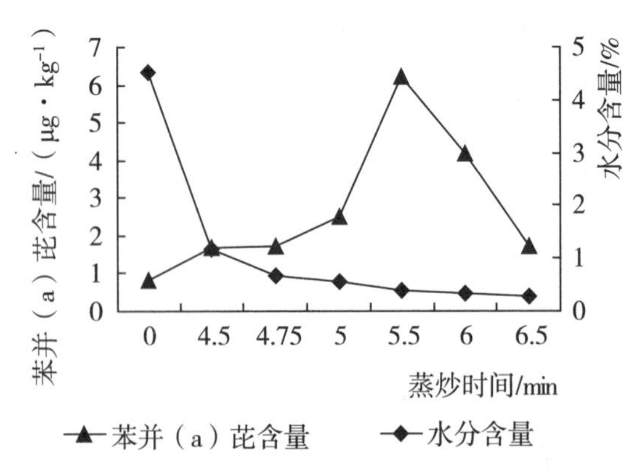

图 6-6　不同蒸炒程度的油茶籽苯并（a）芘含量测定结果

结果显示，随着蒸炒过程的进行，油茶籽逐渐熟化，水分含量减少，苯并（a）芘含量增加；当水分含量降至0.6%以下，油茶籽开始出现焦煳现象，油茶籽中苯并（a）芘含量明显增加；水分含量为0.4%左右时，焦煳现象明显，苯并（a）芘含量达到最大；继续蒸炒，油茶籽中苯并（a）芘受热分解导致含量开始降低。因此，油茶籽提油前的加热蒸炒不宜过度。

（二）浸出法提取的茶油中溶剂残留

溶剂浸出法制油是国际上普遍采用的方法。目前我国主要采用6号溶剂作为油脂浸出溶剂，6号溶剂油的主要成分为正己烷，含量约74%，还含有少量的芳香烃（如苯、甲苯）等。6号溶剂油对油脂有很好的溶解性，且易于从油和湿粕中分离出来。但6号溶剂油对人的神经系统有影响，芳香烃的存在加强了他的毒性。6号溶剂在油脂浸出过程中的添加是一种“临时添加剂”，浸出原油通过精炼，在脱臭工段经过高温、高真空、水蒸气蒸馏后彻底脱除，一般全精炼油中不存在正己烷残留。欧洲允许食用油中正己烷最大残留量为5mg/kg。我国2003年颁布的食用油质量国家标准规定，浸出法生产的一、二级成品茶油中不得检出残留溶剂，三、四级成品茶油中，溶剂残留量≤50mg/kg。

从环境和健康角度考虑，1990年美国清洁空气法已经将正己烷列为189项空气污染有害物质之一，并认为人体经常暴露于正己烷等烃类蒸汽下，会影响中枢神经系统及周围神经远端感觉运动功能。因此，人们对工业正己烷作为植物油脂浸出溶剂的安全性产生了质疑。寻找毒性比正己烷小且能够充分溶解油脂、易与油脂分离、化学性质稳定、损耗小的溶剂成为当今业内人士研究的热点。据研究表明，异己烷与正己烷性质相近，异己烷作为浸出油脂的溶剂具有比正己烷更多的优点，是一种比较有前途的替代溶剂，而且目前的浸出工艺和设备无须改变就可以适合异己烷浸出油脂的工业

应用。在美国已有一些企业开始用异己烷来替代正己烷，要使异己烷大规模地应用于油脂工业，降低异己烷的价格是关键。从毒性方面考虑，醇类作为油脂新型浸出溶剂的潜力很大。异丙醇已成为当今的研究重点，异丙醇的汽化潜热在醇类中是最低的，且溶解油脂的能力较强。目前，异丙醇在浸出油脂的实际生产中也得到了一定的应用。

（三）溶剂浸出法提取茶油工艺中提油温度过高

湖南某公司生产的茶油中苯并（a）芘超标的原因分析中指出，浸出工艺中，溶剂萃取粉碎蒸发过茶枯饼里的残油，会导致苯并（a）芘含量进一步增高，且与浸出温度有关。作者测定了不同温度下溶剂浸出法提取的茶油中苯并（a）芘含量，结果如图 6–7 所示。

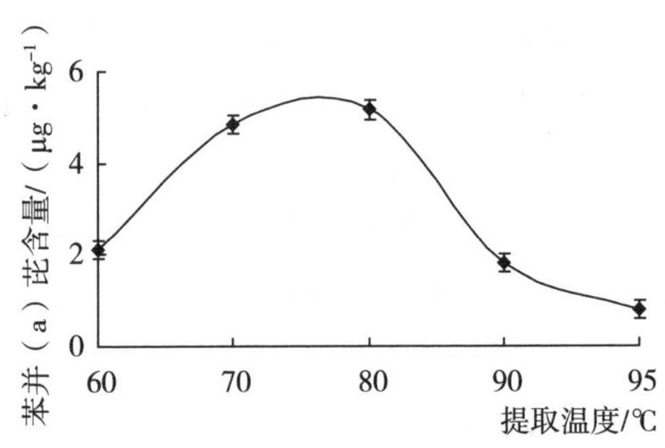

图 6–7　提取温度对茶油中苯并（a）芘含量的影响

金超等通过液相色谱法（HPLC）分析冷榨、热榨、浸出、水代法、亚临界萃取茶油和经水洗、脱色、脱臭、冬化精炼工艺处理的浸出茶油中苯并（a）芘的含量。结果表明，浸出茶油中苯并（a）芘最高可达 60 μg/kg，其次是热榨茶油为 25 μg/kg，而在冷榨、水代法和亚临界萃取茶油中未发现苯并（a）芘；浸出茶油中的苯并（a）芘经水洗、脱色和脱臭工艺后可全部去除。研究结果显示：蒸炒、焙烤步骤是茶油中苯并（a）芘的主要形成因素，溶剂浸提能促进苯并（a）芘从粕向茶油中迁移，水洗、脱色、脱臭工艺对去除茶油中苯并（a）芘有显著的效果。

针对茶油苯并（a）芘含量超标的不安全性，通过精炼工序除去苯并（a）芘是确保茶油品质的重要手段。作者研究了各精炼工序得到的茶油中苯并（a）芘含量，结果如图 6-8 所示。

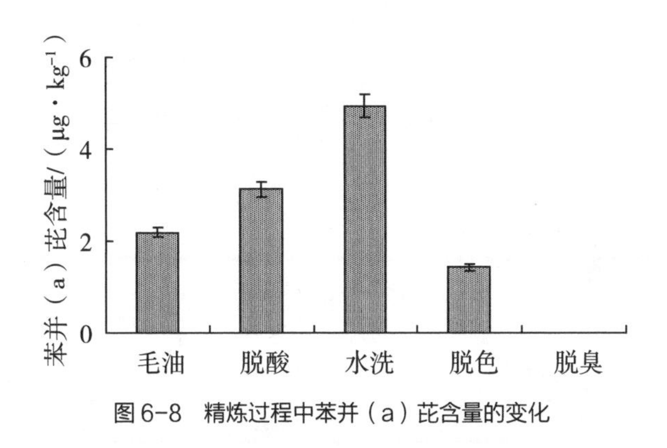

图 6-8　精炼过程中苯并（a）芘含量的变化

从图 6-8 可以看出，毛油经脱酸和水洗后，苯并（a）芘含量反而有所增加，但脱色和脱臭工序，可使茶油中苯并（a）芘含量迅速减少，说明，合理的精炼过程，可以有效除去茶油中苯并（a）芘，确保苯并（a）芘含量达标。

在此基础上，作者进一步探讨了脱色剂及脱色条件对茶油中苯并（a）芘除去的效果。结果如图 6-9 至图 6-12 所示。

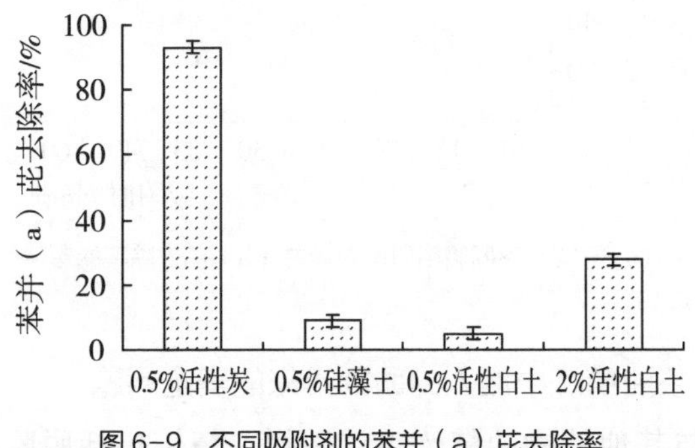

图 6-9　不同吸附剂的苯并（a）芘去除率

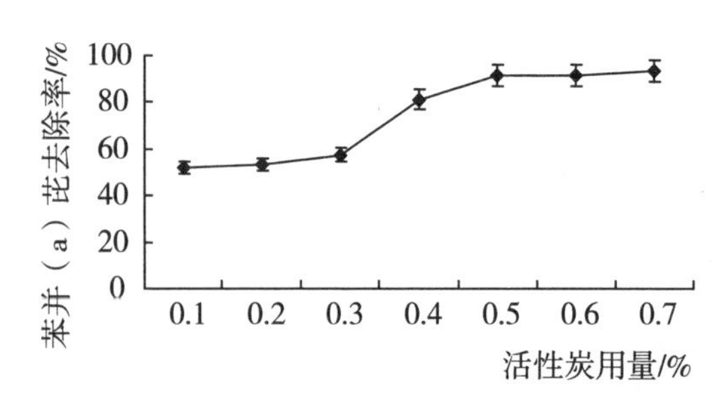

图 6-10　活性炭用量对苯并（a）芘去除率的影响

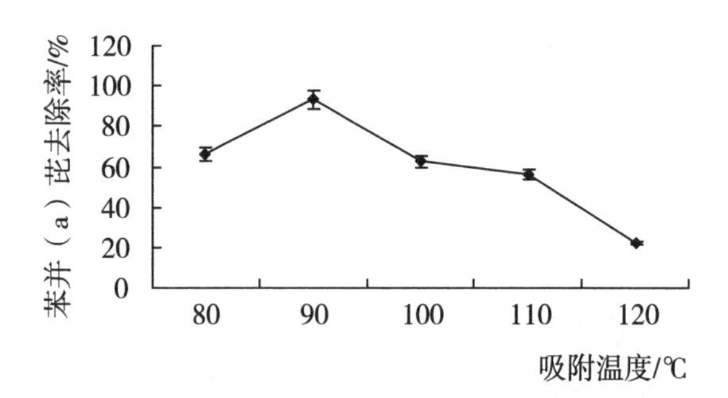

图 6-11　不同吸附温度下的苯并（a）芘去除率

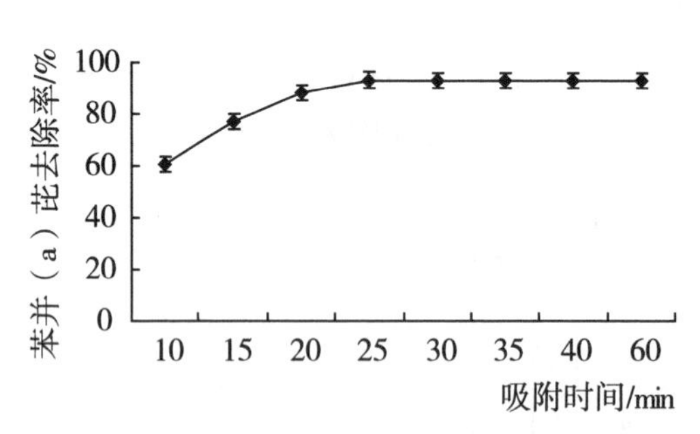

图 6-12　不同吸附时间对苯并（a）芘去除率的影响

（四）茶油精炼中加入的助剂带来的安全问题

茶油与其他植物油精炼工艺一样。精炼包括脱胶、脱酸、脱色、脱臭和脱蜡，在这系列过程中要加入一些助剂，如脱胶过程中使用的酸、脱酸过程中使用的碱、脱色过程中使用的吸附剂、脱蜡过程中使用的助滤剂、成品茶油中添加的抗氧化剂等，都可能带来安全问题。

在酸化脱胶工艺中常用的脱胶剂有磷酸、柠檬酸等。加入的磷酸可能会将重金属砷等带入茶油中，带来的重金属危害随着磷酸加入量、等级变化而异。规范脱胶工艺中辅料的使用避免带入重金属。

脱酸方法最广泛使用的是碱炼法，碱炼时加入的氢氧化钠可能带来铅、砷、汞等重金属。氢氧化钠分为工业级和食用级，其状态又有液态和固态之分。尽管不同等级、不同状态的氢氧化钠的危害程度不一样，但都会对食用茶油存在潜在危害，所以应该规范氢氧化钠使用等级，避免重金属的危害。

茶油脱色，目前工业生产中应用最广泛的是吸附法，采用的脱色剂主要是活性白土、活性炭等。就活性白土而言，生产上所用的是工业级的。需要通过探讨脱色前后油脂中的重金属含量，确定脱色剂合理的加入量。

茶油脱蜡过程中，为了提高蜡、油的分离效果，有的企业会加入助滤剂硅藻土，其中也有可能带入重金属，造成茶油的食用安全问题。

我国 2003 年颁布的食用油质量国家标准中并未规定重金属的残留量，目前也缺乏助剂使用技术规范。有多少重金属可能会残留在油脂中影响食用安全，是应该开展研究的课题。

（五）脱臭工序中产生反式脂肪酸

2010 年以来，国内外媒体报道，反式脂肪酸会造成很大的健康风险，称“反式脂肪酸是餐桌上的定时炸弹”，引起业内和公众的极大震动和相关部门的很大关注。

反式脂肪酸（PFA）是碳链上含有一个或多个“非共轭反式双键”的不饱和脂肪酸及所有异构体的总称。食品中反式脂肪酸有两种来源，即加工来源和天然来源。加工来源的反式脂肪酸主要来自于油脂的部分氢化及植物油的精炼脱臭工序，另外烹调时油温过高（＞220℃）也可产生少量反式脂肪酸；天然来源主要是反刍动物，体内有少量天然反式脂肪酸。

越来越多的研究证明，反式脂肪酸不仅影响人体免疫系统，还会降低人体中高密度胆固醇（HDL）的含量，使低密度胆固醇（LDL）的含量增加。现有资料表明过量摄入反式脂肪酸可增加患心血管疾病的风险。但对反式脂肪酸是否与早期生长发育、2 型糖尿病、高血压、癌症等疾病有关，尚无明确证据。

茶油的饱和脂肪酸含量低，不饱和脂肪酸含量高，不饱和脂肪酸一般为顺式结构。但在高温下，其分子空间结构发生变化，一些顺式双键可能会转化成反式结构，反式脂肪酸在结构上更加稳定。所以顺式结构只要吸收一定的能量，就会从顺式转化为反式结构，使茶油中反式脂肪酸含量增加。

有研究表明，油脂精炼中产生反式脂肪酸主要在脱臭工序，反式脂肪酸的含量与脱臭的温度和时间有关，而且随温度的升高和时间的延长而增加。油脂异构化一般从 220℃开始到 280℃后，可达到 10% 脂肪酸异构体，在通常脱臭过程中形成 3%~6% 反式异构体。因此，脱臭过程中，为了减少反式脂肪酸的生成，可从控制工艺参数和选择设备考虑，控制脱臭温度在 245~255℃，操作压力为 400Pa，直接蒸汽量为 450kg/h，脱臭时间为 55~65min，反式脂肪酸的增加量可控制在 1%；另外脱臭塔的结构形式对反式脂肪酸含量也有影响，不同的塔形所用操作参数不同，传统的板式脱臭塔，反式脂肪酸的增加量可在 8% 左右，而用填料脱臭塔，反式脂肪酸的增加量小于 1%。

此外，有研究表明，硒对茶油中反式脂肪酸的产生有一定的影响，在加热条件下，随着茶油中硒含量的增加，反式油酸和反式亚油酸的含量逐步增加，最后，反式脂肪酸含量达到 30.27%，这说明硒能促使反式脂肪酸的产生。

2013 年 3 月 18 日国家食品安全风险评估中心正式发布《我国居民反式脂肪酸摄入水平及其风险评估》报告。评估结果显示：中国人通过膳食摄入的反式脂肪酸所提供的能量占膳食总能量的百分比仅为 0.16%，北京、广州这样的大城市居民也仅为 0.34%，远低于 WHO 建议的 1% 的限值，也显著低于西方发达国家居民的摄入量。由此可见，之前媒体的报道大大夸大了反式脂肪酸对当前中国居民的健康危害。

三、茶油贮藏不当引发的不安全因素

油脂酸败是食用油贮藏期经常出现的质量问题。油脂酸败分 3 种类型：氧化酸败、水解酸败、酮型酸败。油脂氧化酸败占油脂贮藏期间质量问题的比率最高。

茶油中不饱和脂肪酸比较高，接近 90%，在贮藏过程中，不饱和脂肪酸与空气接触，发生自动氧化生成氢过氧化物或环氧化物中间产物，进一步氧化成低分子的醛类或酮类化合物，严重酸败的油脂还会呈现毒性，食用酸败油脂引起人畜中毒的案例常有报道。近年来分子生物学研究的进展表明，过氧化物与癌症、冠心病和衰老等都有密切的关系，所以加强茶油包装、贮藏技术，控制贮藏过程中有害物质的生成，确保茶油安全性十分重要。

作者系统研究了光照、温度、盛装容器材料等对茶油贮藏性能的影响，结果如图 6-13 至图 6-18 所示。

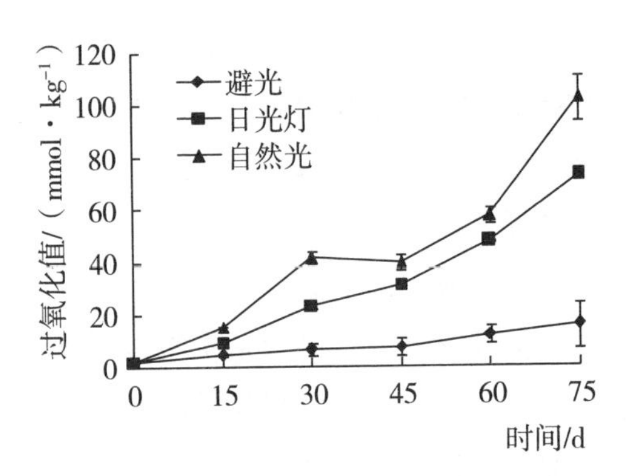

图 6-13　光照对过氧化值的影响

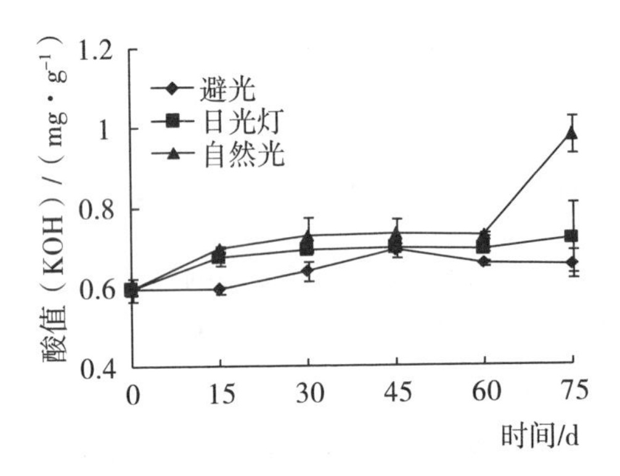

图 6-14　光照对酸值的影响

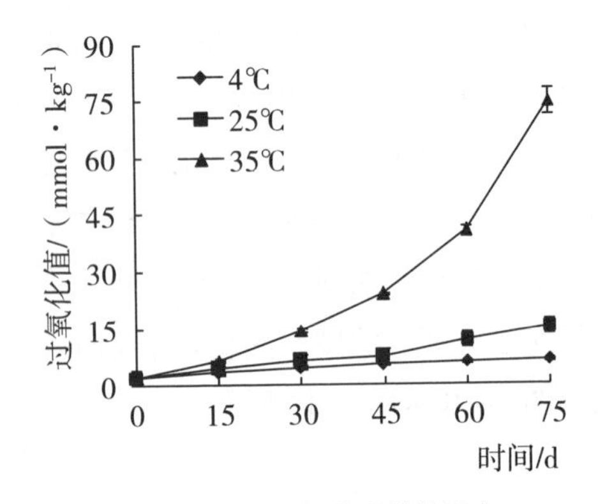

图 6-15　温度对过氧化值的影响

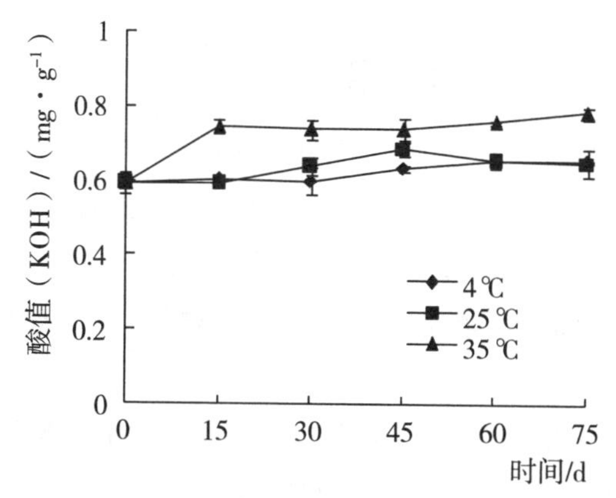

图 6-16　温度对茶油酸值的影响

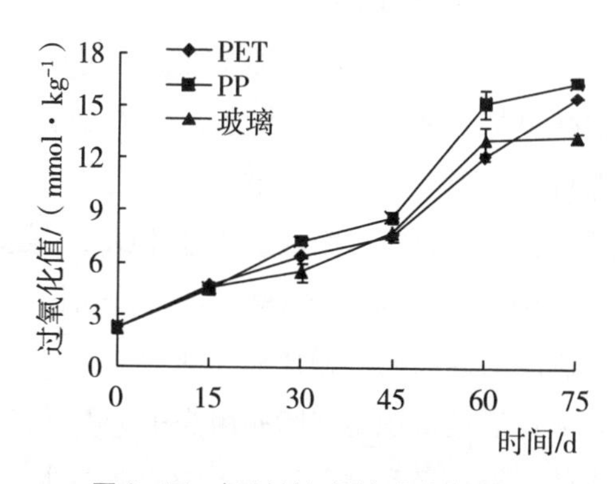

图 6-17　容器材料对过氧化值的影响

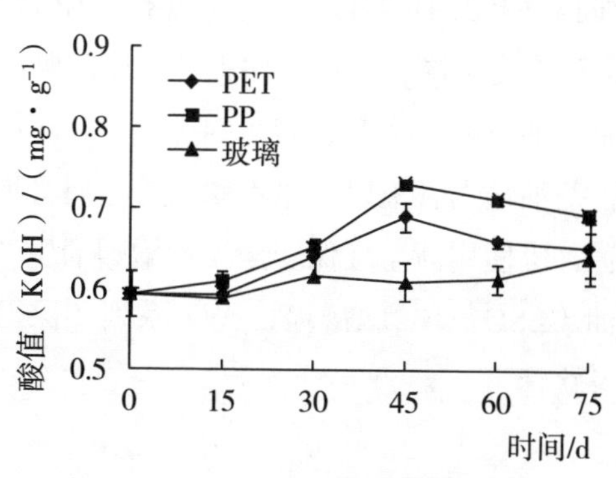

图 6-18　容器材料对酸值的影响

四、茶油生产设备、管道引发的不安全因素

食品中的塑化剂超标，自2011年发生的台湾“塑化剂风波”及2012年“酒鬼酒”风波以来，引起全社会的广泛关注。目前，尚没有从茶油中检出塑化剂超标的报道，但已有从希腊进口的橄榄油中检出塑化剂超标的报道。因此，预防茶油中的塑化剂超标应引起关注。

塑化剂（增塑剂）是生产聚氯丙烯（PVC）塑料制品时为增加材料强度的塑料助剂。目前我国90%以上的聚氯乙烯塑料制品使用的是邻苯二甲酸酯类（PAEs）增塑剂，具有改进塑料的柔软性、耐寒性，降低软化温度，改善加工性能等优点。但邻苯二甲酸酯类增塑剂与塑料基质之间是以氢键和范德华力相连，没有形成共价键，彼此保持各自独立的化学性质，因此极易迁移至水、油、食品及空气中造成污染。邻苯二甲酸二丁酯（DBP）是聚氯乙烯塑料制品中最常用的邻苯二甲酸酯类（PAEs）增塑剂，是脂溶性物质，容易通过塑料制品与油脂的接触迁移到油脂中。邻苯二甲酸二丁酯通过食物进入人体后很快积蓄在脂肪组织中，不易排泄并富集于人体内，引起人的中枢神经和周围神经系统的功能性变化；对人的上呼吸道黏膜细胞及淋巴细胞有遗传毒性；干扰内分泌，使男性精子数量减少，运动能力下降，增加女性患乳腺癌的概率等。

茶油及原料油茶籽在生产、储运的过程中，应尽可能减少与塑料制品接触，茶油输送管道以应用不锈钢等金属管道为宜。周转茶油成品的软管，应使用新型环保安全无毒增塑剂生产的产品，如使用环氧大豆油（ESO）环氧增塑剂、WT系列环保卫生安全型增塑剂生产的塑料软管。

第三节　茶油质量安全控制

提高油茶产品的质量安全水平和品质，必须建立从油茶籽采收处理到成品油生产、运输、储存全过程的安全控制体系。

从总体上来说，我国油茶籽油加工、生产起步时间短，小型企业多，生产点分散，企业管理水平良莠不齐，多数企业的设施简陋，分析检测条件差，能力弱，生产的组织化程度低，无力推行严格的质量管理体系，是油茶产业出现质量安全事件的主要原因。随着《中华人民共和国食品安全法》《中华人民共和国农产品质量安全法》等一系列食品质量安全法规颁发、执行，以及我国食用油脂领域出现的质量安全事件的警示作用和茶油产品激烈竞争的形势下，茶油生产、加工企业的质量安全意识开始提升，一些大、中型茶油生产企业已将质量安全的重要性提升到事关企业生死存亡的高度，有的企业已建立和通过了 HACCP、ISO9001 等质量管理体系认证及有机食品、绿色食品等认证。

对于茶油生产加工企业，在执行《食用植物油厂卫生规范》（GB8955—1988）、建立良好操作规范（Good Manufacturing Practice，GMP）、卫生标准操作程序（Sanitation Standard Operation Procedure，SSOP）的基础上，建立、推行 HACCP（Hazard Analysis Critical Control Point）质量安全控制体系，提高质量安全控制水平尤为重要。HACCP 是“危害分析和关键控制点”的英文缩写，是用于对某一特定食品生产过程进行鉴别评价和控制的一种系统方法。该方法通过预计哪些生产、加工环节最可能出现的问题，以及一旦出了问题对人危害的分析，建立防止这些问题的有效措施，以保障食品的安全。HACCP 获得国际食品法典委员会（CAC）的认可，已成为一项食品安全的国际准则。

HACCP 体系中的 7 个原则是：进行危害分析，确立关键控制点，制定关键限值，建立检测方法，制定纠正措施，建立资料记录保存文件，建立确认程序。茶油生产加工企业建立 HACCP 质量安全控制体系，首先必须设立质量管理部门，组织专家开展从油茶栽培管理、采收、原料处理、生产设备设施、环境、生产工艺、辅助材料、包装材料、贮运、管理、人员素质等过程的质量安全风险进行系统分析，确定关键控制点（CCP）和控制因子，制定质量管理文件，包括产品质量计划书，关键控制点作业指导书和检测作业指导书，关键工序（或关键点）的控制标准，并对相关岗位人员进行培训。质量管理部门应按照质量管理文件，持之以恒对生产、加工过程进行严格的督导、控制，落实对采购、生产、检测、销售等过程每个环节的记录，使产品实现从原料及各个生产销售环节实现可追溯，将产品的危害性减少到最低程度。

我国油茶生产、加工的企业以小型企业为主，多数企业的研发能力、创新能力薄弱，长期以来没有形成真正适合于本地区油茶特点的加工技术，如规范的油茶栽培技术、油茶籽采后处理技术、干燥技术、压榨或其他提油技术、精炼技术，这些都是油茶产业出现质量安全事故的一个重要原因。近年来，主要油茶产区政府主管部门针对这个问题，组织专家、学者进行制订本地区的油茶栽培技术规程、油茶籽油生产技术规程等技术文件，为企业提供技术支持，有力地促进了茶油质量安全水平的提高。

第七章　茶油精炼副产物的开发利用

与其他食用植物油脂一样，从油茶籽中提取的毛茶油经过机械性杂质的除去、脱胶、脱酸、脱色、脱臭、脱蜡等精炼工序，才能成为符合国家标准的食用茶油成品。茶油精炼过程中产生的副产物主要有油脚、皂脚、脱臭馏出物等，不同的精炼方法和精炼程度产生的副产物数量不同。

油脚（oil sediment）是毛茶油水化脱胶时产生的副产物，含有许多有用的物质，如磷脂、植物甾醇、类黄酮、维生素 E、色素、皂素和中性油等。如图 7-1 所示，利用茶油精炼产生的油脚可生产甘油、高纯度二聚酸、异硬脂酸、植物甾醇和天然维生素 E 等重要基础化工原料和高档油脂化学品。

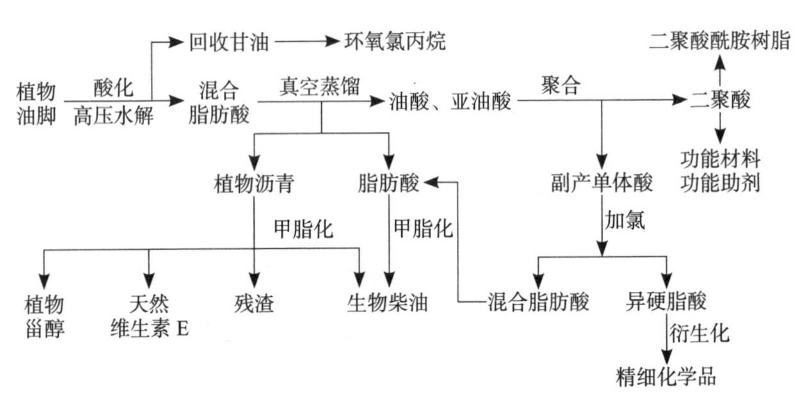

图 7-1　植物油脚的综合利用流程

皂脚（soapstock）是毛茶油碱炼脱酸时产生的副产物。毛茶油中的游离脂肪酸在碱炼时全部以脂肪酸盐（肥皂）的形式分离转入皂脚中。由于油茶品种、精炼工艺和操作方法的差异，产生的皂脚组成很复杂。通常皂脚的主要组成是：肥皂 15%~30%，中性油 12%~25%，水分 35%~55%，还有少量的其他杂质，总脂肪酸含量达 40%~50%。利用茶油精炼产生的皂脚可生产磷脂、脂肪酸、硬脂酸。

脱臭馏出物（deodorization distillate）是油脂精炼脱臭工序中在高温低压下的馏出物，占毛茶油的0.3%~0.6%，主要成分为游离脂肪酸（酯）、甾醇、甘油三酸酯、天然维生素E、烃类及其他的酸性氧化分解产物，如醛、酮等。毛茶油中20%~40%的维生素E残留于脱臭馏出物中，因此脱臭馏出物是天然维生素E的重要来源之一。同时，毛茶油中几乎半数的植物甾醇进入了脱臭馏出物中，因此，脱臭馏出物中富集了大量甾醇，也是植物甾醇的良好来源。

油脚、皂脚、脱臭馏出物中所含的物质既是重要的工业原料、食品营养剂、添加剂和天然药物，也是合成激素、维生素等相关药物的重要中间体，开发利用茶油精炼副产物具有非常明显的经济效益和社会效益。

第一节　脱臭馏出物、油脚中植物甾醇的提取

从脱臭馏出物、油脚中提取甾醇有多种方法，但其原理是基于原料组成的化学性质、物理性质及生化反应方面的差异，如利用皂化、中和、酶解、溶解度、蒸汽压、吸附力的差异，以及不同温度、真空条件、表面活性剂存在下物理、化学性质的变化等来分离除去非甾醇类物质的。

一、溶剂结晶法

溶剂结晶法的工艺流程如图7-2所示。

去肥皂　　去乙醚不溶物
↑　　↑
脱臭馏出物→皂化→乙醚萃取→乙醚抽出物→无水硫酸钠→干燥并过滤→丙酮萃取→干燥→甾醇粗制品→乙醇重结晶→甾醇精制品

图7-2　溶剂结晶法生产植物甾醇的工艺流程

此工艺一般用于粗甾醇的精制，可直接分离，操作简单，设备投资小，甾醇损失小，产品纯度高。缺点是所用溶剂过多，回收困难。

二、络合法

日本、美国等采用此法工业化生产植物甾醇。我国一些米糠甾醇的工业化生产亦是采用此法。其工艺流程如图 7–3 所示。

脱臭馏出物→皂化→酸分解→萃取→络合反应→分离→络合物→分解→甾醇粗制品→脱色→结晶→甾醇精制品

图 7-3　络合法生产植物甾醇的工艺流程

这种方法得到的产品纯度高，收率也较高。一般用卤盐络合，卤盐有氯化钙、溴化钙等，络合反应溶剂有石油醚等。如不严重影响收率，可用水相皂化代替醇相皂化，减轻溶剂回收的麻烦，适当降低成本。缺点是所用溶剂多，回收工作量大，操作烦琐，最终得率受到影响，且甾醇粗制品精制也较困难。

三、干式皂化法

干式皂化法的工艺流程如图 7–4 所示。

去钙皂
↑
脱臭馏出物→干式皂化→粉碎膏状物→萃取→浓缩→甾醇粗制品→洗涤去杂→脱水→甾醇精制品

图 7-4　干式皂化法生产植物甾醇的工艺流程

用熟石灰或生石灰在 60~90℃皂化后直接用机器粉碎膏状物，可避免干燥程序。此外采用乙醇作为抽提剂进行低温浸出，可节省大量乙醇，且生产工艺安全无毒。缺点是甾醇得率不高。

为了提高甾醇得率，采用干式皂化、超声波强化无水乙醇提取茶油精炼油脚中的甾醇，通过正交试验确定最佳提取条件为：油脚与氢氧化钙的质量比 1∶1，料液比 1∶80（提取剂为无水乙醇），超声波频率 28kHz，超声波功率 320W，超声波处理时间 30min。此条件下提取甾醇得率达 1.52%。

四、超临界流体萃取法

超临界流体萃取法的工艺流程如图 7–5 所示。

高压流体　　非甾醇杂质
↓　　　　↑
脱臭馏出物→高压流体混合物→吸附柱→解析→甾醇粗制品→重结晶→甾醇精制品

图 7–5　超临界流体萃取法生产植物甾醇的工艺流程

采用亚临界或超临界流体（如 CO_2）溶解甾醇脂类混合物的方法配合吸附法从脂类中分离提取甾醇，得到的甾醇纯度很高，但设备投资和操作费用较大，成本高。

五、色谱法

色谱法的工艺流程如图 7–6 所示。

非甾醇杂质
↑
脱臭馏出物→吸附柱、溶剂洗脱→甾醇粗制品→乙醇重结晶→甾醇精制品

图 7–6　色谱法生产植物甾醇的工艺流程

色谱柱填充物为硅酸铝、硅酸镁或硅胶。色谱分离法分离效率较高，但操作烦琐，工业化大生产较困难。

对从茶油脱臭馏出物中植物甾醇的精制研究也已开展。有研究报道，采用乙醇萃取维生素 E，皂化法提取茶油脱臭馏出物中甾醇化合物，以正己烷为结晶溶剂对甾醇化合物进行重结晶，三次重结晶后精制甾醇的纯度可以达到 89.3%。

第二节　脱臭馏出物中天然维生素 E 的提取

脱臭馏出物的组成比较复杂，不仅含有天然维生素 E，还含有游离脂肪酸、甘油酯、甾醇、胶质、蜡质等，这些组分的物理化学性质差别不大，且天然维生素 E 容易被氧化，因此直接从中提取高含量的天然维生素 E 比较困难，需对原料进行预处理来提高分离过程的选择性或对天然维生素 E 进行初步浓缩。目前常用的预处理方法有酯化法、尿素络合法、酶法等，所得的初级浓缩物经过萃取法、蒸馏法、精馏法、离子交换与吸附法等进一步提纯。

一、萃取法

萃取法主要包括溶剂萃取法与超临界二氧化碳萃取法。

（一）溶剂萃取法

溶剂萃取法是利用天然维生素 E、甾醇、游离脂肪酸及甘油酯等在不同溶剂中的溶解度差异，通过选择合适的溶剂，使天然维生素 E 与杂质分离。常用的极性溶剂有乙醇、甲醇、丙酮等，非极性溶剂有石油醚、正己烷等。溶剂萃取法虽然萃取效率较低，溶剂用量大，但设备和过程简单，操作费用低，溶剂可回收，不会使极易氧化的天然维生素 E 发生不利的化学反应，维生素 E 损失小，品质较好。

（二）超临界二氧化碳萃取法

超临界碳萃取法是利用维生素 E 与其他杂质组分在超临界二氧化碳中的溶解度不同，使维生素 E 得到分离。其优点是提取环境低温、无氧，避免维生素 E 的氧化和热分解，损失小，得率高；超临界二氧化碳是一种无害、不残留的溶剂，安全性高，产品质量好，且二氧化碳可循环利用，适用于大规模生产。缺点是原料中除维生素 E 外的其他组分在超临界二氧化碳中溶解度都较大，分离效率不高，设备投资和操作费用较大。

二、简单蒸馏法

简单蒸馏法包括真空蒸馏和分子蒸馏。真空蒸馏是指压力低于 667Pa 条件下的蒸馏，其分离原理是基于各组分的挥发度差别。由于茶油脱臭馏出物中的各个组分之间的沸点相差不大，因此该方法的分离效率不高，通常需要采用多次蒸馏来实现。但真空蒸馏可以在较低温度下操作，克服维生素 E 和脂肪酸沸点较高的缺点。真空蒸馏一般用于原料预处理后的进一步浓缩，也常是分子蒸馏的前处理措施。

分子蒸馏是在低于 1.33Pa 压力下，利用组分的分子量不同、分子运动平均自由程度不同进行的分离操作。由于体系的压力极低，分子蒸馏可在较低温度下进行，从而防止高温对物料的破坏。很多天然维生素 E 提取工艺的最后一步就是通过反复分子蒸馏获得不同纯度的产物。此外，分子蒸馏法也适用于同时提取和分离维生素 E 和甾醇。其工艺流程如图 7–7 所示。

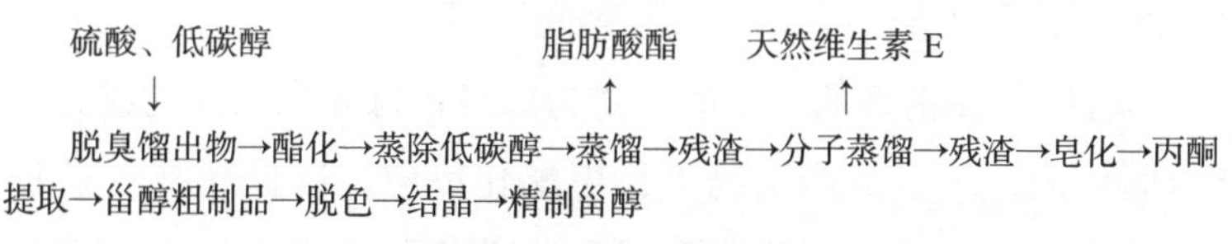

图 7–7　简单蒸馏法生产植物甾醇的工艺流程

三、精馏法

精馏的分离效率很高，但由于脱臭馏出物中组分复杂，沸点高，又很容易被破坏，要求高温、高真空精馏，这给精馏塔的设计增加了很大难度，直到 1996 年以后才陆续出现精馏工艺。如 Baird 等采用 2 个精馏塔处理脱臭馏出物，第一个精馏塔脱除脂肪酸，第

二个精馏塔得到天然维生素 E 和甾醇的混合物。产品中天然维生素 E 含量从 9% 提高到 38.7%，甾醇含量从 14% 提高到 60.1%，冷却脱除甾醇后即得天然维生素 E，总收率达 93%。精馏工艺加冷却结晶可以得到高含量的天然维生素 E 产品，但对设备的要求很高，投资较大，且产品中含有甾醇，比旋光度不易合格。

四、吸附法和离子交换法

吸附法是根据吸附剂对天然维生素 E、游离脂肪酸、甾醇等组分吸附的选择性差别进行分离。常用吸附剂有活性炭、硅胶、活性氧化铝等。采用硅胶为吸附剂对维生素 E 分离时能够得到高含量的产品，但是吸附剂的分离和再生、溶剂的回收重复利用都较困难，导致成本高，工业上较难实现。

离子交换法是利用离子交换树脂对维生素 E 和其他组分的吸附交换能力不同而进行分离。天然维生素 E 有很弱的酸性，利用强碱性阴离子交换树脂对维生素 E 的交换能力提取分离天然维生素 E。这种方法具有选择性高，操作简单，流程短，适用范围广的优势，工业上较容易实施。但是原料中的游离脂肪酸有严重干扰，必须对脱臭馏出物进行酯化或皂化等预处理来去除。

作者以茶油精炼的脱臭馏出物为原料，首先采用硫酸或大孔树脂为催化剂，对脱臭馏出物进行甲酯化反应，以提高维生素 E 的选择性；然后采用溶剂法提取甲酯化后的脱臭馏出物中的维生素 E，通过响应面优化出最佳提取条件为：无水乙醇为溶剂，料液比 1∶4，提取时间 43min，提取温度 59℃，搅拌速率 126r/min，维生素 E 的提取率为 94.1%；最后将提取的维生素 E 采用 D201×4 大孔树脂进行分离纯化，获得纯度为 91.2% 的维生素 E，回收率达 93.8%。

第三节　皂脚、油脚制取工业用脂肪酸与硬脂酸

用皂脚制取工业脂肪酸常见的方法有3种，分别为酸化水解法、皂化酸解法及水解酸化法。皂化酸解法中油脂皂化深度可达99%，设备简单，操作方便，生产周期短，质量和产量均好于其他方法，但酸、碱耗量大，能耗高，“三废”严重，只适用于小规模或皂脚质量差的工厂。酸化水解法投资少，操作简便，有利于油脂的水解，且可以同时回收甘油，因而采用较多，但其水解率只能达到92%~95%。水解酸化法由于皂脚中杂质的存在影响了油脂的水解速度和油水的分离，当采用催化剂时，易破坏乳化液的稳定性，因此水解酸化法并不适用于皂脚制取脂肪酸。

皂化酸解法生产脂肪酸主要加工工艺如图7–8所示。

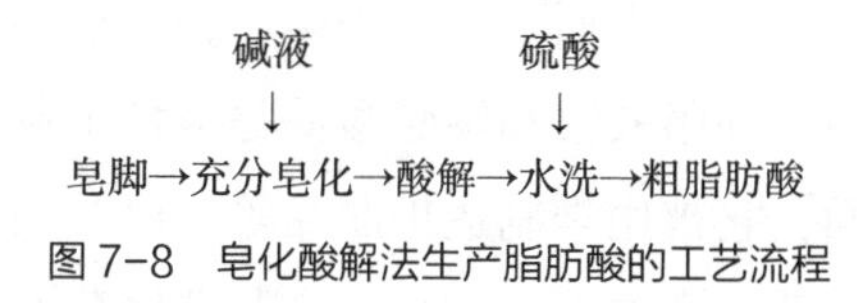

图7–8　皂化酸解法生产脂肪酸的工艺流程

酸化水解法生产脂肪酸的工艺如图7–9所示。

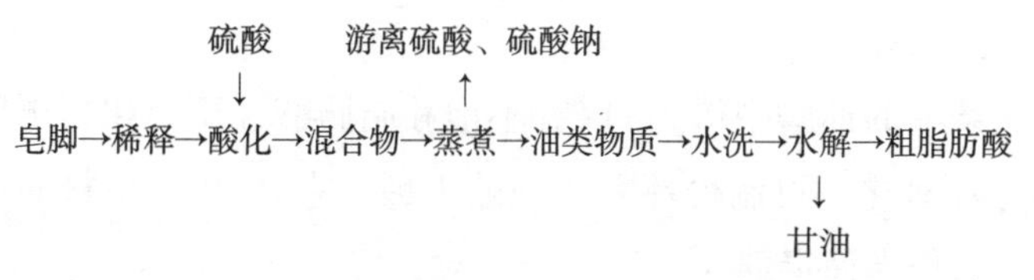

图7–9　酸化水解法生产脂肪酸的工艺流程

工业脂肪酸是用途极广的化工原料，目前脂肪酸供应以各种油脂的形式为主，但在油漆、涂料、表面活性剂、日用化学品、塑料助剂等领域也需要大量的游离脂肪酸。工业脂肪酸的主要用途是作为醇酸树脂、氨基树脂等油漆的生产原料。脂肪酸用于涂料生产有

工艺简单、原料质量稳定等优点，在涂料生产中得到广泛应用，有取代油脂之趋势，市场潜力巨大。

脂肪酸还可以生产高级脂肪醇，它的优点是18碳醇含量高，缺点是碘值较高，加氢量较棕榈油等高些，但对于18碳醇的生产它仍是一种良好的原料。另外，脂肪酸可以用于生产烷醇酰胺，它是一种优良的表面活性剂，用于洗发水、餐具洗涤剂等日用化学品生产，可用于代替价格较高的月桂酸烷醇酰胺（尼纳尔）。

从皂脚、油脚分离的脂肪酸还可制取硬脂酸。

利用碱炼皂脚的固体酸制取硬脂酸的工艺流程为：皂脚分离固体酸→加热→恒温复压榨→蒸馏脱色→硬脂酸成品。

从茶油的油脚得到的 C_{18} 不饱和脂肪酸，经催化加氢以后便是硬脂酸。

硬脂酸是塑料、橡胶成形加工中必须添加的助剂，起脱模、滑润等作用。在化学工业方面，可用于生产金属皂和硬脂酸钡、硬脂酸锌、硬脂酸铝、硬脂酸镁和硬脂酸镉等多种工业应用产品；在日用化学工业方面，它被用来制造护肤品等，以及用于制造复写纸和配制蜡笔；在医药生产方面，它被用来制造医药丸的赋形剂，以及制药膏时的乳化剂。此外，它还可用作纺织和印染方面的打光剂与皮革上光剂等。

从茶油的油脚中得到的 C_{18} 不饱和脂肪酸经丁酯化，再用过氧化氢等环氧化，可制得环氧化油酸丁酯，它是PVC塑料的助增塑剂，并兼作光稳定剂。

第四节　油脚、皂脚制取磷脂

磷脂（phosphatide）是具有重要生理功能的类脂（lipoids）化合物，是一种比较复杂的脂质，因为分子中含有磷酸根而得名，除了醇类、脂肪酸外，还含有一个关键性成分，含氮的有机碱。磷脂按其组分中醇基部分的种类分成甘油磷脂及非甘油磷脂两类。从生物学上讲，两者都非常重要，但从食品工业来说，甘油磷脂更为重要。

甘油磷脂可视为磷脂酸（phosphatidic acid）的衍生物，其化学结构式如图 7-10 所示。

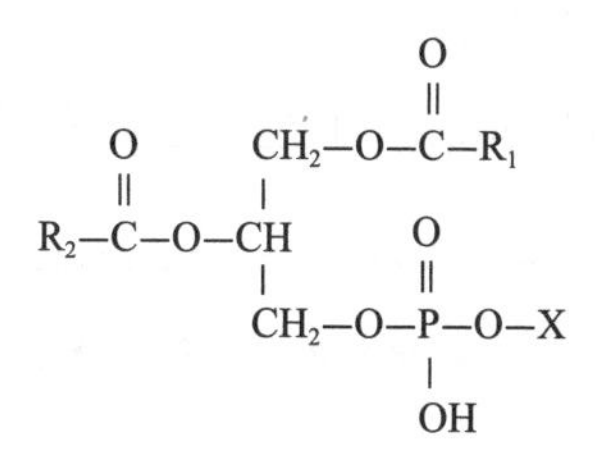

图 7-10　甘油磷脂化学结构式

主要的甘油磷脂包括卵磷脂（lecithins）、脑磷脂（cephalins）、肌醇磷脂（lipositols）、缩醛磷脂（acetal phospholipides）。

磷脂是天然的表面活性剂和乳化剂，广泛应用于食品、医药、化妆品、皮革、纤维、染色、饲料等领域。磷脂可作水果的保鲜剂、饲料的添加剂、橡胶工业中的软化剂和发泡助剂。在食品工业领域磷脂是唯一天然的有特殊营养和功能性的乳化剂，被称为新型维生素，属两性表面活性剂。磷脂在国际上需求量持续上升，在日本磷脂的总产量（使用量）已超过单甘酯，成为第一大乳化剂。磷脂作为乳化剂，具有乳化、分散、润湿等作用，还有防止老化、抗氧化和帮助脱模的作用，应用极其广泛。

磷脂作为奶粉的乳化剂使用在国外是很普遍的，既可作乳化剂用，又可作营养剂用，如将磷脂与辛癸酸甘油酯（ODO）进行复配就可制取奶粉的速溶乳化剂（美国专利报道）。磷脂在面食制品中的应用也正在兴起，用量为 0.4%~0.6%。

磷脂经精制加工可制成浓缩磷脂、粉状磷脂、微胶囊粉末磷脂等不同直接口服的磷脂产品。

毛茶油精炼时，采用水化脱胶所得水化油脚，含有40%左右的水、20%左右的油、40%左右的磷脂，是提取磷脂的良好原料。提取方法为：将油脚在减压下浓缩，使其水含量降至10%左右，然后加入约30%的过氧化氢，进行脱色。脱色后用丙酮洗涤（磷脂难溶于丙酮），除去残剩的中性油、游离脂肪酸和其他杂质，可得到纯度很高的精制磷脂。其工艺流程如图7-11所示。

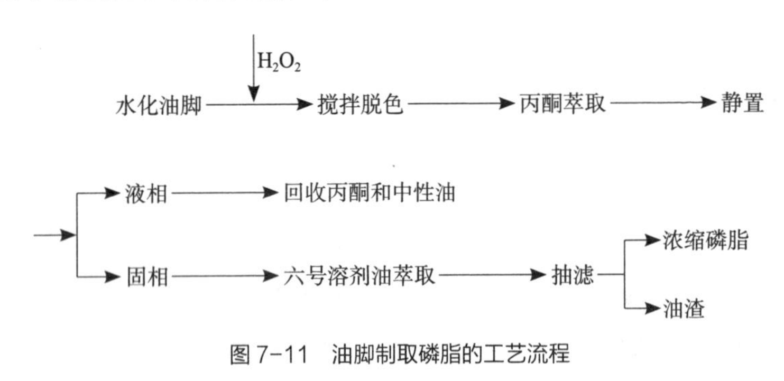

图7-11　油脚制取磷脂的工艺流程

以皂脚为原料制取磷脂的工艺流程如图7-12所示。

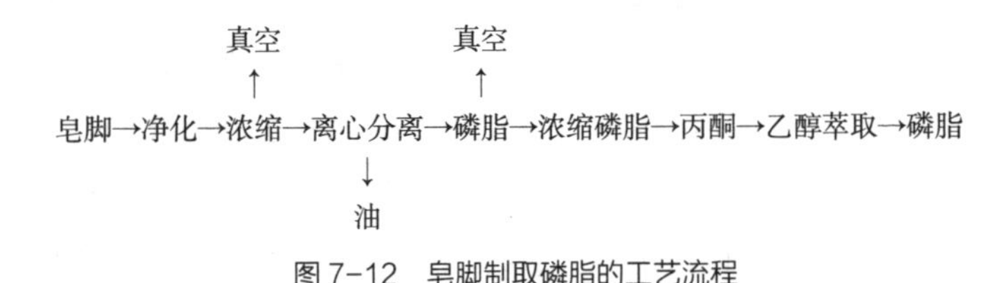

图7-12　皂脚制取磷脂的工艺流程

第五节　油脚、皂脚、脱臭馏出物制备生物柴油

能源危机和石化燃料尾气污染是全球面临的关键环保问题，关系到全球经济的可持续发展。生物柴油具有可再生、易生物降解、

无毒、含硫量低和废气中有害物质排放量小等优点，在燃烧性能方面优于石化柴油，是石化燃料的理想替代品。

目前，世界各国都选择有自身优势的油脂来制取生物柴油，如美国采用转基因大豆油、欧洲采用菜籽油、东南亚采用棕榈油。我国食用油短缺，只能选用非食用油脂如光皮树油、麻风果油、乌桕油、废弃油脂和桐油等来制取生物柴油，或者采用食用油精炼副产物来制取生物柴油。

以茶油精炼油脚料为原料制备生物柴油的反应过程及后处理，与以精炼油为原料制备生物柴油过程基本相似，但需要对油脚进行预处理得到中性油脂后，再用甲醇进行酯交换，制取生物柴油，反应方程如下：

$$\begin{array}{l} CH_2-OCO-R \\ | \\ CH-OCO-R \\ | \\ CH_2-OCO-R \end{array} + 3CH_3OH \xrightarrow{NaOH} \begin{array}{l} CH_2-OH \\ | \\ CH-OH \\ | \\ CH_2-OH \end{array} + 3R-COOCH_3$$

以茶油精炼副产物皂脚为原料，经过预处理后，在 NaOH 催化作用下，与甲醇通过酯交换反应制备生物柴油，其工艺流程如图 7-13 所示。

碱（催化剂）
↓
皂脚→酸化→中和→酯化反应→后处理精制→生物柴油

图 7-13　皂脚制取生物柴油的工艺流程

脱臭馏出物中除了含有生育酚、甾醇、角鲨烯等外，还含有大量的游离脂肪酸，一般在 25%~75%。脱臭馏出物经过甲酯化、吸附分离或分离蒸馏、溶剂结晶制备高含量天然生育酚和植物甾醇的同时，产生了大量的副产物脂肪酸甲酯。以副产物脂肪酸甲酯为原料可得到生物柴油、单双甘油酯、环氧脂肪酸甲酯、表面活性剂和

洗涤剂等产品，使得油脂脱臭馏出物得到进一步的综合利用，工艺流程见图 7–14。

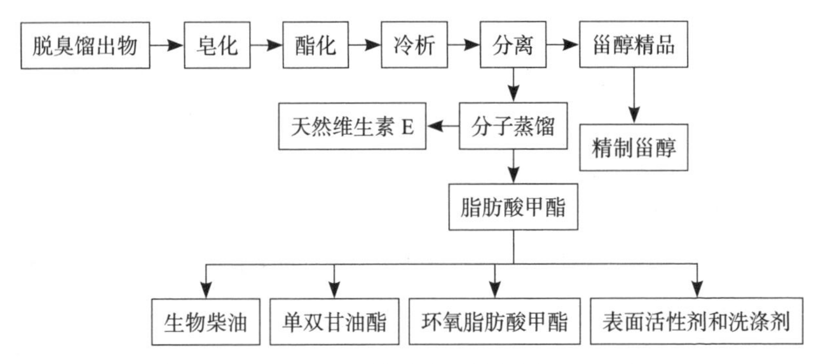

图 7–14　脱臭馏出物制取生物柴油等产品的工艺流程

第八章　油茶饼粕、油茶壳深加工与综合利用

油茶饼粕是油茶籽经过加工提取茶油后的残渣，又称茶饼、茶粕、枯饼，是茶油生产中的一种营养价值较高的榨油工业副产物。我国的油茶饼粕资源丰富，每年生产茶油产生的饼粕约 200 万吨。因茶油加工方法的不同，油茶饼粕可以为块状、粉状。油茶饼粕含有糖类、蛋白质、茶皂素、粗纤维、脂肪、单宁、咖啡因等化学物质，其主要成分见表 8–1。

表 8–1　油茶籽饼粕的主要成分（95 型榨机）

组成成分	脂肪	蛋白质	粗纤维	皂素	糖类	其他
含量 /%	6.82	13.03	12.50	24.06	33.90	0.68

油茶壳是油茶加工的副产物，包括果皮和籽壳两部分。果皮又称果蒲壳、茶壳，为油茶果实的外种皮，占整个油茶果实总量的 60% 以上，含较多纤维素、半纤维素、木质素；籽壳为油茶果实的种子即油茶籽的外壳。果蒲壳与籽壳的化学组成成分见表 8–2。

表 8–2　油茶果皮与油茶籽壳中的化学组成成分

副产物类型	木质素 /%	多缩戊糖 /%	皂素 /%	水分 /%	色素等其他 /%	鞣质 /%	油脂 /%
油茶果皮	44.16	28.38	8.73	3.66	5.42	9.23	—
油茶籽壳	52.15	30.27	5.43	0.43	9.12	—	0.13

应用现代科学技术，对油茶饼粕、油茶壳进行深加工，可提取茶皂素、茶多糖、茶蛋白、多酚、黄酮类物质等生物活性成分，以及生产活性炭、饲料、肥料等产品。这样可以延长油茶加工的产业链，大幅度提高油茶产品的附加值，创造良好的经济效益与社会效益，并且对实现循环经济、低碳发展、生态文明的可持续发展具有重大意义。

第一节　茶皂素的提取与应用

茶皂素又名茶皂苷，是从山茶科山茶属植物中提取得到的五环三萜类糖苷化合物，易溶于水、甲醇、含水乙醇和正丁醇。茶皂素是一种纯天然的非离子型表面活性剂，其分子中有亲水性糖体和疏水性配基团。从油茶饼粕、油茶壳中提取得到的是齐墩果烷型五环三萜类皂苷的混合物，主要包括皂苷元、糖体、有机酸 3 部分。茶皂素分子结构如图 8-1 所示。

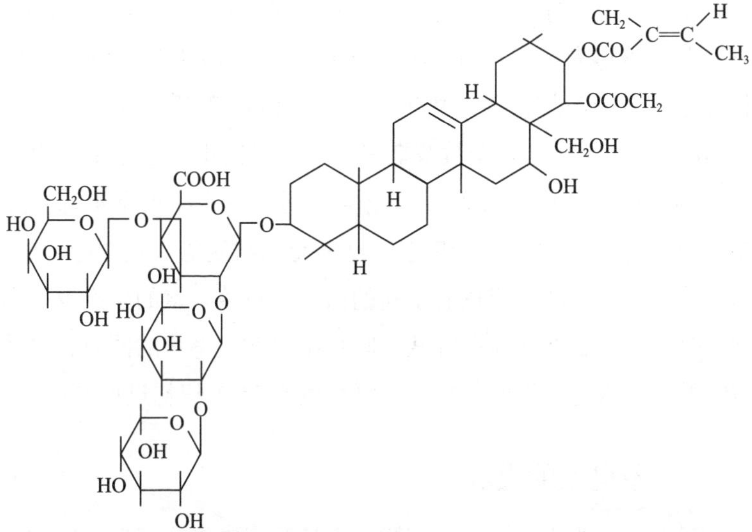

图 8-1　茶皂素分子结构

油茶饼粕中含有 10%~30% 的茶皂素，造成饼粕味苦辛辣，有溶血性和鱼毒性，限制了其应用途径。长期以来，我国油茶饼粕主要直接用作清塘剂或作燃料、肥料使用，或随意丢弃，造成环境污染和资源浪费。

茶皂素是一种性能优良的天然非离子型表面活性剂，有良好的

发泡、分散、乳化、湿润等性能，还有明显的抗炎、抗渗透、祛痰、止咳、镇痛、杀菌、杀虫及促进植物生长等多种生理功效，可以用来生产乳化剂、洗涤剂、发泡剂、防腐剂、杀虫剂和其他医药产品，可广泛应用于日用化工、建筑材料、医药行业、农药加工、渔业养殖等方面，具有广阔的开发前景。因此，从油茶饼粕、油茶壳中提取茶皂素，提高茶油加工附加值，具有较好的现实意义和应用前景。近年来，各国对茶皂素提取与应用研究越来越重视，提出各种不同提取方法及工艺，对茶皂素生物功能也进行了深入研究。

我国对茶皂素提取研究始于20世纪50年代末，自此开展了茶叶籽榨油后的茶籽饼中茶皂素的提取研究，但直到20世纪70年代中后期，茶皂素的提取才获得较大的进展。1979年我国首次以工业方法从脱脂茶籽饼中分离出茶皂素，1980年开始试生产。20世纪80年代初我国才有少数茶皂素工业产品问世，这主要是由于茶皂素的应用未被广泛开发、工业生产还存在产品得率不高、颜色深、纯度低等问题，导致其应用范围受到限制等。近30年来，人们对茶皂素的功能和应用有了新的认识，对茶皂素的生产及应用研究越来越重视，在深入研究从茶叶籽中提取茶皂素的同时，对从油茶饼粕、油茶壳中提取茶皂素的研究也于21世纪初迅速开展。

一、茶皂素的提取

目前，工业生产上从油茶饼粕、油茶壳中提取茶皂素的方法主要有水提法和有机溶剂浸提法。应用水提—沉淀法、水提—醇萃法、超声波法、微波辅助萃取法等提取茶皂素的研究也取得新的进展。

（一）水提法

水提法，又称水浸法，是利用茶皂素溶解于热水的性质，用热水作为浸提剂提取茶皂素的方法。工艺过程为油茶饼粕或油茶壳

（破碎）用热水浸出，然后澄清、过滤、浓缩、干燥制成茶皂素。基本工艺流程如图 8–2 所示。

热水
↓
油茶饼粕→粉碎→浸提→澄清→过滤→浓缩→干燥→粗制茶皂素
↓
除渣

图 8–2　水提法提取茶皂素工艺流程

该方法工艺简单，成本低，投资少，见效快，但是蒸发量大，能耗高，生产周期长，提取的茶皂素纯度低、颜色深、质量差、纯化困难。用该法生产的茶皂素只能用作农药、沥青乳化剂，不能用于化妆品，或化学化工作为增溶、胶黏、起泡使用。

（二）有机溶剂浸提法

有机溶剂浸提法是采用甲醇或乙醇溶液作浸提溶剂，从油茶饼粕中提取茶皂素的方法。由于甲醇毒性高、易燃易爆，茶皂素生产厂大多用乙醇作为浸提溶剂。工艺流程如图 8–3 所示。

油茶饼粕→粉碎过筛→脱脂→有机溶剂浸提→过滤→絮凝→浓缩→脱色→干燥→粗制茶皂素

图 8–3　有机溶剂浸提法提取茶皂素工艺流程

有机溶剂浸提法能耗小，产品颜色浅、收率高、纯度高，便于生产粉剂，易再纯化，产品可用作生化试剂和医药原料。但生产中大量溶剂的使用，造成溶剂回收量大，生产成本较高，工艺过程复杂，投资大。针对存在的问题，对有机溶剂浸提法的改进研究相当多。

作者研究了油茶饼粕和油茶壳中茶皂素的有机溶剂浸提工艺，通过单因素和正交试验，优化出饼粕茶皂素提取的条件为：乙醇体积分数 60%，浸提温度 85℃，浸提时间 3h，料液比 1∶21；果壳中

茶皂素提取条件为：乙醇体积分数为 60%，提取温度 80℃，提取时间 2.5h，料液比 1∶18。

（三）水提—沉淀法

水提—沉淀法也是用热水作为浸提剂，在浸提液中加入沉淀剂氧化钙，使茶皂素转为沉淀，与杂质分离，再将分离出的沉淀用离子转换剂转换沉淀释放出茶皂素。工艺流程如图 8-4 所示。

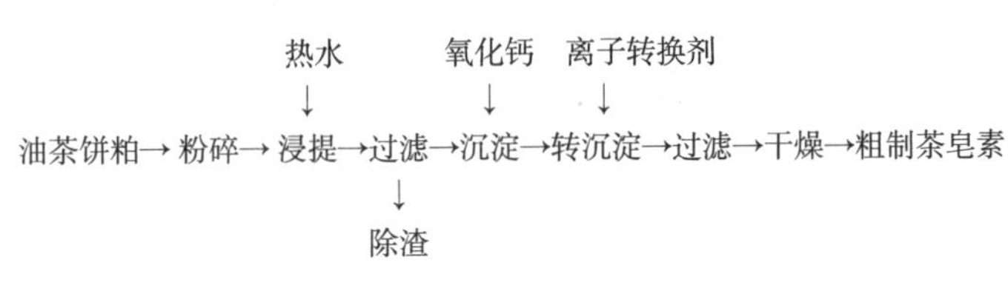

图 8-4　水提—沉淀法提取茶皂素工艺流程

水提—沉淀法生产茶皂素的收率为 12%~13%，纯度平均可达 92%。

（四）水提—醇萃法

水提—醇萃法是在综合了水提法、有机溶剂浸提法、水提—沉淀法三者优点的基础上，根据茶皂素易溶于热水和乙醇，不溶于冷水的性质，用热水作为浸提剂，然后在浸提液中加入一定比例的絮凝剂硫酸铝，沉淀除杂冷却后，再用质量分数为 95% 的乙醇转萃提纯的一种方法。基本工艺流程如图 8-5 所示。

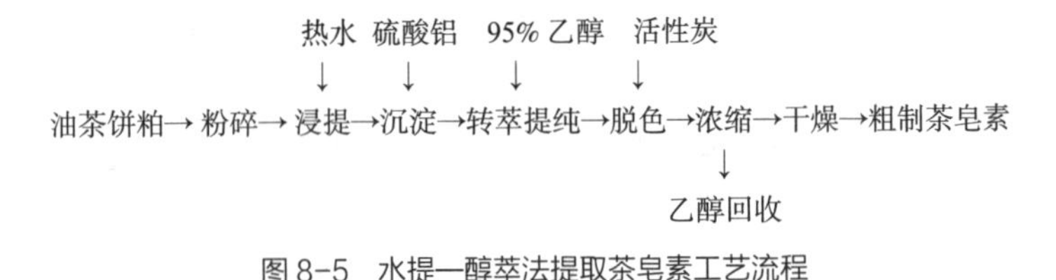

图 8-5　水提—醇萃法提取茶皂素工艺流程

这种方法工艺较简单，投资少，得率和纯度高。

（五）超声波法（功率超声波法）

超声波（ultrasonic wave）是指频率 20 000Hz 以上的物体在介质中产生的人耳不能听到的弹性波。人类听觉可以感应到 20~20 000Hz 的压力波。超出 1MHz 的超声波则用于医诊诊断和测量，超声波应用于无损监测和医学诊断已有几十年的历史。近年来对超声波的研究重点已转移到功率超声波的应用。功率超声波加工技术在提高产品的产量和品质、缩短加工时间以及环境友好等方面优势明显，在食品、药品等加工中有非常大的应用潜力，功率超声波加工食品的技术已在生产中应用。

超声波是一种弹性机械振动波，传播的方向较强，可聚集成定向狭小的线束；在传播介质质点振动的加速度非常之大；在液体介质中当超声强度达到一定值后便会发生空化现象。其作用原理是在作用于连续流液体使其静水压基础上加上了周期性变化的声压。在低密度（幅值）条件下，声波的压力产生了流体的运动和相互混合，称之为声射流；在高密度（幅值）条件下，周期性的扩张阶段会使局部压力低于液体的蒸发压力导致小气泡产生，同时产生内部的瞬态流体压力进一步提高气泡的增长和产生新的气泡。在压缩周期，气泡萎缩崩溃。这种气泡产生和崩溃的过程称为空穴现象，是功率超声波最重要的影响。气泡崩溃的瞬时条件非常惊人（可以高达 1 000 个大气压），因此导致空穴区域产生非常高的剪切能量和湍流。热、压力和湍流等因素的组合，加速了化学反应中的传质、创造新的反应途径、破坏颗粒，甚至产生在常规条件不能获得的产品。

超声波提取技术是利用超声波的强震动、高速冲击破碎、空化效应、搅拌及加热等物理性能，破坏提取物细胞结构，使溶媒能渗入细胞内部，从而加速有效成分的释放、扩张及溶解，提高有效成分的提出率。目前，超声波已广泛应用于植物中活性成分的提取。

超声波提取法与传统的浸取法相比，其提取过程的速度大大提高，且提取液中的杂质较传统方法低，具有能耗低、效率高和有效成分破坏少的特点。

超声波法提取茶皂素的基本工艺流程如图 8–6 所示。

油茶饼粕（油茶壳）→粉碎→超声提取→过滤→浓缩→干燥→粗制茶皂素

图 8–6　超声波提取茶皂素工艺流程

作者研究了超声波辅助提取油茶饼粕和油茶果壳中茶皂素的影响因素，采用响应面法优化出最佳工艺。油茶饼粕中茶皂素的提取条件：乙醇浓度 60%，超声处理时间 30min，料液比 1∶15，茶皂素得率比没有加入超声波处理的提高 2.2%。果壳中茶皂素提取条件为：乙醇浓度 50%，超声波功率为 250W，超声处理时间为 50min，料液比 1∶18，茶皂素得率比没有加入超声波处理的提高 0.8%。超声辅助提取茶皂素可缩短提取时间，提高提取效率，但仍然存在杂质溶出量大、产品纯度低等问题。

（六）微波辅助萃取法

微波是指波长在 1 mm 至 1 m 范围内（频率为 300~300 000 MHz）的电磁波。微波的频率很高，因此也称作超高频。微波的传统应用是作为一种传递信息的媒介，应用于雷达、通信、测量等方面。1945 年美国斯潘萨在实验雷达装置时发现衣袋中的糖果熔化，从而发现了微波产生热能的特征。国外于 1959 年开始将微波应用在工业加热技术上，1968 年后应用微波解决食品工业上多种加热问题的技术迅速发展。微波提取技术的应用研究起步较迟，21 世纪初才在食品、制药、化学工业上有应用研究的报道。微波提取技术近年来的研究成果和应用成果显示出优越性，无论是提取速度、提取效率，还是提取物品质均比常规工艺技术优秀。因此，微波辅助提取技术的研究、应用成为热点课题，并已列为我国 21 世纪食品加工和中药制药现代化推广技术之一。

微波辅助提取技术是应用高频电磁波穿越萃取介质，到达物料的内部维管束和腺胞系统。由于吸收微波能，细胞内部温度迅速上升，使其细胞内部压力超过细胞壁膨胀承受能力，细胞破裂，细胞内有效成分自由流出，在较低的温度条件下提取介质捕获并溶解，通过进一步过滤和分离，获得提取物料。

微波能是一种能量形式，它在传输过程中能对许多由极性分子组成的物质产生作用，微波电磁场使物质的分子产生瞬时极化。使用频率为 2 450MHz 的微波能作萃取时，溶质或溶剂的分子以 24.5 亿次 /s 的速度做极性变换运动，从而产生分子之间的相互摩擦、碰撞，促进分子活性部分（极性部分）更好地接触和反应，同时迅速生成大量的热能，促使细胞破碎，使细胞液溢出来并扩散到溶剂中。用溶剂提取天然植物有效成分常用的浸渍法、渗漉法、回流提取法及连续回流提取法等，均可以加入微波进行辅助提取，使之成为高效提取方法。

微波辐射法是将物料放入微波辐射装置中，在微波辐射作用下，被萃取物料的有效成分就会加速向萃取溶剂界面扩散，大幅度提高了萃取速度，同时还降低了萃取温度，最大限度地保证了萃取的质量。微波辅助提取法的优点如下：

（1）传统热萃取是以热传导、热辐射等方式由外向里进行，而微波辅助提取是里外同时加热。没有高温热源，消除了热梯度，从而使提取质量大大提高，有效地保护物料的功能成分。

（2）由于微波可以穿透式加热，提取的时间大大节省。根据大量的现场数据统计，常规的多功能萃取罐 8h 完成的工作，用同样大小的微波动态提取设备只需几十分钟便可完成。

（3）微波能有超常的提取能力，同样的原料用常规方法需两三

次提净，在微波场下可一次提净，大大简化了工艺流程。

（4）微波提取没有热惯性，易控制，所有参数可数据化，便于实施自动化连续生产。

（5）微波提取物纯度高，可水提、醇提，适用性广。

（6）提取温度低，不易糊化，分离容易，后处理方便，节省能源。

（7）溶剂用量少（较常规方法少 50%~90%）。

（8）微波设备是用电设备，不需配备锅炉，无污染，安全，属于绿色工程。

（9）生产线组成简单，节省投资。

目前微波辅助技术提取茶皂素也是研究热点，并已取得了一系列的研究成果。

微波辅助法提取茶皂素的基本工艺流程如图 8-7 所示。

溶剂
↓
油茶饼粕或油茶壳→粉碎→混合→微波提取→过滤→浓缩→分离→干燥→粗制茶皂素
↓
乙醇回收

图 8-7　微波辅助法提取茶皂素工艺流程

微波辅助提取法茶皂素的研究较多，作者研究了微波辅助提取油茶饼粕和果壳中的茶皂素，得出饼粕的提取条件为：微波辐射功率 640W，辐射时间 2min，料液比 1∶21，乙醇浓度 80%；果壳的提取条件为：微波功率为 640W，辐射时间 2min，料液比 1∶22，乙醇浓度 70%。微波辅助法提取茶皂素的得率与溶剂浸提法接近，但提取时间大大缩短。

我国的微波萃取设备工业化生产技术也日趋完善。微波低温萃取设备、微波真空萃取设备、微波动态萃取设备等皆已在生产中应用。

二、茶皂素的应用

近二十多年来，茶皂素应用开发及工业产品系列化等方面都有较大发展，应用领域已拓展到轻工、化工、建材、水产养殖及医药保健行业等。

（一）在日用化工业中的应用

茶皂素分子具有亲水性糖体和疏水性配基，其亲水亲油平衡值（HLB 值）为 16，是制备水包油型（O/W）乳液的良好乳化剂，对固体微粒分散作用明显。茶皂素水溶液是一种性能优良的天然非离子型表面活性剂，可降低水的表面张力，产生持久的泡沫，有很好的分散、去污性能。茶皂素的表面活性几乎不受水质硬度的影响，在 pH 4~10 的范围内，茶皂素的发泡正常，稳定性好，故茶饼很早就被民间用来洗发和洗涤布料。《本草纲目》也有记载："茶籽捣仁洗衣除油腻。"茶皂素对蛋白质、纤维素不损伤，特别对丝、毛、羽绒洗涤效果良好，是毛纺品、丝织品、棉纺品、羽绒等的优良洗涤剂。而且，茶皂素易被降解为无害物质，不会污染环境。目前，新型表面活性剂的开发研究焦点正集中在以天然产物中易于生物分解的洗涤活性物替代化学合成的洗涤活性物，茶皂素洗涤剂的问世顺应了这一时代潮流。

近年来，日化行业利用茶皂素有去污、杀菌、消炎、止痒等功能，对皮肤无毒害和致敏作用，具有养发护肤的功效，配制高档洗发水、沐浴液，受到消费者的欢迎；开发应用的茶皂素裘皮洗净剂、羊毛洗净剂等因对色彩毛织物、丝织物不损坏其颜色，洗涤后织物柔软有光泽，具有十分广阔的市场。

（二）在建材工业中的应用

在建材行业中，茶皂素可用于加气混凝土气泡发泡剂和稳定剂，能提高铝粉分散悬浮性，提高料浆浇注的稳定性，改善气孔结

构，使产品更牢固可靠。利用茶皂素的乳化性能和分散性制成的石蜡乳化剂，用于纤维板生产中的施胶工艺，明显降低产品的吸水率，增强了防水性能，提高纤维板的质量。用茶皂素制成沥青乳化剂，可用于道路施工、建筑工程防水，以及加工沥青纸、绝缘材料等。

（三）在食品工业中的应用

在食品工业中，利用茶皂素具有较强的吸收二氧化碳特性，在碳酸饮料和啤酒生产中可作发泡剂、助泡剂和稳泡剂；酒中加入20~50mg/L 的茶皂素，可防止酵母生长，使酒质稳定；茶皂素还具有抑制酒精的吸收，加速酒精的分解作用，可用于醒酒和避免饮酒过量而造成的肝损伤等。据日本专利报道，将茶皂素改性为α–糖基茶皂素，可应用于多种药物或保健饮料生产，并开发出含茶皂素的饮料、冰淇淋和药片等产品。

（四）在生物农药方面的应用

茶皂素能够显著地降低液体表面张力，湿润性能好，对多种生物具有活性，这是茶皂素应用于农药的理论基础。茶皂素在防治有害生物中的直接应用，目前报道其作用机制在于茶皂素具有较强的黏附性，对生物体表的气门具有堵塞作用，继而导致生物体的窒息死亡；茶皂素也可破坏虫体内代谢酶的活性，使某些昆虫产生拒食反应，从而影响其生长发育。茶皂素还有溶血作用，可破坏红血细胞膜，从而影响生物体的正常生理功能。所以，茶皂素既可以直接作为农药使用，又是优良的杀虫杀菌助剂。

1. 茶皂素直接作为农药使用

茶皂素可直接用于防治蚜虫、螟虫、飞虱等，也可投入厕所中用于杀灭蝇蛆等；对菜青虫具有一定胃毒作用和较强的忌避作用；在园林花卉种植中，以茶皂素为主剂研制的专用杀虫剂，可有效防治地下害虫，如地老虎、线虫等；对降低茶树小蠹虫的抗药性具有一定作用；对柑橘全爪螨有较高的杀灭活性；有杀灭血吸虫中间宿主钉螺的作用，而且不会造成土壤污染，有利于环境保护；茶皂素配制而成的植物农药，对防治果树红蜘蛛、蚜虫等有良好的效果，对水稻的钻心虫和卷叶虫也有防治效果。茶皂素作为主要原料制成的系列杀虫剂，对柑橘的红蜘蛛、糠片蚜、矢尖蚧、稻飞虱防治有很好的控制效果，其药效持久、耐水冲刷、无致畸性、对皮肤无刺激性，其防治效果可达到国外生产的25%倍乐霸、25%优乐得农药同样的效果。

茶皂素也可用于植物病害的防治，可抑制茶炭疽病或轮斑病菌的分生孢子发芽，促使稻瘟病菌、水稻胡麻斑病菌、柑桶黑斑病菌、茶叶灰色霉菌、苹果轮斑病菌、梨黑斑病菌等孢子异常发芽，对水稻纹枯病菌等7种植物病菌都具有较强的抑制活性。

2. 茶皂素作为农药的表面活性剂

茶皂素作为一种天然的非离子绿色表面活性剂，具有亲水和亲油两种活性基团，能显著地降低溶液的表面张力，与各类化学农药原料复配成稳定的乳油后，具有明显的增效作用，可使化学农药原药的用量减少50%~75%。茶皂素对农药的增效作用机制在于改善农药的理化性能，提高某些农药在植物叶片表面的沉积量，有助于农药有效成分在虫体和植物体内的渗透。茶皂素还可破坏虫体内解素代谢酶的活性，使某些昆虫产生拒食作用并影响其生长发育。以茶皂素为主体精制而成的环保型农药助剂可广泛地应用于杀虫剂、杀菌剂、除草剂的生产过程，达到增效、增溶、减毒之目的。

茶皂素作为一种植物源产品，其本身对害虫和植物病害具有一定控制作用，对环境无污染，在自然条件下易降解，对人畜无毒，使用安全，符合可持续农业发展的要求。特别是与药剂混合使用，可使高毒农药低毒化，使化学农药原药的用量减少，提高农药的防

治效果，这在生产上具有较好的应用前景，同时也具有世界性的环境保护意义。

（五）在医药方面的应用

茶皂素具有消炎、抗渗透、止痒、止咳、镇痛等功效，在医药上用作祛痰止咳剂和凝血剂。研究发现，茶皂素有对皮肤病原真菌的抗菌活性，特别是对头癣小孢霉菌、絮状表皮癣菌、须发癣霉菌、深红发癣霉菌、白假丝酵母等皮肤病原真菌的抗菌活性较强。此外，茶皂素对白色念珠菌、大肠杆菌均有抑制作用，有治疗浅表真菌感染的效果，具抗过敏性气喘作用、降血压作用以及抗遗传肥胖症等活性作用。茶皂素还能刺激肾上腺皮质机能，促进肾上腺皮质激素的分泌作用，增加血液中皮质甾酮的含量，故而可以调节血糖水平。茶皂素还有解酒毒之功效，降低血、肝中的乙醇及血、肝、胃中的乙醛含量，保护肝脏。

（六）在养殖业中的应用

茶皂素对动物细胞存在破坏作用，可使动物发生细胞溶血现象。据报道，茶皂素仅对血红细胞（包括有核的鱼血、鸡血及无核的人血等）产生溶血作用，而对白细胞和虾血细胞则没有影响。因此，茶皂素对鱼类有毒性，而对虾则无毒性作用。茶皂素作为性能优异的天然鱼毒性活性物质，是一种理想的清池剂，可以清除鱼池、虾池中的敌害鱼类。

在对虾的养殖中，茶皂素可防治对虾黑鳃病的发生及对寄生虫的控制；利用茶皂素配制而成的饲料添加剂能有效地替代抗生素，减少人畜共患的疾病。据报道，茶皂素对蟹类、对虾有刺激脱壳和促进生长等有益作用，可被用作脱壳素。根据茶皂素生物活性开发清塘剂，不仅能发挥茶皂素的鱼毒作用，而且发挥茶皂素对对虾生长的促进作用，在对虾养殖中形成了综合效应。

此外，茶皂素在造纸业、石油业、皮革业、涂料业等许多行业中也已经开拓出更新的应用领域。

第二节　油茶多酚的提取

油茶果皮中含有大量多酚类物质，且大多属于缩合单宁，大部分溶解于水，所以也称为水溶性单宁，主要由是由黄烷醇类（儿茶素类）、花色素类（花白素和花青素）、花黄素类（黄酮及黄酮醇类）等组成。油茶果皮中的多酚与茶叶中的多酚在化学结构、理化性质上都很相似，提取油茶果皮中的多酚可借鉴从茶叶中提取茶多酚的工艺技术。

我国对茶多酚的研究于20世纪50—60年代开始，到70年代初已开始专项研究。1984年中国农业科学院茶叶研究所列题“茶多酚的提取及其应用研究”和“茶叶的药用研究”对茶多酚进行了提取、分离、精制，到90年代，在实验室小试中，已能成功提取茶多酚各个单体，并转入中试试验。各研究单位和生产厂家也越来越重视产品质量，不断提高儿茶素含量，降低咖啡因含量，走最简单工艺，降低生产成本。目前国内从茶叶中提取生产的茶多酚精品纯度大于95%，咖啡因小于3%，儿茶素含量达65%以上，在国际上处于领先水平。茶多酚于1990年被全国食品添加剂标准化技术委员会列为食品添加剂。但从油茶果壳中提取多酚的研究在2007年后才有文献报道。

油茶果皮和油茶籽壳中多酚的含量分别为0.39%和0.51%。油茶多酚与茶多酚理化性质相似，都是水溶性多酚。经多年研究开发的茶多酚作为抗氧化剂已列入我国GB2760—2007《食品添加剂使用卫生标准》，在食品贮藏保鲜中广泛应用。茶多酚主要以绿茶及其副产物为原料提取。目前，我国油茶产业发展迅猛，大量的油茶果皮、油茶籽壳将成为比绿茶价格更低的生产油茶多酚的原料，并

发展为可以与茶多酚竞争的天然食品抗氧化剂。

一、提取分离方法

目前，多酚类化合物提取分离方法有有机溶剂萃取法、离子沉淀法、柱吸附分离法、超临界流体萃取法等。

（一）有机溶剂萃取法

由于多酚物质分子结构中含有羟基，具有一定极性，因此可选用水、低碳醇、乙酸乙酯、丙酮等溶剂提取。通常可按以下原则分提：主体酚类的含量、溶液的 pH、酚类分子量。

（二）离子沉淀法

冷却沉淀法是根据植物多酚在热水中溶解，大分子量多酚在低温下产生沉淀的性质进行粗分离的。离子沉淀法则根据金属离子在一定的 pH 条件下可使水溶液中单宁发生沉淀而得以分级，然后沉淀物再经酸处理使多酚溶出。

（三）柱吸附分离法

根据提取物中多酚类物质的不同分子量、脂溶性、水溶性，利用层析法对其进行提取分离。根据载体的不同可具体分为：硅胶柱层析、聚酞胺柱层析、葡聚糖凝胶柱层析等。

（四）超临界流体萃取法

与传统方法相比，临界流体萃取和超滤技术等具有得率和含量高、速度快、条件温和，有利于有效成分的保护，物耗能耗少等特点，因此受到了越来越多的关注。利用超临界流体萃取可得到高纯度的植物多酚，并保持其原有的化学特征，具有较高的经济效益。超滤技术对植物多酚有很好的分离效果，可保证成品的透明度而不影响营养成分。

二、提取工艺

作者研究了溶剂浸提、微波辅助提取、超声波辅助提取 3 种方法提取油茶果皮中多酚的工艺，通过单因素和正交试验，确定了 3 种方法的最佳提取条件，如表 8-3 所示。

表 8-3　油茶果皮中多酚 3 种提取方法的工艺条件

提取方法	料液比	乙醇体积分数 /%	提取温度或功率	提取时间	提取率 /%
溶剂浸提法	1 ∶ 50	60	温度 65℃	50min	21.0
微波辅助提取法	1 ∶ 50	40	功率 320W	30s 两次	12.0
超声波辅助提取法	1 ∶ 40	60	功率 200W	25min	21.0

在此基础上，对提取的多酚抗氧化活性进行了初步探讨，图 8-8、图 8-9 为油茶多酚对羟基自由基·OH 和超氧自由基 O_2^-· 的清除作用。

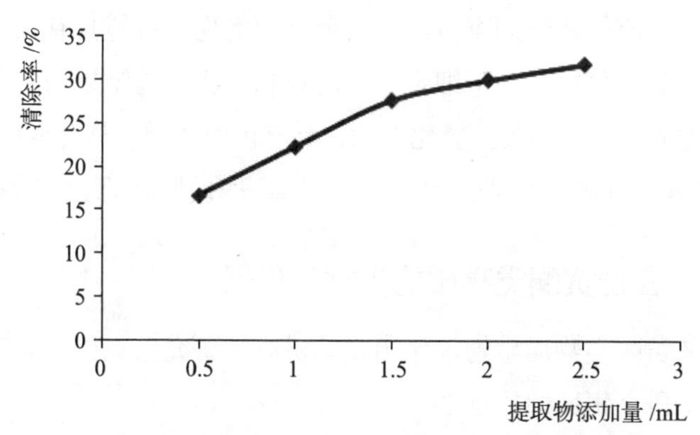

图 8-8　油茶多酚对羟基自由基·OH 的清除作用

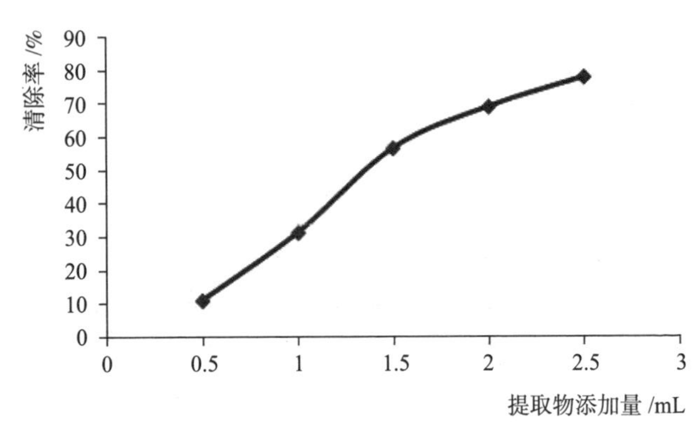

图 8-9　油茶多酚对超氧自由基 O_2^-· 的清除作用

第三节　油茶籽壳黄酮类物质的提取

黄酮类物质（fiavonoids）广泛存在于植物的叶子和果实中。过去的一些研究认为，黄酮类物质进入人体后很少被吸收，大部分由肠道菌群分解排出，因此认为膳食类黄酮物质的生物利用率很低。近 10 年的研究表明，人体肠道可以吸收相当数量的类黄酮物质，吸收过程受多种因素的影响，如化学结构、分子大小、聚合程度、溶解度等。而流行病学调查显示，膳食黄酮类物质可能具有预防慢性退行性疾病的作用，大量细胞培养研究和动物实验结果均表明一些类黄酮物质具有较强的抗氧化作用，具有抗微生物、整合金属离子、保护 DNA、抑制低密度脂蛋白（LDL）氧化和肿瘤细胞生长等作用。

一、食物黄酮类物质的生物学作用

食物黄酮类物质生物学作用及其机制的研究已成为当今营养与食品科学研究领域的热点之一。

人类每日通过膳食摄入、吸收相当数量的黄酮类物质，美国人每日从食物摄入黄酮类物质 1.0~1.1g，荷兰人每日黄酮醇类和黄酮类物质摄入量约为23mg，丹麦人每日3种食物黄酮类物质（黄酮、黄酮醇和二氢黄酮类）摄入量约为28mg，亚洲人一般为15~45mg，但日本农村居民食物异黄酮类物质每日摄入量高达200mg。上述调查结果显示，人类每日从食物中摄入的黄酮类物质的数量超过了一些微量元素的摄入量。荷兰的一项跟踪调查显示，805名64~84岁老人5年的冠心病死亡率与包括槲皮素在内的5种食物类黄酮物质摄入量呈负相关关系；另一项调查跟踪了552名中年荷兰人15年结果发现，5种食物黄酮类物质摄入量与中风的危险性呈负相关关系；在7个欧洲国家进行的25年跟踪调查发现，冠心病死亡率与食物黄酮类物质摄入量呈负相关关系。

尽管黄酮类物质具有许多生物学作用，但是，膳食中黄酮类物质进入体内后的代谢过程，以及所发挥的生物学作用还有待深入研究；各种食物的黄酮类物质的检测方法和含量分析也有待进一步完善和总结。开展食物黄酮类物质的研究将有助于丰富和加强人类对食物功能的认识和利用，为防治人类慢性退行性疾病提供新的营养干预措施，同时，也为营养学研究开辟一个崭新的领域。

二、油茶果壳黄酮类物质的提取

黄酮类物质基本结构为苯基色原酮，目前已分离鉴定出5 000余种，按结构可分为13类，包括查耳酮类（chalcones）、二氢查耳酮类（dihydrccha-lcones）、橙酮类（aurones）、黄酮类（flavones）、二氢黄酮类（navanones）、黄酮醇类（navonols）、二氢黄酮醇类（dihydroflavonol）、黄烷醇类（mavanols）、黄烷二醇类（navandiols）、异黄酮类（isoflavone）、双黄酮类（biflavone）、花色素类（anthocyanidins）、原花色素类或缩合单宁类（proanthocyanidins Ⅲ condensedtannins）。在天然状态下，大多数黄酮类物质为上述母体化合物经糖基化后，以苷类形式存在。组

成类黄酮苷的糖类有 D– 葡萄糖、D– 半乳糖、L– 鼠李糖、L– 阿拉伯糖等。少数黄酮类物质以游离形式存在。

油茶果皮中的黄酮类物质主要有槲皮素及其衍生物芦丁（属黄酮醇类）、花青素（属花色素类）。油茶果皮中的槲皮素与芦丁，含量分别为 42.5mg/kg 及 1 478.5mg/kg。关于油茶果壳中黄酮类物质的研究，主要集中在提取工艺，研究的内容包括总黄酮的提取和花青素、棕色素的提取。

（一）总黄酮的提取及提取物抗氧化活性的研究

黄酮类物质的提取方法有很多。作者研究了油茶果皮中总黄酮的 3 种提取工艺，结果如表 8–4 所示，并对黄酮粗提取物的抗氧化活性进行了探究。结果表明，黄酮粗提取物具有较好的抗氧化性能，对 · OH、DPPH · 、H_2O_2、亚硝酸盐等都具有较高的清除率。

表 8–4　3 种方法提取油茶果皮中总黄酮的效果

提取方法	料液比	乙醇体积分数 /%	提取温度或功率	提取时间	黄酮得率 /%
加热回流浸提法	1∶25	40	温度 80℃	2.5h	4.6
微波辅助提取法	1∶25	30	功率 640W	120s	4.0
超声波辅助提取法	1∶20	20	功率 100W	40min	2.0

姜天甲等采用超声波辅助溶剂法提取油茶籽壳中的总黄酮，油茶籽壳不同溶剂提取物中的总黄酮提取率如表 8–5 所示。

表 8–5　油茶籽壳中总黄酮的提取率

序号	原料	提取溶剂	总黄酮提取率 /%	得率 /%	提取物干基酮含量 /%
1	油茶籽壳	石油醚	0.23 ± 0.01	1.28 ± 0.05	18 ± 1.0
2	油茶籽壳	纯乙醇	0.42 ± 0.03	1.51 ± 0.04	28 ± 1.5
3	油茶籽壳	60% 乙醇	1.60 ± 0.06	3.81 ± 0.07	42 ± 1.8
4	油茶籽壳	水	0.52 ± 0.04	1.73 ± 0.02	30 ± 1.4

（二）花青素的提取

花青素（anthocyanins）又叫花色素，是一类广泛存在于植物中的水溶性色素，是果实、植株、花呈现出红、橙、紫、蓝等颜色的重要原因。花青素属类黄酮化合物，基本结构单元为α-苯基苯并吡喃型阳离子（图8-10），因3′及5′位置的取代基不同（羟基或甲氧基），形成了各种各样的花青素。现已知的花青素有20多种，主要存在于植物中的有6种：天竺葵色素（pelargonidin）、矢车菊色素或芙蓉花色素（cyanidin）、翠雀素或飞燕草色（delphindin）、芍药色素（peonidin）、牵牛花色素（petunidin）及锦葵色素（malvidin）。

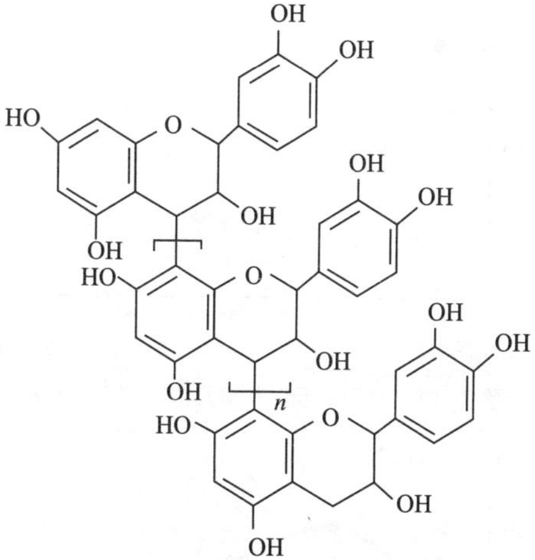

图8-10　原花青素结构通式（*n* 为0~10）

花青素有很强的生物活性，能清除人体内过剩自由基，提高人体免疫力，具有延缓衰老、抗氧化、抗突变、抑制肿瘤细胞发生、预防心脑血管疾病、保护肝脏、降低DNA氧化损害、降血糖等多种生理功能，可作为防癌、抗突变、防治心血管疾病药物的主要有效成分，也可作为安全无毒的新型抗氧化剂，应用于医药、保健、

食品等领域。花青素还是食品中常见的色素，一些花青素在一定条件下，可作为食品的着色剂使用。因此，开发花青素资源日益受到重视。从植物中分离、纯化得到花青素类物质并应用于食品、医药等领域已经成为研究的新热点。

花青素分子具有酸性与碱性基团，较易溶于水、酸碱及有机醇溶剂中。因此，花青素的提取分离，一般采用酸性醇溶液，利用超声波辅助萃取、微波萃取、加热萃取等方法进行。

油茶果皮中也存在花青素。作者初步探讨了花青素的提取工艺，结果如图 8-11 至图 8-14 所示。

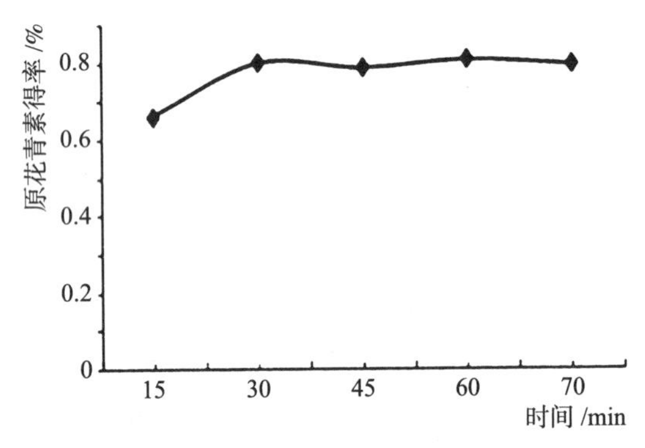

图 8-11　提取时间对花青素提取效果的影响

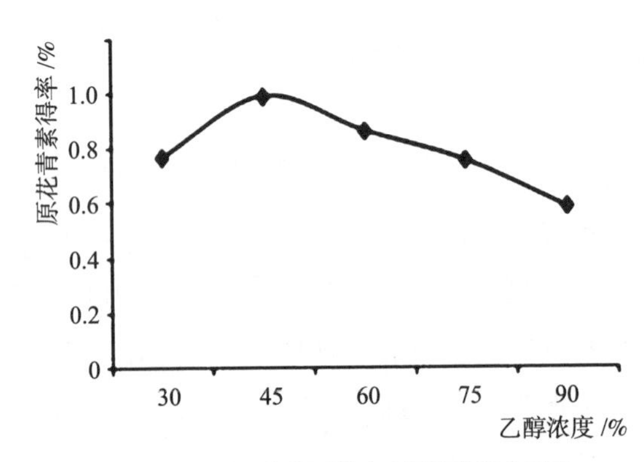

图 8-12　乙醇浓度对花青素提取效果的影响

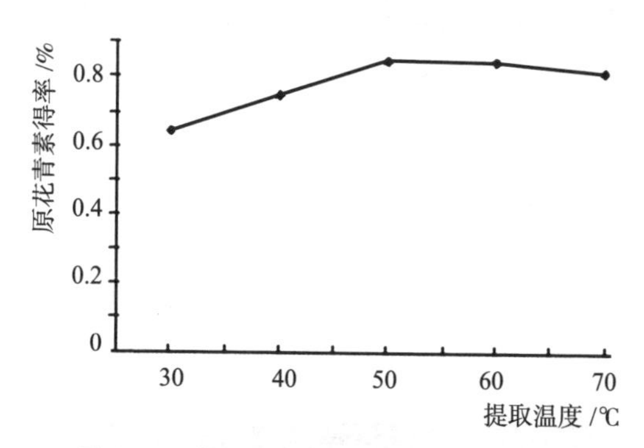

图 8-13　提取温度对花青素提取效果的影响

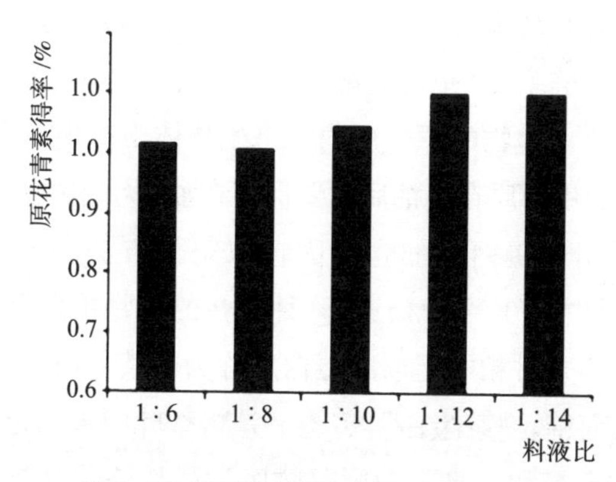

图 8-14　料液比对花青素提取效果的影响

油茶果皮、籽壳中花青素的组成分析以及生理功能应用尚未见到文献报道，尚待展开深入的研究。

（三）棕色素的提取

油茶果皮、籽壳中的含有一定量的棕色素，提取工艺流程为：油茶果皮、籽壳粉末→微波辐射浸提→抽滤→减压蒸馏（去乙醇）→色素浸膏→石油醚萃取（去脂溶性物）→分离→真空干燥→棕色素粉末。

从油茶果皮、籽壳中提取的棕色素对酸、光和热稳定性较好，

对氧化剂和还原剂有一定的耐受力，碱对色素有增色作用，常用作食品添加剂。食盐、葡萄糖、可溶性淀粉、柠檬酸对油茶果壳棕色素的稳定性几乎没有影响，而维生素 C 和苯甲酸钠对稳定性影响较大，对其有增色的作用。

目前，对油茶果壳含有的色素成分尚未见系统的研究文献报道和有效的开发应用。

第四节　油茶蛋白的提取与应用

蛋白质是由氨基酸组成的高分子化合物。各种氨基酸通过肽键彼此连接成长链（100 个氨基酸以上）的化合物称之为蛋白质。蛋白质存在于一切生物的原生质内，是生物体组成中最重要的成分。油茶果实中的蛋白质在提油后主要保留在油茶饼粕中。

油茶饼粕中蛋白质的含量因提取茶油方法的不同而有所差异，一般含量在 10%~20%，是一种潜在的植物蛋白资源。一些研究报告将从油茶饼粕中提取的蛋白质称为“茶蛋白”，这个称谓是否适当值得商榷。“茶蛋白”传统上是指茶叶中含的蛋白质。茶叶中的蛋白质含量相当高，中国预防医学科学院营养与食品卫生研究所编著的《食物成分表（全国代表值）》中，红茶的蛋白质含量为 26.7%，绿茶为 34.2%。从茶叶中提取蛋白质的研究已取得相当多的成果，并形成了“茶蛋白”的学术名称。“茶蛋白”属于植物叶蛋白，而油茶饼粕中含的蛋白质，与大豆饼粕、花生饼粕、棉籽粕等含的蛋白质相同，属于油料蛋白质，因此称之为“油茶蛋白”更为确切。目前，科技文献中对“油茶蛋白”的英文名称也欠统一，使用 camellia seeds cake protein（茶籽粕蛋白）、glycoprotein（糖蛋白）等英文名称皆有之，并未如大豆蛋白统一为“soybean protein”。

油茶蛋白与大豆蛋白、芝麻蛋白、花生蛋白、菜籽蛋白、棉籽蛋白等植物油料蛋白质一样，具有植物油料中蛋白质的 4 个特性：一是蛋白质中人体必需的氨基酸丰富，结构配比接近人体需要；二是油料蛋白质对人体的生理功能作用既能克服禾谷类粮食蛋白质生物价低的缺点，又可从根本上解决过量食用动物蛋白质对人体负效应大的“富贵病”问题；三是利用油料蛋白质经济意义较大，既可充分节约现有蛋白质资源，与生产动物蛋白质相比，有投入小产出大的特点；四是油料蛋白质是人类普遍适用的蛋白质，经科学工艺深加工后的安全、优质和营养性强的特点适应于我国及任何一个国家或地区，特别适合青少年儿童与老人科学合理食用。

油茶饼粕中的蛋白质含有 17 种氨基酸成分，其中 8 种是人体必需的氨基酸，其氨基酸的组成见表 8-6。

表 8-6　油茶饼粕中的蛋白质氨基酸组成

氨基酸	原料 /%	蛋白 /%	氨基酸	原料 /%	蛋白 /%
天门冬氨酸	0.87	3.68	缬氨酸*	0.32	1.29
谷氨酸	2.16	15.82	蛋氨酸*	0.12	1.18
丝氨酸	0.54	1.36	异亮氨酸*	0.27	0.95
精氨酸	0.82	6.59	亮氨酸*	0.71	2.61
甘氨酸	0.41	1.59	苯丙氨酸*	0.35	0.97
苏氨酸*	0.40	0.45	组氨酸	0.16	0.28
脯氨酸	0.45	1.09	赖氨酸*	0.42	1.80
丙氨酸	0.60	1.78	酪氨酸	0.18	0.81
总量	8.9	43.49	色氨酸*	0.15	1.24
蛋白质含量	14.40	53.13			

注：* 号为人体必需的氨基酸。

现代研究表明，许多植物中所含的蛋白具有显著的药用功效和保健功能。油茶蛋白经酶解制备的多肽具有清除超氧自由基和羟基

自由基、降血压等作用。因此，油茶蛋白既可作为天然的畜禽饲料添加剂，又可作为食品植物蛋白、营养强化剂、食品添加剂的原料，具有良好的开发潜力与应用前景。

一、油茶蛋白的提取与分离纯化

从油茶饼粕中提取蛋白质与从其他植物油料饼粕提取蛋白质一样，提取的工艺过程为：原料的预处理及细胞破碎→提取蛋白质→蛋白质分离纯化。

（一）油茶饼粕的预处理及细胞破碎

提取油茶蛋白首先要把蛋白质从组织或细胞中释放出来并保持原来的天然状态，不丧失活性，需要采用适当的方法将组织和细胞破碎。常用的方法如下：

（1）机械破碎法：这种方法是利用机械力的剪切作用，使细胞破碎。常用设备有高速组织捣碎机、匀浆器等。

（2）渗透破碎法：这种方法是在低渗条件使细胞溶胀而破碎。

（3）反复冻融法：生物组织经冻结后，细胞内液结冰膨胀而使细胞胀破。这种方法简单方便，但对温度变化敏感的蛋白质不宜采用此法。

（4）超声波法：使用超声波振荡器使细胞膜上所受张力不均而使细胞破碎。

（5）酶法：使用酶制剂，如纤维素酶，破坏微生物细胞等。

（二）油茶蛋白的提取方法

油茶蛋白的提取方法包括沉淀法、膜分离法、酶法等。

1. 沉淀法

沉淀是物理环境的变化引起悬浮在液体的溶质溶解度降低、生成固体凝聚物连续沉降的现象，这是一种最古老的分离和纯化生物物质的方法，目前仍广泛应用。沉淀法主要包括盐析法、等电点沉淀法、有机溶剂沉淀法、非离子型聚合物沉淀法、聚电解质沉淀法、高价金属离子沉淀法、热沉淀法等，其中以等电沉淀法应用最多。

蛋白质溶液在等电点的范围内其溶解度最小。等电点沉淀法是将原料用碱液溶解，调节 pH 使溶液中蛋白质含量达到最大，然后离心分离去渣得上清液，再用酸调节溶液的 pH 到等电点，使上清液中的蛋白质沉淀，再经过离心分离、水洗、干燥得到蛋白质。其工艺流程如图 8–15。

碱液
↓
原料预处理→浸提→离心分离→上清液→调 pH 至蛋白质等电点沉淀→离心分离→水洗→干燥→分离蛋白

图 8–15 沉淀法提取油茶蛋白的工艺流程

等电点沉淀法提取油茶蛋白的特点如下：

（1）不同的蛋白质，具有不同的等电点。在生产过程中应根据分离要求，除去目的产物之外的其他杂蛋白。若目的产物也是蛋白质，且等电点较高，可先除去低于等电点的其他杂蛋白，如细胞色素 C 的等电点为 10.7，在细胞色素 C 的提取纯化过程中，调 pH 为 6.0 除去酸性蛋白，再调 pH 为 7.5~8.0，除去碱性蛋白。

（2）同一种蛋白质在不同条件下等电点不同。在盐溶液中，蛋白质若结合较多的阳离子，则等电点的 pH 升高。因为结合阳离子后，正电荷相对增多，只有 pH 升高才能达到等电点状态，如胰岛素在水溶液中的等电点为 5.3，在含一定浓锌盐的水—丙酮溶液中的等电点为 6.0；如果改变锌盐的浓度，等电点也会改变。蛋白质若结合较多的阴离子（如 Cl^-、SO_4^{2-} 等），则等电点移向较低的 pH，因为负电荷相对增多了，只有降低 pH 才能达到等电点状态。

（3）目的成分对 pH 的要求。生产中应尽可能避免直接用强酸

或强碱调节 pH，以免局部过酸或过碱而引起目的成分蛋白或酶的变性。另外，调节 pH 所用的酸或碱应与原溶液中的盐或即将加入的盐相适应，应尽量以不增加新物质为原则。如溶液中含硫酸铵时，可用硫酸或氨水调 pH；如原溶液中含有氯化钠时，可用盐酸或氢氧化钠调 pH。

（4）由于各种蛋白质在等电点时仍存在一定的溶解度，使沉淀不完全，而多数蛋白质的等电点又都十分接近，因此单独使用等电点沉淀法效果不理想时，可以结合采用几种方法来实现沉淀分离。

等电点沉淀法操作简单，试剂消耗少，是一种有效的蛋白质初级分离方法，尤其对疏水性较强的蛋白质。其主要优点在于很多蛋白质的等电点都在偏酸性范围内，而无机酸通常价格低廉，因此可以省去除酸的步骤。

油茶蛋白组成成分复杂，进行酸沉蛋白时呈现较宽的等电点范围，不同的茶油提取方法产生的油茶饼粕，其所含蛋白质的等电点存在差异，冷榨、溶剂萃取和水酶法提取茶油后的油茶饼粕中蛋白酸沉时出现类似两个等电点现象，即在 pH 4.5 和 pH 3.5 分别有较大的沉降量。分段酸沉可以提高油茶饼粕蛋白的提取率。水酶法因提油温度低，油茶饼粕中蛋白含量较高。热榨提油工艺能得到的油茶饼粕，其所含的蛋白质因高温烘炒变性程度较大，采用碱溶酸沉法提取时，蛋白的沉降回收率低于冷榨、溶剂萃取和水酶法得到的油茶饼粕。

2. 膜分离法

膜分离是将粗蛋白提取液经过超滤膜，水和其他小分子物质透过超滤膜，大分子的蛋白质被截留，在没有相变的条件下实现蛋白质的分离提纯和浓缩，然后干燥得分离蛋白产品的方法。膜分离工艺主要包括浸出、离心分离、水稀释、超滤、反渗透及干燥等工序，其工艺流程如图 8–16 所示。

原料→提取→蛋白浆液→分离→渣子→干燥
↓
蛋白提取液→预处理→超滤→透过液
↓
成品←分离蛋白←喷雾干燥←功能处理←浓缩液

图 8-16　膜分离法生产蛋白的工艺流程

膜分离法提取植物油料蛋白质的特点如下：

（1）不需要加热，可以达到分离浓缩的目的，在常温下进行，有效成分损失极少，适用于热敏感、不可受热和氧的影响的蛋白质的生产。

（2）无相态变化，保持原有的风味，能耗极低，其费用为蒸发浓缩或冷冻浓缩的 1/8~1/3。

（3）无化学变化，不用化学试剂，产品不受污染，并减少对环境的污染。

（4）选择性好，可在分子级内进行物质分离，达到部分纯化的目的。

（5）适应性强，处理规模可大可小，可以连续也可以间隙进行，工艺简单，只需加压、输送、循环等工序，操作方便，易于自动化。

（6）可解决低浓度溶液的浓缩问题。

（7）应用膜分离物质，耗能少，特别在缺能源的或能源价格高的情况下，膜分离法更有优势。

3. 酶法

酶法提取植物油料蛋白质提取温度较低，提取时间短，提取率高，适合于大规模的工业化生产。酶法提取一般的工艺流程为：油茶饼粕→粉碎→过筛→脱脂→酶法浸提→离心→收集上清液→沉淀蛋白质→水洗→浓缩、干燥→油茶蛋白。

目前常用的酶有酸性蛋白酶、中性蛋白酶、碱性蛋白酶和复合

性蛋白酶等。它们适宜的作用底物不同，最适的反应条件也不同。

酶法提取植物油料蛋白的优点如下：

（1）显著改善蛋白的乳化性能。

（2）能导致蛋白质中极性基团（$—NH^+$，$—COO^-$）数目增加、多肽链平均分子量降低、分子构象变化，使蛋白质水溶性对溶液 pH 的依赖性降低，溶解度显著提高。

（3）随着酶解的进行，蛋白质的许多疏水基被暴露出来，使酶解液疏水性增强，表面张力减弱，发泡力增强。

（4）酶解蛋白产生的多肽，其黏度随浓度增高变化不大，也不因 pH 变化而急剧变化，这一特性适合于高蛋白液体食品的使用，即使添加量达到 30% 以上也不腻口。

4. 有机溶剂沉淀法

中性有机溶剂如乙醇、丙酮，它们的介电常数比水低，能使大多数球状蛋白质在水溶液中的溶解度降低，从溶液中沉淀出来，因此可用来沉淀蛋白质。此外，有机溶剂会破坏蛋白质表面的水化层，促使蛋白质分子变得不稳定而析出。但由于有机溶剂会使蛋白质变性，使用该法时，要注意在低温下操作，并选择合适的有机溶剂种类与浓度。

（三）油茶蛋白的分离纯化

在提取的油茶蛋白质溶液中含有大量的其他杂质，要得到较纯的油茶蛋白质就必须对粗提物进行分离纯化。

蛋白质分离纯化的方法很多，常用的方法有盐析法、有机溶剂沉淀法、等电点沉淀法、吸附法、结晶法、电泳法、超离心法及柱层析法等。一般先用等电点沉淀，再盐析和有机溶剂分级分离，然后再用离子交换、凝胶过滤等层析方法进行纯化，也可用亲和层析、各种电泳等方法进行纯化。有时还需要这几种方法联合使用才能得到较高纯度的蛋白质。

目前关于从油茶饼粕中提取和分离纯化蛋白的研究还处于起步阶段，相关的研究报道主要是采用“碱提酸沉法”提取油茶蛋白的，且文献数量不多。

二、油茶蛋白质的结构和理化性质

蛋白质是结构非常复杂的高分子物质，精确地测定它的分子量很困难。目前对研究已很深入的乳清蛋白、醇溶谷蛋白等也只是应用超离心法测出近似分子量。油茶蛋白的分子量、渗透压、黏度、两性电解质性质等理化性质研究不多；对油茶蛋白的结构研究以及对油茶蛋白的生物学价值和营养评价，如蛋白质消化率（TD）、蛋白质的生物价（BV）、蛋白质净利用率（NPU）、蛋白质功效比值（PER）、净蛋白质比质（NPR）、氨基酸分数（AAS）、氮平衡指数等也缺乏研究数据。

油茶蛋白具有其他蛋白质共有的一般性质。蛋白质是由氨基酸组成的，因此是有许多和氨基酸相同的性质。蛋白质溶于水则生成亲水溶液，蛋白质溶液具有亲水溶胶的一般性质。

与应用最为广泛和最具有代表性的大豆蛋白相比，油茶蛋白主要表现出的特性如下：

（1）油茶蛋白与大豆蛋白的溶解度之间存在着较大的差异。油茶蛋白的溶解性低于大豆蛋白，可能是由于油茶蛋白与大豆蛋白相比有着较强的疏水性，疏水作用能使蛋白质溶解度降低。

（2）油茶蛋白的乳化性比大豆蛋白略低，可能是由于油茶蛋白溶解度小于大豆蛋白，使溶液中可溶性蛋白数量较少，因此乳化能力也较低。

（3）油茶蛋白的吸水性较大豆蛋白小而吸油性较大，这是由于油茶蛋白分子表面具有较多的疏水基团和较少的亲水基团。

（4）在相同 pH 的溶液中，油茶蛋白的起泡性和泡沫稳定性低

于大豆蛋白，可能是因为油茶蛋白溶解度小导致浓度较低，产生的是较大和较弱的气泡，蛋白质与蛋白质的相互作用不够形成较厚的吸附膜。

三、油茶蛋白在食品中的应用前景

与大豆蛋白相比，油茶蛋白乳化能力较差但乳化稳定性较强。食品加工中的乳化剂，不仅要求有一定的乳化能力，也要有一定的乳化稳定性，综合考虑这两个方面，油茶蛋白的乳化特性并不次于大豆蛋白。这种较强的乳化性可望用于肉类、冰激凌及烘焙产品。

蛋白的吸油性是一重要的功能特性，可以提高食品对脂肪的吸收和保留能力，减少脂肪在加工过程中的损失，进而改善食品的适口性和风味。油茶蛋白的吸油性比大豆蛋白强，可广泛应用于肉制品、鱼、仿肉制品中。

作为植物油料蛋白质，油茶蛋白在食品工业中的前景广阔，通过进一步的研究开发，油茶蛋白可以成为与大豆蛋白、菜籽蛋白等广泛应用于食品工业的优质蛋白质产品。

第五节　油茶多肽的制备与生物活性研究

蛋白质经蛋白酶控制酶解制备功能性蛋白、功能性肽和呈味基料是实现食物蛋白资源高值化利用的重要途径。

多肽，是分子结构介于氨基酸和蛋白质之间的一类化合物。氨基酸是蛋白质的结构单位。在蛋白分子中氨基酸以肽键（peptide linkage）相结合。肽键是一个氨基酸的氨基和另一个氨基酸的羧基相结合失水而形成的。由于所有的氨基酸均有氨基（$—NH_2$）和羧基（—COOH），因此可生成各种长度的链状化合物，2个氨基酸至100个氨基酸组成的化合物称之为肽（peptide）。由两个氨基酸组成的肽称为二肽（dipeptide），由 3 个氨基酸组成的化合物叫三肽，顺此类推。人们较熟悉的胰岛素是由 51 个氨基酸组成的，一般称为 51 肽。氨基酸按一定顺序以肽键相连形成的多肽链称为蛋白质的一级结构。

长期以来，人们一直认为食物蛋白质必须经过消化、分解成氨基酸后方能被吸收、利用。即生物进食蛋白质后蛋白质的肽键被酶水解，使蛋白质解离成单个氨基酸，然后通过血液循环将氨基酸吸收并分配到体内各细胞。体内的细胞中的单个氨基酸再有次序地连接起来，形成生物机体的蛋白质。20 世纪 90 年代开始，随着生物医学技术的发展和分离、检测技术的提高，对肽在人体中的作用的研究取得了突破性的进展。大量的研究结果表明，蛋白质被生物机体摄入后，并不是完全水解成氨基酸，而是大部分以肽的形式被吸收，同时发现多肽被吸收的速度比相同组成的氨基酸要快。

近 20 年来，肽在人体中的作用引起了科学界的高度重视，多肽的研究进入一个崭新的发展阶段。大量的研究表明，生物体内的活性肽在生命过程中起着重要的调控作用，活性肽与生物的发育、生长代谢、免疫、疾病、学习、记忆、衰老等都有极密切的关系，特定的低聚肽和多肽具有调节生物神经系统、活化细胞免疫机能、改善心血管功能、抗衰老等生理活性。这些发现为开发肽类药物、肽类功能食品提供了理论基础。许多功能肽已被科学家推荐为调节人体健康的功能营养物质，尤其是从食物蛋白中提取的功能肽，由于营养性和安全性高更被重视，食源性多肽的制备技术研究也进入一个新的开发阶段。

用于制备食源性多肽的原料主要是未充分利用的蛋白质丰富的食物和富含蛋白质的食品工业副产品。根据制备活性肽的食物来源进行简要分类为动物源活性肽和植物源活性肽。大豆多肽等植物源活性肽的制备技术已实现产业化规模化。油茶多肽的制备技术近年

来也已开展，但对油茶多肽的制备、分离纯化的研究尚居初始阶段，在此仅作简单的介绍。

一、油茶多肽的制备方法

目前对油茶多肽制备的研究主要是采用酶水解法。选择合适的蛋白水解酶和酶解条件，将油茶蛋白切割成不同链长的多肽，再经过分离纯化即可制备出纯度较高的油茶多肽。不同的蛋白酶因具有各自的特异性及优先酶切位点，对同种原料进行酶切后所得到的产物肽的分子量分布、氨基酸组成等都会有不同程度的差异，从而导致酶解产物的功能性不同。目前食品行业中常用于酶解的商业蛋白酶主要包括动物蛋白酶（胃蛋白酶、胰蛋白酶等）、植物蛋白酶（木瓜蛋白酶、菠萝蛋白酶等）和微生物蛋白酶（中性蛋白酶、碱性蛋白酶等）。这些蛋白酶具有不同的最适酶解条件及不同的酶切位点，在一定程度上能够为不同加工目的提供选择。

油茶籽多肽的制备主要采用酶法。有研究报道，以冷榨脱脂油茶籽粕为原料，采用胃蛋白酶水解法制备油茶籽多肽，确定了胃蛋白酶水解的最佳工艺条件为：酶解温度 40℃，酶解时间 3h，加酶量 15 000 U/g，料液比 1∶30，在此最优条件下油茶籽多肽产率达到 61.8%；采用 2709 碱性蛋白酶在 pH 8.0，[E]/[S] 10%，温度 45℃，水解时间 5h，氨基酸态氮生成率可达 34.64%。

油茶多肽的分离纯化方法可参考大豆多肽、米糠肽等植物源活性肽的分离纯化方法。基本方法如下：

（一）盐析法

多肽分子表面的亲水集团（—OH、—COOH 等）与水分子的相互作用形成水化膜，向溶液中加入大量中性盐后，表面电荷被大量中和，从而使水化膜破坏，多肽分子相互聚集而沉淀析出，达到分离的目的。盐析法成本低，操作简单，对多肽有一定的保护作用，但会带入大量盐分。

（二）超滤法

在压力驱动作用下，使待分离的多肽分离通过适合孔径的薄膜，此法可分离不同大小的多肽，但不能将分子量及其相近的多肽分离。

（三）高效液相色谱柱法

提取液进入色谱柱后，溶质在两相间进行多次的连续交换分配，由于溶质在两相间分配系数、吸附能力、亲合力、分子大小不同引起的排阻作用而使多肽得以分离。

（四）电泳法

在电场作用下，由于待分离溶质中分子大小、形状及所带电荷不同，使带电分子具有不同的迁移速度，从而将样品进行分离或提纯。

二、油茶多肽的生物活性

对油茶多肽的生物活性研究近年来也陆续开展。龚吉军等研究了油茶饼粕多肽的生物活性，得到如下结果：

（1）油茶饼粕蛋白水解产物的体外抗氧化活性与酶的种类和水解度密切相关。当酶与底物比和水解时间分别为 1.50% 与 6h 时，经碱性蛋白酶（alcalase）水解后所得多肽对超氧自由基 O_2^-· 的清除能力、还原能力和抑制亚油酸过氧化的活性均最强，分别为 59.93%、0.621 和 53.19%。当酶与底物比和水解时间分别为 1.50% 与 9h 时，经木瓜蛋白酶（papain）水解后得到的多肽具有最强的清除 DPPH 的能力（46.89%）。

（2）以四氯化碳致毒小白鼠为试验对象，剂量分别为 250mg/kg 体重、500mg/kg 体重和 1 000mg/kg 体重，油茶饼粕多肽（MW3 kDa）的体内抗氧化活性结果为：中、高剂量的油茶饼粕多肽能使

中毒小鼠肝脏的超氧化物歧化酶与谷胱甘肽过氧化物酶活力显著提高（$P<0.05$），能使丙二醛（MDA）含量显著降低（$P<0.05$）。说明油茶饼粕多肽可以显著减轻活性氧对机体的损害，增强机体的抗氧化能力。

（3）油茶饼粕多肽（MW3 kDa）用于自发性高血压大鼠（SHRs）的ACE抑制活性与降压效果显示，经碱性蛋白酶水解所得多肽的IC50是最低的（0.96 ± 0.11）mg/mL，在体内试验中，SHRs在一次灌喂与长期服用100mg/kg体重和500mg/kg体重的油茶饼粕多肽后，收缩压显著降低（$P<0.05$），长期服用油茶饼粕多肽SHRs的动脉ACE活性受到显著抑制，证明油茶饼粕多肽对SHRs具有良好的降压作用。

（4）通过建立SD大鼠高血脂模型，采用低、中、高3种剂量的油茶饼粕多肽（250 mg/kg体重、500 mg/kg体重和1 000mg/kg体重），研究了油茶饼粕多肽（Alcalase水解）的降血脂效果。结果表明，低、中、高剂量的油茶饼粕多肽均可显著降低高血脂模型SD大鼠血清中总胆固醇与甘油三酯的含量、动脉硬化指数（AI）（$P<0.05$），还能有效提高高密度脂蛋白胆固醇（HDL–C）的水平（$P<0.05$）。试验结果提示，油茶饼粕多肽具有良好的降血脂功效，可有效降低动脉粥样硬化的风险。

（5）脾淋巴细胞增殖作用、免疫脏器指数、血清半数溶血值（HC50）、小鼠巨噬细胞的吞噬指数与吞噬率为指标，研究了油茶饼粕多肽（Alcalase水解）对小鼠的免疫调节功能。试验结果表明，低、中、高剂量（250mg/kg体重、500mg/kg体重、1 000mg/kg体重）的油茶饼粕多肽均能对抗环磷酰胺所致小鼠免疫降低的作用，说明不同剂量的油茶饼粕多肽均能显著提高免疫低下型小鼠的非特异性和特异性细胞免疫功能（$P<0.05$）。迟发型超敏反应（DTH）试验结果表明，低、中、高剂量的油茶饼粕多肽均能显著提高免疫

正常小鼠的特异性细胞免疫功能（$P < 0.05$）。

（6）以 pepsin 为水解酶，水解油茶饼粕蛋白制备抗菌肽（MW10 kDa），得到的抗菌肽对大肠杆菌的抑制率达到（66.05 ± 0.22）%（n=4），对所测试的细菌、酵母和霉菌也均有一定的抑制效果，其中，对细菌的抑菌作用较强，对酵母菌和霉菌的抑制效果相对较弱。

至今，油茶多肽的功能性质和体内免疫调节、抗氧化等机理的研究报告、文献甚少，需进一步深入研究才能使油茶多肽得到广泛的应用。

第六节　油茶饼粕、油茶果壳中糖类物质的提取

过去的 30 年，在生物科学领域掀起了一场从生物体中提取或转化活性糖类的热潮推动了生命科学、健康产业大发展，学术界称之为“糖”时代。2002 年联合国粮农组织和世界卫生组织联合公布了一份有关碳水化合物在人体营养方面作用的报告。这份报告首次分析了各种不同形式的碳水化合物在健康和疾病治疗方面的作用。20 年来，由于对碳水化合物在消化、吸收和新陈代谢方面作用有了更加深刻的认识，人们开始更好地理解它们在营养和改善健康方面做出的巨大贡献。

碳水化合物（carbohydrates）是生物界三大基础物质之一，这一名词来源于此类物质由 C、H、O 3 种元素构成，而早期发现的一些此类化合物的分子式中 H 和 O 的比例恰好与水相同，为 2 ∶ 1，好像碳与水的化合物，因此得名，例如，葡萄糖与果糖的分子式为 $C_6H_{12}O_6$、蔗糖的分子式为 $C_{12}H_{22}O_{11}$ 等。后来发现一些不属于碳水化合物的分子也有同样的元素组成比例，如甲醛（CH_2O）、乙酸（$C_2H_4O_2$）等，一些碳水化合物如脱氧核糖

（$C_5H_{10}O_4$）等则又不符合这一比例。因此，碳水化合物这一名词是不确切的。为此，1927 年，国际化学名词重审委员会曾建议用“糖质（glucide）”一词来代替“碳水化合物（carbohydrates）”，但由于沿用习惯，“碳水化合物”一词仍被广泛使用。

碳水化合物的类型分为单糖、低聚糖和多糖。表 8-7 列出的是自然界中普遍发现的碳水化合物类型。

表 8-7　碳水化合物的分类

单糖		低聚糖*			多糖		
戊糖（$C_5H_{10}O_5$）	己糖（$C_6H_{12}O_6$）	二糖（$C_{12}H_{22}O_{11}$）	三糖（$C_{18}H_{32}O_{16}$）	四糖（$C_{24}H_{42}O_{21}$）	戊聚糖（$C_5H_8O_4$）	己聚糖（$C_6H_{10}O_5$）	混合多糖
阿拉伯糖	果糖	乳糖	麦芽丙糖	水苏糖	阿拉伯聚糖	纤维素	琼脂
核糖	半乳糖	麦芽糖	松三糖	麦芽丁糖	木聚糖	糊精	藻酸
木糖	葡萄糖	蔗糖	棉籽糖			糖原	角叉藻胶
	甘露糖	海藻糖				菊粉	几丁质
单糖衍生物						甘露聚糖	半纤维素
糖醇						淀粉（直链和支链淀粉）	果胶
氨基酸							蔬菜树胶
糖酸							

注：* 包括可能是 2~10 糖单位的化合物。

单糖很少发现游离在自然界。20 世纪 90 年代开始掀起研究糖类热潮，研究的内容为：一是低聚糖（水苏糖、低聚异麦芽糖、低聚果糖等）的生理活性功能，提取和生产低聚糖的工艺技术及产品开发应用；二是不同植物的单糖、低聚糖的含量，生理活性功能，提取和生产工艺技术及产品开发应用。

一、油茶多糖的提取

从植物中提取的糖类物质含有多种单糖和低聚糖，因此按其植物名称称为“大豆多糖”“南瓜多糖”等，这类称谓中的“多”是指“多种”，而不是指植物中大于10个糖单位的纤维素、淀粉等的“多糖”。这一称谓也已经形成为沿用习惯，被广泛使用。目前，对油茶中含有的单糖和低聚糖，文献报道中也称之为油茶多糖。

从油茶饼粕中提取的油茶多糖主要由6种单糖组成，即甘露糖30.06%、半乳糖22.92%、阿拉伯半糖18.17%、葡糖糖11.24%、鼠李糖11.39%、木糖6.22%，平均分子量24 000。大量药理和临床实验证明，从天然产物中分离出的多糖与免疫功能的调节、细胞与细胞的识别、细胞间物质的传输、癌症的诊断与治疗等都有密切关系。据报道，油茶籽多糖具有明显延长血栓形成时间，缩短血栓长度，从而起到抗血栓的药理作用；油茶籽多糖具有抗凝血和降血糖作用，还有修复糖代谢紊乱的作用。

张宽朝等研究了油茶籽多糖对糖尿病小鼠的降血糖作用。对正常小鼠和氢嘧啶造膜的高血糖小鼠分别给予油茶籽多糖腹腔注射，葡萄糖氧化酶法（GOD–POD）法测定小鼠血糖值，研究不同组别油茶籽多糖的降血糖效果，并用DPPH法研究油茶籽多糖清除自由基的能力，探讨油茶籽多糖降血糖作用的机理。结果表明：油茶籽多糖具有一定的降血糖作用；油茶籽多糖可不同程度地提高自由基清除力。

油茶多糖的提取方法主要有水提法、酸碱提取法、有机溶剂提取法等。水提法所得提取物中有一定的淀粉和蛋白质，导致过滤困难，给后处理带来麻烦；酸碱提取法容易破坏多糖的结构，从而使其丧失活性。一般采用有机溶剂法提取油茶多糖，工艺流程为：油

茶饼粕→粉碎→浸出→离心→浓缩→醇沉→沉淀（多糖）→过滤→滤液→浓缩→真空干燥→油茶多糖。

近年来，应用现代高新技术研究提取油茶多糖的研究也相继开展。本书作者以油茶饼粕为原料，研究了油茶饼粕中多糖的微波提取技术，确定了最佳提取条件：微波功率640W，提取时间3min，料液比1：25，原料粒度80~100目，此条件下，多糖得率为14.0%。尹丽敏等研究了盐酸、乙醇等电点法脱除油茶籽多糖中蛋白质的方法，可以使蛋白质脱除率达到92.68%，多糖保留率为61.78%，与传统的三氯乙酸法和Sevage法相比，更为安全有效。

从目前的研究报道可以做出油茶多糖是一种优质的植物多糖的判断。但利用油茶饼粕生产多糖，尚处于起步阶段，多数研究还处于实验室的阶段，未应用于生产。

二、应用油茶果皮生产木糖

木糖（xylose）属于五碳糖，在自然界除竹笋以外，尚未发现游离状态的木糖。木糖，以缩聚状态广泛存在于自然界植物的半纤维素中，即以大分子的多缩戊糖木聚糖的形式存在植物体内。工业生产的木糖是用含有的多缩戊糖农业植物废料，经水解、净化、浓缩结晶而得。生产木糖的原料来源十分广泛，综合考虑含量高和容易集中等因素。目前，国内外木糖生产原料主要是玉米芯、棉籽壳、桦木片等。

油茶果皮中含有30%左右的多缩戊糖，与目前生产木糖原料含有的多缩戊糖相当（高于棉籽壳的25%~28%，低于玉米芯的32%~35%），原料集中度高，是生产木糖较为合适的原料。

木糖是无色至白色结晶，溶于水和乙醇，甜度约为蔗糖的0.67倍。木糖的分子结构如图8–17，其理化性质如表8–8所示。

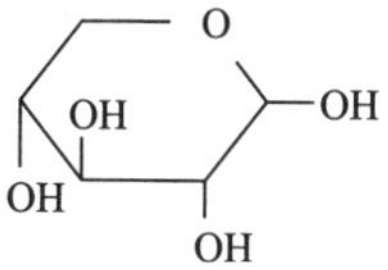

图 8-17　木糖的分子结构

表 8-8　木糖理化性质

分子量	150.13
外观	白色结晶
气味	无臭
比重	1.525
熔点 /℃	145.15
渗透压	大
吸湿性	小
溶解度（g · $100mL^{-1}$ 水）	约 100
比旋度 [a]20	90~186

（一）油茶果皮生产木糖的原理与生产工艺

1. 生产原理

在稀硫酸的催化作用下，油茶果皮中的多缩戊糖发生水解反应生成木糖。水解过程中同时发生较多的副反应。水解制备的木糖溶液经净化、蒸发、结晶等一系列操作，可制得纯度≥ 97.5% 的晶体，若进一步提纯，可生产纯度≥ 98.5% 的木糖。

2. 工艺过程

（1）油茶果皮的预处理。预处理使油茶果皮水解后得到较纯的水解液，使六碳糖、色素、胶质、含氮物及灰分含量较低，减轻水解以后净化工序的负担。油茶果皮除含有纤维素、多缩戊糖等成分外，尚有较多的色素、单宁、植物碱、胶质等杂质，这些杂质的存在将会严重影响水解反应，且对中和过程中 $CaSO_4$ 的沉淀、浓缩、成品质量危害极大。故水解前须对油茶果皮进行预处理。一般采用

热水、NaOH 稀溶液、稀硫酸溶液等进行。

（2）水解反应。水解反应是木糖生产的关键步骤。催化剂及酸的种类的选择，反应温度和反应时间，酸的用量及浓度等因素，对木糖的产率及浓度、水解液的色泽及杂质含量等，影响很大。

（3）中和。中和的目的主要是除去水解液中的稀硫酸，以避免稀硫酸在蒸发过程中腐蚀设备，可以添加石灰乳、碳酸钙或采用离子交换等方法。

（4）脱色。色素主要来源于原材料本身和水解、中和等过程。油茶果皮本身含有一定量的色素，在水解过程中局部过热，也会导致木糖和葡萄糖反应形成焦糖色物质，生产上一般用活性炭脱色。

（5）一次浓缩。将脱色液输入蒸发器。控制真空度≥9.33×10^4Pa，温度≤85℃，进行一次浓缩，使木糖溶液浓度达到30%~40%。

（6）离子交换。离子交换可除去前几道工序尚未除去的以下几类杂质：①灰分，如 SiO_2、MgO、$CaSO_4$ 等；②有机酸，如甲酸、乙酸、木糖酸等；③胶体、色素等。

（7）二次浓缩。经离子交换的净化液输入膜式蒸发器，控制蒸发温度≤90℃，二次浓缩液送入结晶器，室温（20℃左右）下即有木糖结晶析出。

（二）木糖的生理功能

近年的研究发现，人体中存在五碳糖，但无木糖。人体中五碳糖是由六碳糖代谢产生的，五碳糖是核糖与核糖核酸的中间体。磷酸戊糖代谢支路中六磷酸葡萄糖转变成六磷酸葡萄糖醛酸，然后脱羧生成 CO_2 和五磷酸核酮糖。磷酸戊糖代谢支路在正常肝脏代谢占葡萄糖代谢的10%~30%，主要不是产生能量，而是生理活动所需。

另外，在葡萄糖醛酸木酮糖支路中，葡萄糖醛酸先转化成古罗糖酸，后脱羧变成五碳的5-磷酸-木酮糖。5-磷酸-木酮糖和木糖在支路中是一个相互转换的正常代谢中间体。由上可知，人体中存在着五碳糖，但没有木糖。

人体内没有代谢木糖的酶系。木糖进入人体内在肠道吸收，但不能代谢，也不产生热量，90% 不被利用而排出体外，但不会导致腹泻。1987 年 Helmer 进行的木糖吸收实验证明：一次口服 25g，1~2h 后，血浆浓度达到高峰值 35mg/L，5h 后，浓度正常，有 40% 的木糖通过尿液排出体外。

研究发现木糖和低聚糖类似，同样具有调节肠道功能和双歧杆菌增殖的作用。按动物实验结果测算，成人每天摄入木糖 25g，就能对双歧杆菌产生增殖作用。我国在世界上第一个发现木糖和低聚糖具有同样功能。

（三）木糖在食品工业的应用

1. 木糖作为无热量甜味剂

木糖作为无热量甜味剂国际上始于 20 世纪 60 年代。日本当时已批准木糖作为无热量的甜味剂。美国香味料和萃取物制造者协会（FEMA）已将木糖列为公认安全的食品添加剂。

长期以来，国内外无糖食品的生产均用木糖醇、山梨醇、麦芽糖醇等糖醇做原料，这些糖醇虽是营养风味剂，但缺点是人体对其耐受性差，会导致腹胀腹泻。有些国家对糖醇类等无热量食品的标注规定说明：过多食用会导致腹胀腹泻。

人体对木糖有更大的耐受性，作为人体耐受性好、无热量的甜味剂，木糖无疑具有较强的竞争力。而且，木糖最末端碳原子上有醛基，与葡萄糖一样都属于还原糖，甜度及风味与葡萄糖类似，能改善甜味食品的风味及口感。

木糖甜度为蔗糖的 70% 左右，但是当木糖浓度提高时，其相对甜度也会提高。如木糖 10% 时甜度为蔗糖的 74.7%，20% 时甜度为蔗糖的 82.7%。当木糖与其他甜味料结合使用时可以改善口

感，抑制异味，如与糖精结合有减轻后苦的功效。

和葡萄糖有相近的物理性能，凡食品本来使用葡萄糖的品种，均可简单地用木糖取代葡萄糖，除甜度和葡萄糖不同外，其他包括熔点、溶解度、口感均相近。所以几乎能用木糖代替葡萄糖，生产各种适于糖尿病人和肥胖病人的食用低热量食物，而且口感良好。同样，木糖也可以代替蔗糖用于食品工业，只是甜味略低。用木糖制糖果或甜食，不仅比各种糖醇便宜，而且是粉剂，食品加工使用方便，又没有吃多了拉肚子的顾忌。今后可能成为各种无热量饮料的甜味剂。

2. 木糖在肉食及粮食制品作风味改良剂

凡制取熟食，在经过蒸煮、炸、烤等加热过程中，会产生让人愉快的香味，其主要原因之一是食品中的糖类和氨基酸在加热时发生美拉德反应，而所有的糖类中，以木糖具有最敏感的反应能力，一般能比蔗糖低 20℃，只要食品加工过程中，添加少量（0.05%~2%）木糖，就能起到改良的效果。肉品的加工，如马肉、鲸肉加工，以及除去大豆腥味等异味方面，木糖比蔗糖或葡萄糖有更好的效果。

3. 木糖作为肉类香精原料

近年国内外研发的肉类香精，主要是利用肉类酶解提取物为基料，然后配以氨基酸和糖类，加热进行美拉德反应。反应制取肉类香料，除蛋白质基料外，其配料所取的糖类中有葡萄糖、蔗糖、木糖等，其中，木糖必不可少。

4. 木糖制食品抗氧化

研究和利用食物原料氨基酸和木糖合成抗氧化剂是近年国内外的热点。国外研究表明，木糖和氨基酸生成的美拉德反应产物 MRPs，含有类黑精素、羰胺聚合物、杂环化合物等，其中，类黑精素具有螯合金属离子抗氧化活性，是一种含酚基，分子量为

100 000。MRPs 能够抑制脂类氧化。不同的糖和氨基酸美拉德反应可获得不同活性的 MRPs。要获得较高抗氧化活性的美拉德反应产物，原料中糖类以木糖最优，氨基酸中以赖氨酸最佳。

三、应用油茶果皮生产木糖醇

木糖醇（xylitol）又名戊五醇，分子式为 $CH_2OH(CHOH)_3CH_2OH$，白色粉状或颗粒状结晶，熔点 92~93℃。木糖醇的甜度相当于蔗糖，溶解度、溶液密度和折光系数等理化指标与蔗糖基本相同，是一种天然存在的五碳糖醇。木糖醇易被人体吸收，代谢完全，不刺激胰岛素分泌，是糖尿病患者理想的功能性甜味剂。木糖醇可作为表面活性剂、助剂、增塑剂，也可用作绝缘材料和高压电缆料，是一种重要的工业原料，广泛应用于皮革、塑料、油漆、涂料等工业。

木糖醇的分子结构如图 8-18。

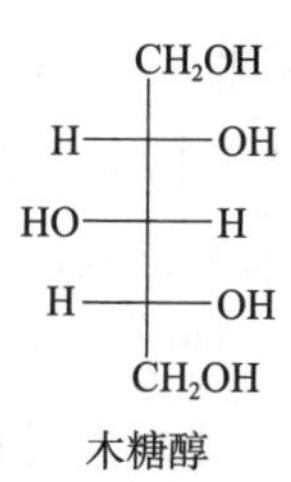

图 8-18 木糖醇的分子结构

采用油茶果皮生产木糖醇的方法可分为两种：化学合成与生物合成。

（一）化学合成

化学合成法首先是水解油茶果皮并纯化制得木糖，然后催化木糖加氢还原制得木糖醇。由于原料中含有的其他多聚糖会水解成相应的单糖并还原成相应的多元醇，因此，需要一系列复杂的分离纯化步骤，才能制得符合食品卫生要求的木糖醇产品。工艺流程为：

油茶果皮→酸水解→蒸发→粗馏→中和→精制→高压加氢→木糖醇。

（二）生物合成

生物合成法是利用微生物中的还原酶来生产木糖醇，微生物发酵生产木糖醇是一条合理的路线。工艺流程为：油茶果皮→粉碎→预处理→水解（酸催化剂）→水解产物→提纯→木糖溶液→解毒→发酵→精制→木糖醇。

木糖醇能被人体代谢，每克木糖醇提供的热量为11.73~14.63kJ，是一种理想的低热量营养甜味剂。我国已批准作为食品添加剂使用，可代替糖按正常需要用于糖果、糕点、饮料，在标签上说明适用糖尿病人食用。

木糖醇是国际公认安全可靠的食糖替代品。1999年国际食品法典委员会（CAC）批准木糖醇在食品中可按生产需要使用，为不受限制的食品添加剂。国际卫生和粮农组织（JECFA）批准木糖醇每日允许摄入量不作规定。但人体对糖醇存在不耐受性，进食过多的糖醇会导致腹胀腹泻，因此，一次性摄入木糖醇以25~30g为宜。

国内外的研究表明，木糖醇具有独特的保健功能。1980年北京复兴医院临床证明，木糖醇口服以及输液均有改善肝功能的作用。2001年北京联合大学文理学院动物实验表明，木糖醇在肠道缓吸收，可促进肠道内有益菌群双歧杆菌的增殖。每人每天服用16g左右，即可达到调节肠道功能。2005年中国中医研究院西苑医院保健中心证明木糖醇对改善脂肪肝有一定功效。在美国，用木糖醇治疗肥胖症也取得了一定疗效。

我国从1972年开始研究木糖醇的生产与应用，目前我国的木糖醇产量在世界上已占据一定的地位。木糖醇生产表面活性剂、化纤油剂、抗静电剂、乳化剂等的应用研究也取得了大量的成果。应用油茶果壳生产木糖醇是节约资源发展糖醇产品，促进油茶产业链向高端产业发展的途径。

第七节　应用油茶果皮、籽壳生产化工原料产品

油茶果皮和油茶籽壳含有大量的半纤维素、纤维素、木质素、多缩戊糖，油茶果壳中含有 2% 以上的碳酸钾，应用油茶果皮和籽壳可生产活性炭、糠醛、碳酸钾等化工原料产品。

一、制备活性炭

活性炭（activated carbon）是一种很细小的炭粒，具有丰富的空隙结构和巨大比表面积，一般的总表面积为 500~2 000 m^2/g，有的产品可达 3 500 m^2/g，密度 1.9~2.1g/cm^3，表面密度 0.08~0.45g/cm^3，含碳量 10%~98%。它具有吸附能力强、化学稳定性好、机械强度高，且可方便再生等特点，是用途很广的优良吸附剂和催化剂，被广泛应用于工业、农业、国防、交通、医药卫生、环境保护等领域，如油脂、糖液、甘油、醇类药剂等的脱色净化，溶剂的回收，气体的吸收、分离和提纯，化学合成的催化剂和催化剂载体等都使用活性炭。医药上活性炭常作为止泻吸收剂，能吸附各种化学刺激物和胃肠内各种有害物质，服后可减轻肠内容物对肠壁的刺激，用于治疗各种胃肠胀气、腹泻及食物中毒等。随着环境保护要求的日益提高，国内外活性炭的需求量越来越大，逐年增长。

活性炭是有机物质热解时形成的不溶解性粉末，是一种具有特殊微晶结构、微细孔发达、比表面积巨大、吸附能力很强的碳素材料，传统的活性炭生产原料是木材和优质煤。

由于活性炭传统制备原料木材资源的短缺，同时，随着对环境保护和生态认识的提高，大量地使用木材生产活性炭受到制约，因此，近年来以花生壳、果壳、蔗渣、稻草、秸秆等为原料制备活性炭以及探索新的工艺技术生产活性炭的研究非常活跃。

油茶果皮是活性炭制备的良好原料，应用油茶果皮制备活性炭的方法有物理法、化学法两种。

（一）物理法

将油茶果皮放在 500~600℃的炭化炉中进行缺氧或隔氧炭化，炭化料在活化炉中用水蒸气或烟道气（CO_2）及少量空气在高温下造孔活化。壳炭中的部分碳原子与水蒸气或 CO_2 反应生成 CO 而逸出，造成炭中出现大量微孔而使之成为活性炭。

气流量是影响产品品质的重要因素，如果气流量太少，会使反应极不充分，碳原子逸出太少，所形成的微孔数目也就少，故此产品脱色力差。但若气流量过大，会使壳炭表面的碳原子逸出过多，造成产率急剧下降。

常用的炭化炉有平炉、多槽炭化炉、流态化炉、多层耙动炉，常用的活化炉有焖烧炉、多管炉、平板耙动炉、鞍式炉等。物理法的总得率为 5%~8%。

（二）化学法

化学法中常用磷酸法、氯化锌法和氢氧化钾法。

含碳原料与一定浓度的化学药品混合浸渍后，在适当的温度下，经过炭化、活化与回收化学药品等过程而制得活性炭。添加少量化学药品，能扩大活性炭孔径的分布范围，有助于改善活性炭的品质。并且添加化学活化剂，还可以加快反应速度，缩短活化时间，提高设备的生产效率。常用的活化炉有平板炉、转炉等，产品得率为 10% 左右。工艺流程为：油茶果皮→炭化→水冷→煮沸→过滤→调整 pH →活化→冷却→粉碎→活性炭。

1. 磷酸法

油茶果皮粉碎后用 38°Be′~42°Be′ 磷酸浸渍 4~6h，沥去多余酸液，置入活化炉中在 500~580℃下活化 3~4h，再经逆流洗涤回收磷酸，干燥、粉碎等即得活性炭成品。

2. 氯化锌法

氯化锌法工艺流程与磷酸法基本相同。将氯化锌配制成45°Be′~54°Be′溶液，浸渍10h，沥去氯化锌溶液，进行炭活化。炭化温度控制为400~450℃，活化温度500~600℃，活化3~4h。活化料用稀氯化锌梯度液逆流洗涤，并加5%盐酸回收氯化锌，直到浓度降至0°Be′。回收过的炭料要用15°Be′的盐酸3%~5%煮2h，然后用清水多次清洗、脱水、干燥、粉碎即得活性炭成品。

3. 氢氧化钾法

工艺流程与前两种方法基本相同。将氢氧化钾配成浓度为9mol/L的溶液，于超声环境下浸渍90min，抽滤、烘干；在250℃马弗炉中炭化4h后，升温至活化温度600~700℃，活化2~3h。取出冷却后，粉碎，用10%（体积比）盐酸和热水洗涤，再用蒸馏水洗涤至pH为中性，110~120℃下烘干，研磨，过200目筛，即得到活性炭产品。

本书作者研究了以氢氧化钾、磷酸、氯化锌为活性剂制备油茶果皮活性炭的生产工艺，得到3种方法的最佳制备条件。氢氧化钾法最佳制备条件：活化温度700℃，活化时间90min，活化剂浓度6mol/L，料液比1∶5。磷酸法最佳制备条件：磷酸浓度55%，料液比1∶2，活化温度550℃，活化时间150min。氯化锌法最佳制备条件：氯化锌浓度35%，料液比1∶3，活化温度550℃，活化时间150min。3种方法制备的活性炭脱色率都超过93%，碘吸附值超过1 100mg/g，苯酚吸附率超过93%，六价铬离子去除率超过90%，其中以氢氧化钾法的效果最好。3种方法制备的活性炭电镜扫描结果显示：氢氧化钾法制备的活性炭表面结构最不规则，布满丰富的微孔；磷酸法制备的活性炭的表面较平整，存在的微孔数量比氢氧化钾法活性炭要少；氯化锌法制备的活性炭的表面最平整，微孔数量最少；3种活性炭都不含有酚羟基类酸性基团；氯化锌法制备的

活性炭的酸性基团含量最多，磷酸法制备的活性炭次之，氢氧化钾法制备的活性炭的酸性基团含量最少；红外光谱谱图显示，磷酸法制备的活性炭和氯化锌法制备的活性炭所含的官能团的种类和数量都比氢氧化钾法制备的活性炭要多；磷酸法制备的活性炭和氯化锌法制备的活性炭所含官能团的种类也有所不同。

采用油茶果皮为原料制备的活性炭，综合性能良好，各项质量指标合格，原料消耗及生产成本也接近或优于其他原料。可见，油茶果皮制备活性炭，有利于提高产品的附加值，促进油茶果皮的综合利用，具有很好的发展前景。

二、糠醛及其衍生物的生产

糠醛（furfural），又称呋喃甲醛，其分子结构为 。糠醛是重要的化工原料产品，由戊糖与稀酸作用，经水解、脱水和蒸馏而得。现今主要用玉米芯、棉籽壳、稻壳、高粱秆等为原料经水解制备糠醛，这些原料中的多缩戊糖经酸水解、中和、蒸馏、精制等工序即可得到糠醛产品。

糠醛是经济价值较大的化工原料，广泛用于塑料、合成纤维、尼龙、橡胶、燃料、医药及溶剂。用糠醛精制的润滑油，可以改进它对高温和氧化作用的稳定性。用糠醛做原料制出的尼龙的强度、耐磨性、耐水性比棉布还好。糠醛与酚、酣、醇类等可合成醛酚树脂、醛酮树脂、醛醇树脂，用作塑料增塑剂、精密铸造的型砂黏结剂、化工防腐蚀涂料等。糠醛常作精选溶剂或作树脂的溶解剂。在医药上糠醛是合成呋喃、四氢呋喃、甲基呋喃等药物的原料。

糠醛经催化氢化可制备糖醇（fulfuryl alcohol）。糠醇是糠醛最重要的衍生产品，主要用于制备呋喃树脂，也用作溶剂，用作汽车、拖拉机等内燃机铸造工业的黏合剂。

糠醛经氧化可制得糠酸（furoic acid）。糠酸可作为防腐剂、杀菌剂，也用于制作香料。糠酸也用于合成四氢呋喃、糠酰胺和糠酸酯及其盐类等化工原料产品。

糠醛经氯酸钾氧化可制得富马酸（fumaric acid），再经甲醇酯化得到富马酸二甲酯。富马酸主要用于生产不饱和聚酯树脂，其耐化学腐蚀及耐热性能好。富马酸二甲酯可作新型食品和饲料防腐防霉保鲜剂，可广泛应用于食品、饲料、化妆品、水果、蔬菜等产品的防腐保鲜。

油茶果皮、籽壳的多缩戊糖含量相当高，果皮的多缩戊糖比例超过 28%，籽壳的多缩戊糖比例超过 30%，是生产糠醛的优良原料。按照油茶果皮、籽壳中的多缩戊糖完全水解计算，生产的糠醛为原料重量的 18.16%~19.37%，接近或超过现今用于制糠醛的主要原料玉米芯（19.00%）、棉籽壳（17.50%）和稻壳（12.00%）。

采用油茶壳制备糠醛的工艺为：油茶壳（油茶果壳或油茶籽壳）→破碎→酸水解→中和→蒸发→提馏→中和→精制→糠醛产品。

三、制碳酸钾

碳酸钾为白色粉末状固体，用于制造高级玻璃和多种医药和化工产品。油茶果壳中含碳酸钾 2%~2.5%，是制碳酸钾较好的原料之一。其工艺流程是：油茶果壳→烧灰→浸提→过滤→澄清→蒸发浓缩→结晶土碱→般烧→溶解→过滤→ 澄清→浓缩→干燥→精制成品。

第八节　应用油茶饼粕生产饲料

提取茶油后的油茶饼粕一般含 0.5%~7% 的粗脂肪、10%~20% 的蛋白质、15%~25% 的粗纤维、30%~60% 的糖类物质、20%~50% 的无氮浸出物、10%~15% 的茶皂素、2%~7% 的单宁、1.5%~3% 的

生物碱、0.2% 左右的黄酮和少量的植酸，是生产营养价值较高饲料的原料。生产过程中经萃取茶皂素后的油茶饼粕，检验合格的可直接作为饲料。未经萃取茶皂素的油茶饼粕，经过脱毒，除去茶皂素可生产营养价值较高的油茶饼粕饲料。油茶饼粕也是生产单细胞蛋白的良好培养基质，可生产营养成分较高的菌体蛋白饲料，也可生产单细胞蛋白。

一、油茶饼粕饲料的生产

油茶饼粕中含有茶皂素、单宁、生物碱、黄酮和植酸等抗营养因子，其中，茶皂素味苦而辛辣，具有溶血性和鱼毒性，直接饲用易造成畜禽中毒，必须进行脱毒，除去茶皂素，才能作为饲料使用。目前，油茶饼粕脱毒的方法主要有碱液浸泡和热水处理。

（一）油茶饼粕家畜饲料的生产

将油茶饼粕经物理、化学、生物综合处理后，可作家畜饲料。生产方法如下：

1. 碱液浸泡

主要是用不同浓度的碱液浸泡油茶饼粕，其操作工艺流程为：茶饼粕→粉碎→第一次纯碱溶液浸泡→过滤（吊滤）→饼渣（弃废液）→第二次纯碱溶液浸泡→过滤（吊滤）→饼渣（弃废液）→水洗（二次）→干燥→饲料。

江西省粮油科学技术研究所的研究证明，经过碱液浸泡法去毒的油茶饼粕茶皂素基本上可以去除，可以直接作为家禽的饲料。有研究报道，用碱液浸泡法去毒的油茶饼粕（50%），掺和混合糠（30%）、糠饼（20%）和另加青饲料制成的配合饲料喂猪 5 个月，平均日增重 0.306 千克，适口性好，猪体增重明显。

2. 热水提皂去毒法

用热水提取皂素，碱液浸泡水洗后用作饲料，其工艺流程为：

油茶饼粕→粉碎→热水浸泡→过滤→饼渣→热水浸泡→过滤→饼渣→热水浸泡→过滤→饼渣→碱液浸泡→过滤→饼渣→水洗二次→饲料。

操作要点：

将油茶饼粕粉碎后，按固液质量比 1∶2.5 加入 80℃热水，在 80℃温度下浸泡 2h，并经常搅拌，经过滤，将饼渣再次加入 80℃，二者质量比为 1∶1，在 80℃下浸泡 1.5h，过滤，得到的滤渣，再按质量比 1∶1 加入 80℃热水，在 80℃下浸泡 1.5h，过滤，得到的滤饼用质量分数 0.5% 的碱液浸泡 2h，碱液的用量为滤饼的 2 倍（质量比），过滤，滤饼用水冲洗二次，即可作饲料或晒干贮存。

脱毒后的油茶饼粕含有丰富的营养成分，有 40%~50% 的蛋白质和糖类，属于优质的植物饲料，其营养价值与燕麦、米糠饼的营养价值相近。

油茶饼粕蛋白质中含有 18 种氨基酸，包括畜禽生长所需的 10 种必需氨基酸，其中苏氨酸、谷氨酸、组氨酸和精氨酸等含量较为丰富（表 8–10）。

表 8–10　油茶饼粕（土榨法，88% 的干物质）基础氨基酸测定结果

氨基酸	天冬氨酸	苏氨酸	谷氨酸	甘氨酸	蛋氨酸	缬氨酸	半胱氨酸	异亮氨酸	丝氨酸
含量 /%	1.08	0.68	1.54	0.68	0.13	0.58	0.21	0.74	0.57
氨基酸	酪氨酸	苯丙氨酸	组氨酸	精氨酸	脯氨酸	丙氨酸	亮氨酸	色氨酸	赖氨酸
含量 /%	0.28	0.34	0.19	0.83	0.27	0.65	0.78	0.2	0.36

此外，油茶饼粕的 Ca、K、Mg、Fe、Mn 等含量也较为丰富，而有毒有害元素 Pb 和 Cd 含量较低。

表 8-11　油茶饼粕矿物质和微量元素测定结果

元素	K	Mg	Cu	Fe	Mn	Zn	Co	Ni	Ca	Cd
含量 /（$mg \cdot 100g^{-1}$）	1 840.0	119.0	2.0	60.0	38.0	6.5	8.4	20.0	100.0	1.2

3. 生物发酵法

将化学处理后的油茶饼粕晒干，打成粉状，加普通米糠 45%、玉米粉 5% 混匀，加压灭菌 30min，然后冷却至 30℃，加入适量的普通酒饼与油茶饼粕混合，堆放发酵 24~28h，温度控制在 25~35℃，油茶饼粕经酒饼中的酵母、根霉、毛霉、细菌等多种微生物的作用，可将难于消化的大分子物质分解成易于消化吸收的小分子物质。有条件者，在发酵前加适量的葡萄糖、磷酸二氢钾等，与灭菌后的茶籽饼粕混合发酵，可以加速微生物繁殖生长，制成的油茶饼粕饲料营养价值更高。

经过以上综合处理后的油茶渣具有酸、甜、软、熟、香的特点，并带有酒味，含有较丰富的营养物质。脱毒油茶饼粕作饲料的搭配量可达猪的总日粮的 40%，这种饲料能增加动物的食欲，易于消化吸收，长膘也快。

（二）油茶饼粕鱼类饲料的生产

油茶饼粕作鱼类饲料首先必须脱毒，常用坑埋发酵脱毒法。其过程是将油茶饼粕粉碎过筛，用等量清水拌匀后放入坑内铺草加盖封存，让其自然发酵。控制温度在 28~35℃时，发酵两周即可使用。发酵处理后的油茶饼粕有酒香味，颜色为褐色。使用前最好先进行喂鱼实验，如喂鱼后 4~5h 内未见异常，则证明脱毒良好，可以使用。否则，还需要进一步脱毒。发酵脱毒后的油茶饼粕作鱼饲料时，可单独投放，也可与其他鱼类饲料混合投放。

二、油茶饼粕生产单细胞饲料蛋白

单细胞蛋白（SCP），又称微生物蛋白或菌体蛋白，通常指酵母、非病原性细菌、真菌等单细胞生物体所含的蛋白质。单细胞蛋白具有较高的营养价值。菌体蛋白可达40%~60%，其中氨基酸组分齐全，生物效价较高，同时富含维生素，可以作为维生素的补给品。利用微生物可以生产单细胞蛋白，作为饲料蛋白质使用。国外于20世纪50年代已用石油、乙醇、天然气等碳氢化合物生产并成为商品供应饲料生产企业应用。应用工农业生产的废弃物生产单细胞蛋白的研究，我国也已于20世纪90年代开展，湖南株洲地区将稻壳膨化处理后采用循环式二级稀酸水解糖化工艺，通过菌株混合发酵生产单细胞蛋白，在21世纪初已应用于生产。

单细胞蛋白的生产原理是以工业方式培养微生物，将微生物菌体中的蛋白质收集作为蛋白饲料或蛋白食品，主体工艺是微生物菌体的选择及培养。培养微生物的原料称之为培养基质，基质包括含糖类、淀粉类、纤维素类的工业废渣废液。

油茶饼粕是生产单细胞蛋白的良好培养基质。通过固态发酵工艺可使油茶饼粕粗蛋白质含量接近20%，粗纤维含量下降至18%以下，菌体蛋白的氨基酸组成更加合理，趋向平衡，与美国国家科学研究委员会（NRC）鸡饲料必需氨基酸模式比较，限制氨基酸从9~10种下降到2~4种，其中蛋氨酸为其第一限制氨基酸，酪氨酸为第二限制氨基酸。由此可见，油茶饼粕发酵生产单细胞饲料蛋白具有很好的应用前景。

单细胞蛋白生产流程如图8–19所示。

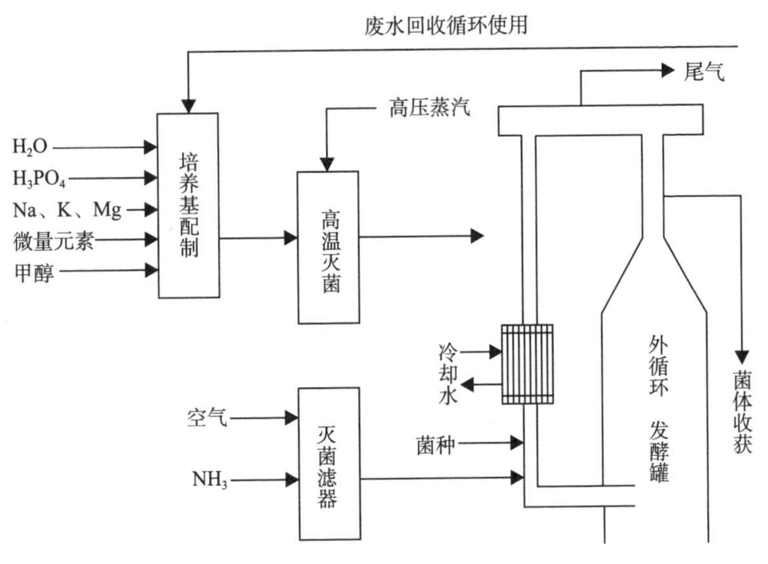

图 8-19　单细胞蛋白生产工艺流程

生产单细胞蛋白的微生物菌种或复合菌种应具备以下条件：生长与增值快速，菌体恢复量大；营养要求简单；杂菌不易污染；培养粗放，可连续培养；分离回收容易；蛋白质含量高，氨基酸组成中蛋氨酸、赖氨酸、色氨酸含量高；无病原性，自身无毒。从自然界中筛选到的菌种，如不能满足生产条件，可以研究通过人工突变，基因重组与细胞融合等技术培育出优良菌种应用。

作者通过研究油茶饼粕的预处理方法、复合菌种的筛选、培养基的配比和发酵工艺条件的优化，研制出油茶饼粕单细胞蛋白，并对发酵出的粗产品进行分析，得到以下结果：

（1）采用乙醇萃取法、湿热处理法和碱液浸提法处理油茶饼粕，以乙醇萃取法的效果最好，可将茶皂素的含量由 18.3% 降低至 2.4%，去除率达到 86.8%，同时对油茶饼粕中的营养物质影响最小。

（2）通过对黑曲霉、啤酒酵母、枯草芽孢杆菌、米根霉、白地霉、绿色木霉和球毛壳霉等多种菌种生长曲线的测定，以及对油茶饼粕发酵后蛋白质含量的影响，筛选出草芽孢杆菌、白地霉、米根霉 3 种菌种作为油茶饼粕单细胞饲料蛋白的发酵菌种，并确定三者的配比为 1∶1∶2。

（3）探讨了培养基中添加不同的氮源、无机盐和辅料对发酵效果的影响，通过单因素试验和响应面分析法，确定了优化培养基的组成为麸皮添加量 25.5%、磷酸二氢铵添加量 3.1%、硫酸镁添加量 0.47%。

（4）研究了影响固态发酵油茶饼粕的各因素对发酵产物粗蛋白含量的影响，优化出最佳工艺条件为：培养基水分含量 53%、初始 pH 9.0、发酵温度 32℃、时间 72h、接种量 22%，在此条件下发酵产物的粗蛋白含量为 18.33%。

（5）发酵产物和初始培养基的分析测定结果显示，粗蛋白含量在发酵后有明显提高，由 10.07% 增加至 18.33%，粗纤维和多糖含量明显降低；发酵后各种氨基酸含量都有明显的增加，且发酵产物含有 17 种氨基酸，其中 7 种必需氨基酸；发酵产物中的镁、铁、锌、锰和铜含量较高，铅、锡和铬含量未检出；发酵产物和初始较培养基蛋白质体外消化分别为 57.42% 和 16.85%，发酵后有很明显的提高。

鞠兴荣等以油茶饼粕为主要原料，接种黑曲霉、米曲霉、毛霉、白地霉和产阮假丝酵母等微生物，通过发酵，在较短时间内产生大量的菌体蛋白制成的饲料。油茶饼粕中的蛋白质可从发酵前的 8.75% 提高到 16.78%，蛋白质最大提高率为 66.7%~99.7%，而且发酵后茶粕氨基酸种类齐全，并含多种维生素、生物酶和未知生长因子等。在此生物转化中，菌体也分解利用部分纤维素，使茶粕纤维素含量由发酵前的 25% 下降到 17.9%，菌种对纤维素的最大分解率为 31.5%。虽然其中纤维素含量还相对高，但经过生物发酵的粗纤维，其木质素和纤维素之间的紧密结合已被破坏，使其中部分纤维素和木质素成为易消化的饲料营养成分。

王小蓉等研究了以油茶籽湿渣为原料，添加一定量的麸皮为辅料，采用10株不同的酵母菌和霉菌进行单一菌种的预筛选试验，然后将预选出的酵母菌和霉菌经过不同组合双菌发酵得出产蛋白质高的较优组合，再对较优组合进行培养条件的优化试验。结果表明，经过筛选试验得出的较优组合为热带假丝酵母和米曲霉As331，经试验确定热带假丝酵母和米曲霉As331的最佳培养条件：酵母与霉菌接种比例为1∶1，总的接种量为10%，培养时间为4d。按得出的最佳条件进行固态发酵，80℃烘干至恒重，测定粗蛋白含量，得出发酵产物中粗蛋白含量从发酵前的18.24%提高到发酵后的30.02%，且发酵产物具有酵母的甜香味，适口性得到了改善。

丁丽霞等（2013）利用降解油茶饼粕为原料，以活菌数为指标研究液态发酵生产饲料添加剂枯草芽孢杆菌益生菌。运用单因素试验、Plackett-Burman试验、最陡爬坡试验确定培养基组成因素的响应值及中心点，通过正交试验优化生产枯草芽孢杆菌的培养基条件为：降解油茶粕13g，可溶性淀粉1g，尿素1.5g，磷酸氢二钠0.05g，七水硫酸镁0.015g，牛肉膏0.2g，七水硫酸亚铁0.03g，酵母膏0.5g，蒸馏水100mL，自然pH，121℃灭菌30min后接种5mL菌悬液，37℃，150 r/min摇床培养24h，得到含10^8个/mL的枯草芽孢杆菌液态发酵液。

第九节　油茶饼粕和果壳生产有机肥料、食用菌培养基

一、有机肥生产

油茶饼粕含有丰富的氮、磷、钾、有机质，还有一定的铁、铜、锰等微量元素，是较好的有机肥料之一，施用这种肥料，不仅

能为农作物提供全面营养，而且肥效长，增产效果很好。同时，还能促进微生物繁殖，改良土壤结构，提高土壤肥力。以油茶饼粕为主要原料制成的有机肥，在蔬菜、果树、茶树等经济作物的种植试验及应用中取得了良好的效果，田间使用后能达到快速刺激作物生长的目的，减少缓苗期和作物生长初始阶段对养分的需求，减少田间害虫，抑制或杀灭多种土壤中的传染病害，提高作物产量和品质，是实现无害化绿色农业的理想生物有机肥。

张晖研究了毛霉、木霉和黑曲霉 3 种菌种对脱去茶皂素前后油茶饼粕发酵生产有机肥的效果，得到以下结论：

（1）3 种菌在未脱茶皂素与已脱茶皂素的茶饼粕中的生长速度与生长情况有明显差别。3 种菌在未脱茶饼粕中生长较慢，其菌丝并不能完全深入到茶饼粕，并且含水量 60%~70% 的处理出现茶皂素层；而在已脱饼茶粕中菌种生长较快，含水量 40%~60% 处理大部分菌丝都能长满茶粕。

（2）不同发酵条件对未脱茶皂素的茶饼粕的主要养分有很大影响。接种黑曲霉和毛霉，在 20℃、含水量 40%~50% 的条件下发酵后其有效氮较发酵前提高 25%~39%；而在有效磷方面，黑曲霉和木霉在含水量 40% 条件下发酵后较发酵前有 56%~63% 增幅；接种黑曲霉和木霉，在 20℃、含水量 40%~60% 的条件下发酵的有效钾含量较发酵前增加 8%~11%。

（3）不同发酵条件在已脱茶皂素的茶饼粕发酵后也产生很大影响，其中接种黑曲霉在 20~30℃、含水量 40%~60% 的条件下已脱茶饼粕发酵后有效氮较发酵前有 69%~83% 增幅；而毛霉和木霉在含水量 50%~60% 的条件下已脱茶饼粕发酵后有效磷有 51%~68% 增幅；黑曲霉在 20℃、含水量 50%~60% 的条件下发酵后有效钾有 22%~27% 增幅。

（4）在未脱茶皂素的茶饼粕中，其最优组合为菌种选择黑曲

霉或木霉，温度在20℃下、含水量为50%~60%时最佳。在已脱茶饼粕中，菌种选择黑曲霉或木霉，温度在30℃下、含水量为40%~50%。

将发酵后的油茶饼粕有机肥应用于番茄的种植过程，结果显示，油茶饼粕有机肥能促进番茄苗高、地径生长，提高植株干物质、叶绿素、可溶性糖含量，增强根系活力，提高番茄结果率，提升番茄品质，提高番茄维生素C含量。

二、食用菌培养基

油茶饼粕、油茶壳中的成分基本上能被食用菌吸收分解，是栽培食用菌的极好原料。将油茶饼粕粉碎后添加在秸秆中作为食用菌的培养料，能使食用菌生长迅速，肉质肥厚，口味鲜美。

利用油茶果壳生料露地栽培平菇，经济效益十分理想。将石膏、多菌灵溶于水中，泼浇在经干燥、粉碎成粉末的油茶果壳、米糠、石灰上，翻拌均匀，加水混匀，就制得平菇培养料，加入平菇菌种，即可栽培平菇。平菇栽培春秋季均可，但以秋栽产量高且安全可靠。一般在10月接种。室外露地栽培可选单季稻或夏季作物收获后的田块，在林下或果树下（如土地平坦）也非常适合，因有散射光线和潮湿空气，适宜平菇的生长。平菇培养料不需经过蒸煮灭菌消毒，不需灭菌设备的投资，且是露地栽培，不需房屋等设施，投资少、成本低、技术简单，适宜于偏僻山区、油茶产地推广。

茶薪菇是一种食用及药用价值极高的菌类，也是近几年发展起来的能人工栽培的新品种，主要生长在油茶树和柳树树桩腐烂部位。因此，可利用产茶油山区丰富的茶粕饼资源来栽培茶薪菇。有人利用油茶壳和油茶粕饼为原料进行了茶薪菇栽培试验，发现以油茶籽壳为主料，油茶粕饼为辅料栽培茶薪菇是可行的，但过量会使菌丝色泽呈黄色，生长缓慢，其中以油茶壳 70%、米糠 20%、油茶粕饼 5% 为最佳配比。油茶壳、油茶粕饼对茶薪菇菌子实体的形成和生长有一定的刺激作用，以油茶壳和油茶粕饼为栽培料的其产量都有所增加，并且由油茶壳和油茶粕饼栽培的茶薪菇口味更鲜美，香味更浓郁。

有研究报道，栽培香菇掺入油茶屑 30%，鲜菇产量有很大幅度的提高；掺 40%~50% 油茶屑，产量基本与壳斗科植物木屑接近，但用纯油茶壳屑培养，鲜菇产量低于纯木屑。营养成分分析表明，利用油茶壳栽培的香菇、金针菇，氨基酸含量普遍提高 10%~15%。

参考文献

陈虹霞，王成章，叶建中，等，2011．油茶饼粕中黄酮苷类化合物的分离与结构鉴定［J］．林产化学与工业，31（1）：13–16．

陈梅芳，顾景范，1996．茶油延缓动脉粥样硬化形成及其机理的探讨［J］．营养学报，18（1）：13–19．

陈永忠，肖志红，彭邵锋，等，2006．油茶果实生长特性和油脂含量变化的研究［J］．林业科学研究，19（1）：9–14．

成莲，2007．茶油超临界 CO_2 萃取工艺及机理研究［D］．华南农业大学．

丛玲美，2007．茶油品质控制过程中主要质量指标变化规律的研究［D］．中国林业科学研究院．

邓小莲，谢光盛，黄树根，2005．保健茶油的研制及其调节血脂的作用［J］．中国油脂，27（5）：96–98．

丁丽霞，黎继烈，朱晓媛，等，2013．降解油茶粕发酵生产芽孢杆菌培养基条件优化［J］．中国食品学报，13（2）：123–129．

段卓，2015．油茶果成熟过程中化学成分的变化规律研究［D］．华南农业大学．

段卓，吴雪辉，郑艳艳，2015．油茶果成熟过程中各加工性状的变化研究［J］．广东农业科学，（9）：11–15．

范康福，吴雪辉，2013．油茶果壳制备活性炭的工艺研究［J］．现代食品科技，29（2）：339–341，375．

龚吉军，2011．油茶粕多肽的制备及其生物活性研究［D］．湖南农业大学．

顾景范，2007．茶油的保健功能成分是单不饱和脂肪酸［N］．中国食品报，07–12．

郭华，周建平，何伟，等，2009．茶籽油精炼过程中理化指标的变化及精炼条件选择［J］. 食品工业科技，30（6）：221-225.
胡龙，吴雪辉，李叶青，等，2012. 响应面法优化油茶饼粕发酵生产单细胞蛋白的工艺研究［J］. 食品工业科技，33（13）：249-253.
寇巧花，吴雪辉，李昌宝，2009. 微波预处理对毛茶油品质影响［J］. 粮食与油脂，（11）：24-26.
寇巧花，吴雪辉，李丽，等，2010. 油茶籽壳粗提物的抗氧化活性研究［J］. 食品研究与开发，31（3）：73-76.
李叶青，2012. 茶油中苯并（a）芘的产生原因及去除方法研究［D］. 华南农业大学.
林小琴，2011. 油茶饼粕油茶皂素的提取、纯化及其性能研究［D］. 华南农业大学.
刘肖丽，吴雪辉，2012. 不同提取方法对茶油品质的影响［J］. 食品工业科技，33（24）：307-310.
龙婷，吴雪辉，容欧，等，2016. 热风—微波联合干燥油茶籽的工艺研究［J］. 南方农业学报，47（7）：1181-1186.
龙婷，吴雪辉，容欧，等，2017. 油茶籽预热处理方法对茶油品质的影响研究［J］. 中国粮油学报，32（7）：79-83.
马力，钟海雁，陈永忠，等，2014. 油茶果采后处理对油茶籽内在品质的影响研究［J］. 中国粮油学报，29（12）：73-76.
容欧，2017. 茶油脱臭馏出物中维生素E的提取纯化及应用研究［D］. 华南农业大学.
侍银宝，2014. 油茶果皮多酚的分离纯化及其生物活性研究［D］. 中南林业科技大学.
王瑞元，2011. 我国食用植物油加工业的基本情况和在“十二五”期间应关注的一些问题［J］. 中国油脂，36（11）：1-5.
王小蓉，周建平，2011. 油茶籽湿渣发酵生产蛋白饲料的菌种筛选［J］. 现代食品科技，27（12）：1476-1478.

魏旭晖，苏伟娟，2012. 食用茶油生产加工技术相关发明专利分析［J］. 食品工业科技，33（12）：447–448.
吴雪辉，陈北光，黄永芳，等，2007. 超临界 CO_2 萃取茶油的工艺研究［J］. 食品科技，（1）：139–141.
吴雪辉，黄永芳，向汝莎，等，2008. 微波提取油茶饼粕中多糖的工艺研究［J］. 食品工业科技，29（9）：197–199.
吴雪辉，黄永芳，谢治芳，2005. 茶油的保健功能作用及开发前景［J］. 食品科技，（8）：94–96.
吴雪辉，李叶青，郑艳艳，2014. 茶油加热过程中苯并芘含量的变化规律研究［J］. 食品工业科技，35（8）：101–104.
吴雪辉，李叶青，郑艳艳，2014. 茶油中苯并芘的活性炭吸附工艺研究［J］. 中国食品学报，14（9）：170–175.
吴雪辉，刘肖丽，杨公明，2012. 茶油亚临界流体萃取工艺及品质研究［J］. 中国油脂，37（10）：6–9.
吴雪辉，张喜梅，2009. 茶皂素的微波提取过程优化及数学描述［J］. 华南理工大学学报（自然科学版），37（4）：125–129.
夏伏建，2004. 油茶籽脱壳制油工艺的研究与实践［J］. 中国油脂，29（1）：24–24.
杨月欣，王光亚，2002. 实用食物营养成分分析手册［M］. 北京：中国轻工业出版社，104.
尤海量，1964. 油茶种仁成熟时破水化合物及油分含量的变化［J］. 浙江农业科学，（7）：368–369.
张宽朝，马皖燕，文汉，2014. 油茶籽多糖降血糖作用的初步研究［J］. 食品工业科技，35（2）：337–339.
张喜梅，吴雪辉，李昌宝，等，2010. 油茶籽热风干燥特性及数学描述［J］. 华南理工大学学报（自然科学版），38（8）：116–120.
中国营养学会，2016. 中国居民膳食指南（2016）［M］. 北京：人民卫生出版社.
中国预防医学科学院营养与食品卫生研究所，1991．食物成分表（全国代表值）[M]. 北京：人民卫生出版社.
钟海雁，2011．对现行中国茶油质量标准与品质安全控制的几点看法 [J]. 食品与机械，27（4）：4–6.
周国章，费学谦，苏梦云，等，1983．普通油茶种子成熟过程中脂肪积累及物质转化的初步研究 [J]. 植物生理学报，(3)：42–43.
CHAICHAROENPONG C，PETSOM A，2011．Use of Tea（*Camellia oleifera* Abel.）Seeds in Human Health [M]. Nuts and Seeds in Health and Disease Prevention. Elsevier Inc.
CHEN G C，YE H，WANG D X，et al，2015．Comparison of fatty acid content in Camellia oleifera（L.）Kuntze oil and olive oil by GC [J]. Bangladesh Botanical Society，44（1）：155–157.
CHENG Y T，LU C C，YEN G C，2015．Beneficial Effects of Camellia Oil（*Camellia oleifera* Abel.）on Hepatoprotective and Gastroprotective Activities [J]. Journal of Nutritional Science & Vitaminology，61 Suppl（Supplement）：S100.
QI S J，CHEN H Y，LIU Y，et al，2015．Evaluation of Glycidyl Fatty Acid Ester Levels in Camellia Oil with Different Refining Degrees [J]. International Journal of Food Properties，18（5）：978–985.
FANG X，DU M，LUO F，et al，2015．Physicochemical Properties and Lipid Composition of Camellia Seed Oil（*Camellia oleifera* Abel.）Extracted Using Different Methods [J]. Food Science & Technology Research，21（6）：779–785.
LEE S Y，JUNG M Y，YOON S H，2014．Optimization of the refining process of camellia seed oil for edible purposes [J]. Food

Science & Biotechnology，23（1）：65–73.

MA J，YE H，RUI Y，et al，2011. Fatty acid composition of *Camellia oleifera*，oil［J］. Journal Für Verbraucherschutz Und Lebensmittelsicherheit，6（1）：9–12.

MIURA D，KIDA Y，NOJIMA H，2007. Camcllia oil and its distillate fractions effectively inhibit the spontaneous metastasis of mouse melanoma BL6 cells［J］. Febs Letters，581（13）：2541–2548.

SATOU T，SATO N，KATO H，et al，2016. The Effect of Camellia Seed Oil Intake on Lipid Metabolism in Mice［J］. Natural Product Communications，11（4）：511.

TU P S，TUNG Y T，LEE W T，et al，2017. Protective Effect of Camellia Oil（*Camellia oleifera* Abel.）against Ethanol–induced Acute Oxidative Injury of the Gastric Mucosa in Mice［J］. Journal of Agricultural & Food Chemistry.

WEI W，CHENG H，CAO X，et al，2016. Triacylglycerols of camellia oil：Composition and positional distribution of fatty acids［J］. European Journal of Lipid Science & Technology，118（8）：1254–1255.

WU X H，LI L，2011. Optimization of Ultrasound–Assisted Extraction of Oil from Camellia（*Camellia oleifera* abel）Seed［J］. Advanced Materials Research，236–238：1854–1858.

ZEB A，2012. Triacylglycerols composition，oxidation and oxidation compounds in camellia oil using liquid chromatography–mass spectrometry［J］. Chemistry & Physics of Lipids，165（5）：608–614.